PILATES

MEJORA TU TÉCNICA, EVITA LESIONES, PERFECCIONA TU ENTRENAMIENTO

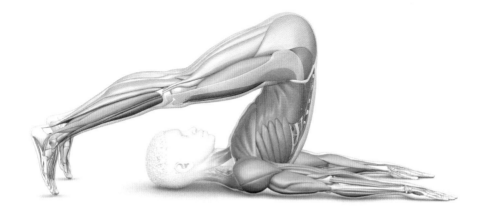

PILATES

MEJORA TU TÉCNICA, EVITA LESIONES, PERFECCIONA TU ENTRENAMIENTO

TRACY WARD

CONTENIDO

INTRODUCCIÓN

El método Pilates, cuyos inicios se remontan a principios del siglo XX, es una práctica deportiva en continuo avance que ha adquirido fama mundial. Se creó como un ejercicio físico, pero siempre tuvo una base holística. Desde la corrección de la postura, el fortalecimiento del núcleo o *core,* la reducción del dolor y la atención plena, los beneficios del pilates son infinitos y más necesarios que nunca.

En los últimos tiempos se ha producido un cambio de mentalidad que ha modificado nuestra forma de ver el ejercicio y de atender las necesidades de nuestro cuerpo. Cada vez más personas buscan una actividad que les permita disfrutar y conectar cuerpo-mente, ya que de esta forma mejoran la salud.

El pilates permite tener músculos fuertes y delgados, favorece la movilidad de todo el cuerpo y puede adaptarse al nivel de forma física y a la capacidad de cada persona. Su popularidad sigue creciendo, ya que la diversidad del método propicia la inclusividad y la fuerza, y a la larga tiene un impacto positivo en muchos retos de la vida.

Descubrí el pilates en la universidad, cuando buscaba un ejercicio que completase mis sesiones de gimnasio. Entonces no me di cuenta de que el pilates era justo lo que mi cuerpo necesitaba. Los dolores musculares provocados por pasar mucho tiempo sentada estudiando y por las lesiones deportivas desaparecieron cuando empecé las clases. Más recientemente, he encontrado un nuevo significado en el pilates, ya que creo que debo a mi práctica constante el haber tenido dos embarazos y partos sin complicaciones. Sé que puede haber sido pura suerte —el parto es muy impredecible—, pero ya solo la respiración y la actitud mental del pilates me ayudaron mucho en mis partos.

Ahora lo practico de manera habitual como actividad física, pero también por la claridad mental que aporta la conexión cuerpo-mente. Lo utilizo mucho en mi trabajo como fisioterapeuta y soy testigo a diario de los beneficios que aporta a mis pacientes, desde el atleta, a la mamá en el posparto, o a los que sufren dolor de espalda agudo o hipermovilidad, entre otros.

¿POR QUÉ ESTE LIBRO?

En mi trabajo recibo todo tipo de preguntas sobre mis clases en cursos, en la clínica o a través de mis plataformas en Internet. Esto me ha llevado a escribir este libro, una oportunidad que me ha permitido combinar mi pasión por el pilates, mi formación científica y mi experiencia clínica. Pilates es una guía

"

El método **Pilates** *es un entrenamiento de* fuerza y movilidad *de **todo el cuerpo** que **puede mejorar la salud,** la forma física y el **estado de** ánimo. Es apto para todo tipo de personas.*

completa que te ayudará a iniciarte, perfeccionar y progresar en la práctica, adaptarla a cada situación y entender por qué lo elegiste. Este libro, lleno de consejos y datos útiles, es el que yo hubiera deseado tener cuando estaba empezando; espero que disfrutes con él. Tanto si acabas de iniciarte como si lo practicas de forma habitual o te dedicas a enseñarlo, este libro, que se apoya en evidencias científicas, ofrece ilustraciones paso a paso que te guiarán sin esfuerzo por el método Pilates. Mezcla, de forma innovadora, la investigación y la práctica y tiene como objetivo que tu pilates pase a otro nivel.

El pilates ha cambiado mi vida para mejor y espero que ese también sea tu caso.

Tracy Ward
Profesora del método Pilates, educadora y fisioterapeuta
www.freshlycentered.com

HISTORIA Y PRINCIPIOS DEL PILATES

El método Pilates lo creó el alemán Joseph Pilates durante la Primera Guerra Mundial. Pilates era culturista y gimnasta y, mientras estuvo internado en la Isla de Man, creó un enfoque revolucionario del ejercicio como una forma de entrenar al máximo nivel cuerpo y mente. Este enfoque se denominó originalmente «Controlología», pero más tarde pasó a conocerse como pilates.

DE DÓNDE VIENE EL PILATES

Joseph Pilates nació en 1883 y las enfermedades infantiles que padeció —incluidos asma, raquitismo y fiebre reumática— alimentaron su dedicación al campo de la salud y la forma física. Estudió yoga, artes marciales, meditación, gimnasia, defensa personal y esquí, y en 1912 se trasladó a Inglaterra para trabajar como gimnasta, boxeador y profesor de defensa personal.

Como «enemigo» durante la Primera Guerra Mundial, Joseph estuvo internado en hospitales, donde trabajó como camillero. Consternado por la situación de los pacientes que debían guardar cama, ideó un sistema de ejercicios que les permitía recuperarse más rápido. Joseph volvió a Alemania después de la guerra, donde su método se hizo popular en el mundo de la danza y en 1926 emigró a Estados Unidos. Conoció a su esposa Clara y juntos abrieron The Pilates Studio en Nueva York. Bailarines del Ballet de Nueva York practicaban pilates para tratar sus lesiones, y su reputación se extendió por todo el país al abrir centros que compartían la singular rutina de ejercicios.

TEORÍA Y EVOLUCIÓN DEL MÉTODO

Joseph fue un visionario por sus ideas de autodisciplina, autocuidado y compromiso con un estilo de vida saludable, y su método se basaba en los principios de rutina, flexibilidad y fuerza del *core*. Creía que el desarrollo de la forma física corporal, combinado con el control mental, aliviaría al cuerpo de la enfermedad, equilibraría la mente, el cuerpo y el espíritu, y fomentaría la confianza en uno mismo. El enfoque holístico del pilates estaba profundamente arraigado.

El método original lo creó para la esterilla pero, cuando trabajó en hospitales, exploró el uso de resortes en las camas, para aplicar resistencia y carga progresiva y fortalecer así el cuerpo. A medida que crecía la demanda de su método en Nueva York, creó equipos como el Cadillac, el Reformer, la silla Wunda y el Arc Barrel. Su uso facilitaba el movimiento, la fuerza y la flexibilidad sin utilizar la colchoneta. Joseph murió en 1967, pero su legado sigue expandiéndose, transmitido a través de sus alumnos, que a su vez enseñaron el método a otros.

«La controlología desarrolla el cuerpo… corrige la postura, restaura la vitalidad y refuerza la mente…»

Joseph Pilates

PRINCIPIOS DEL PILATES

Los ejercicios de pilates se basan en patrones respiratorios estrictos, ya que la respiración es el principio fundamental de la disciplina. Los otros cinco preceptos conforman una técnica única, y la interrelación entre ellos favorece la conexión cuerpo-mente, lo que conduce a la eficacia del programa Pilates. Estos fundamentos también pueden aplicarse a la vida cotidiana fuera de la esterilla.

CENTRO
Se refiere tanto a la implicación de los músculos de la faja abdominal *(core)*, como a la búsqueda de la concentración física y mental durante la práctica.

CONCENTRACIÓN
Hace referencia a la atención al detalle en cada movimiento, incluyendo cómo lo llevas a cabo y cómo te sientes cuando lo haces. La teoría es que, con la práctica, realizarás los ejercicios inconscientemente al desarrollar la consciencia corporal y la atención plena.

RESPIRACIÓN
El patrón respiratorio debe complementar los movimientos: se precisa una respiración completa y lateral (p. 36) para una óptima repercusión física y mental.

FLUIDEZ
Los ejercicios han de realizarse con elegancia y facilidad y la transición de uno a otro debe ser suave. La energía que se emplea en un ejercicio debe integrar todo el cuerpo.

PRECISIÓN
Se refiere a la consciencia en cada movimiento, incluidas la ejecución, colocación y alineación de todas las zonas del cuerpo.

CONTROL
Cada ejercicio se lleva a cabo con control a través de movimientos musculares concretos y la respiración. También se refiere al control mental y a la atención plena necesaria para dirigir los movimientos.

AVANCES EN INVESTIGACIÓN

El objetivo original del pilates era la recuperación de los enfermos hospitalarios durante la Primera Guerra Mundial. Posteriormente, el método se desarrolló para una élite, y se vio influido por el mundo de la danza. Con el cambio de siglo, surgió la necesidad de rutinas más conscientes y el método se adaptó basándose en la investigación y en la necesidad de ejercicios de rehabilitación.

EVOLUCIÓN DEL PILATES

Anteriormente, el método Pilates ponía énfasis en reforzar la faja abdominal y activar la musculatura global para conseguir precisión y apoyo en los diferentes movimientos.

Esto es evidente en ejercicios como las tijeras (p. 78) y el control del equilibrio (p. 156), donde las piernas se mueven, pero la columna vertebral permanece inmóvil para sostener el cuerpo. Muchos de los ejercicios de pilates exigían un buen nivel de flexibilidad de músculos y articulaciones para lograr las palancas largas de pierna, ampliar el rango de movimiento y los grandes movimientos de la columna. Estas exigencias físicas también requerían una buena consciencia corporal para controlar el cuerpo en las posiciones correctas.

ADAPTACIONES

Las adaptaciones contemporáneas se centran en dominar los músculos abdominales *(core)* para dar estabilidad a la columna antes de pasar a la activación global. Aunque algunos ejercicios puedan requerir flexibilidad, a menudo se recomienda una serie de progresiones para que el participante realice un ejercicio de nivel más bajo y vaya pasando gradualmente a otros más exigentes. Para una persona normal, este método es más seguro que el original diseñado por Pilates. También introduce variaciones dependiendo del nivel del alumno y de los ejercicios más adecuados en función de sus necesidades funcionales. Estas pueden variar en función de si se quiere mejorar la flexibilidad y el equilibrio, o tratar dolencias como el dolor lumbar.

Resumen de los métodos

TRADICIONAL	MODERNO
Basado en los ejercicios creados por Joseph Pilates en el mismo orden que él los enseñaba.	Versión modernizada de los ejercicios tradicionales con nuevas variaciones.
Cada ejercicio de la secuencia se construye sobre el anterior.	No hay una secuencia fija, sino que se selecciona en función de las necesidades.
Repetición estricta recomendada para cada ejercicio.	Pautas según la necesidad específica.
Se comienza en posición supina, porque la gravedad ayuda a activar la conexión del *core* y progresar a posiciones más verticales.	Suele comenzar en posición supina, porque la gravedad ayuda a la conexión del *core* y desde aquí se progresa a varias posiciones.
La pelvis suele estar en retroversión, con la espalda plana.	Pelvis en posición neutra.
La longitud de la palanca es larga para brazos y/o piernas.	La longitud de la palanca suele ser menor, con las piernas flexionadas al principio.

PROGRESIÓN TÉCNICA

Hay cuatro áreas clave en las que la técnica de Pilates ha evolucionado y la investigación ha llevado a cambios en la ejecución del método, aparte del ejercicio en sí.

COLUMNA NEUTRA VS. PLANA

En un principio, se enseñaba que la columna debía permanecer plana *(imprint)* sobre la esterilla. Se ha demostrado que esta postura no tiene propiedades de absorción de impactos y es menos funcional que el ejercicio con la columna neutra. La posi-ción de columna neutra también propicia una activación más aislada de los músculos del *core,* lo que favorece unos resultados óptimos, en comparación con tener la pelvis en anteversión o retroversión.

CONTRACCIÓN ABDOMINAL MÁXIMA Y BAJA

Llevar el ombligo hacia la espalda, una acción que hace trabajar al máximo los músculos de la faja abdominal, era antes la clave para activar el abdomen. Se ha demostrado que ese movimiento puede llevar a una sobreactividad y a una fatiga temprana, mientras que una estimulación de nivel bajo aísla el transverso abdominal primero y favorece la estabilización de la columna y el control.

CUELLO NEUTRO VS. FLEXIONADO

Mantener el cuello flexionado puede causar un estrés indeseado a los músculos de la columna cervical y tensión en otras zonas de la parte superior del cuerpo. Colocar el cuello en una posición neutra minimiza esta tensión y alinea el cuello correctamente, favoreciendo una postura más cómoda, beneficiosa y natural.

RESPIRACIÓN ESPECÍFICA VS. PATRÓN VARIADO

Joseph dio instrucciones específicas de respiración para sus movimientos. En la actualidad, se exhala al realizar el esfuerzo durante el ejercicio, ya que eso aporta una activación más eficaz del transverso abdominal.

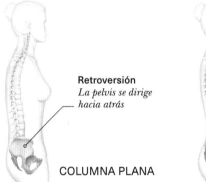

Retroversión
La pelvis se dirige hacia atrás

COLUMNA PLANA

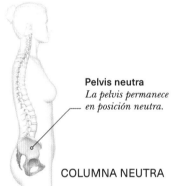

Pelvis neutra
La pelvis permanece en posición neutra.

COLUMNA NEUTRA

CAMBIOS EN LAS INDICACIONES

Existen varias diferencias claras en la forma de practicar el pilates. Por una lado, están los criterios originales de las enseñanzas de Joseph y, por otro, la forma en que esta disciplina ha evolucionado a lo largo de los años. A continuación se comparan algunas de las diferencias clave.

Orden estricto frente a selección de movimientos

El método tradicional sigue un orden estricto de 34 movimientos. Las enseñanzas contemporáneas los seleccionan en función de la condición clínica o individual, basándose en la idea de que no todo vale para todo el mundo.

Un nivel frente a muchos

Los ejercicios originales se diseñaron como una método único, mientras que las escuelas contemporáneas suelen tener múltiples niveles y/o variaciones de cada ejercicio que garantizan que el pilates beneficie a todos.

Series frente a pautas individuales

Los ejercicios tradicionales exigían un seguimiento estricto y a los alumnos se les indicaba que no debían realizar ni más ni menos que lo establecido. Por el contrario, en la actualidad las pautas se basan en los principios del ejercicio, en el caso individual y en los niveles de fatiga.

Escalada frente a control

Muchos de los ejercicios primigenios tenían un componente de progresión, con impulsos incluidos. Las variaciones modernas a menudo eliminan ese concepto, además de centrarse en el control neutro más que en la mayor amplitud de movimiento.

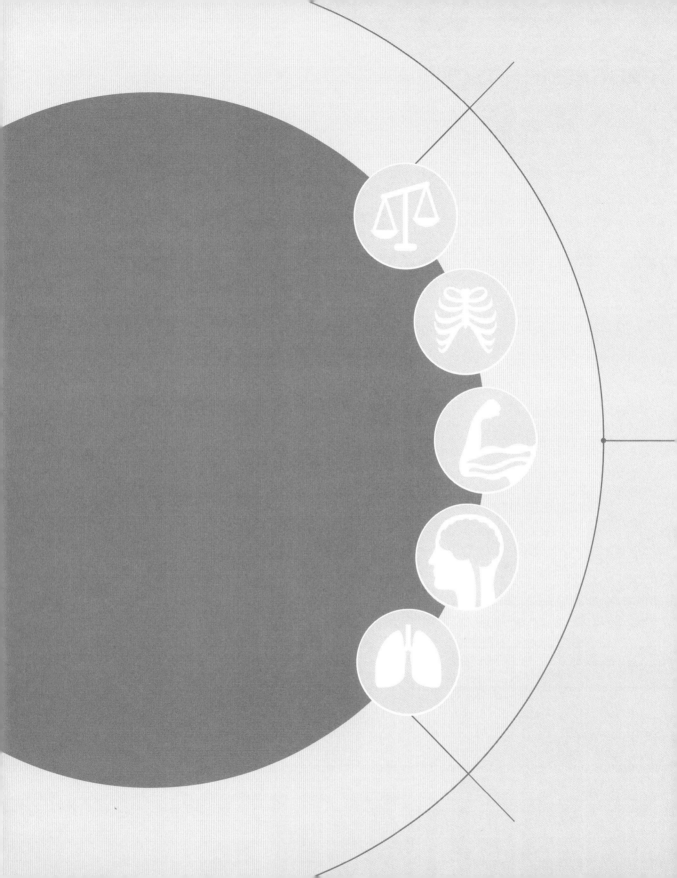

FISIOLOGÍA DEL PILATES

El pilates enseña a moverse desde el núcleo o *core*, creando músculos fuertes y delgados y un sistema de movimiento eficaz. Entender la anatomía y la fisiología del sistema musculo esquelético, los efectos de la postura y la respiración, y la influencia que tiene todo ello sobre el dolor y el bienestar psicológico cambiará la idea que tienes del pilates. La aplicación de este conocimiento te ayudará a optimizar la técnica y la selección de ejercicios, y a crear una rutina.

SISTEMA MUSCULAR

Nuestro sistema muscular sostiene la postura y permite el movimiento. Los músculos esqueléticos están unidos a los huesos en cada extremo a través de los tendones y tiran de estos huesos para crear el movimiento.

MÚSCULO ESQUELÉTICO

Los músculos rara vez trabajan aislados. El que realiza el movimiento se llama agonista y puede implicar a otros músculos de apoyo. El antagonista es el músculo que trabaja en oposición para ralentizar el movimiento y dar estabilidad articular. El pilates fortalece el cuerpo a través de las cadenas musculares, que unen los tejidos blandos para transmitir las fuerzas (p. 18).

Vista microscópica de las miofibrillas musculares, dispuestas en paralelo

Flexores del codo
Bíceps braquial
Braquial (profundo)
Braquiorradial

Las estrías son un reflejo de la disposición de las proteínas en el músculo

Fibras músculo esqueléticas
Las fibras musculo esqueléticas consisten en miles de miofibrillas dispuestas en paralelo que albergan las proteínas que hacen que el músculo se contraiga.

Pectorales
Pectoral mayor
Pectoral menor

Músculos intercostales

Braquial

Abdominales
Recto abdominal
Oblicuo externo abdominal
Oblicuo interno abdominal
(profundo, no se muestra)
Transverso abdominal

Flexores de la cadera
Iliopsoas (ilíaco y psoas mayor)
Recto femoral (véase cuádriceps)
Sartorio
Aductores (más abajo)

Aductores
Aductor largo
Aductor corto
Aductor mayor
Pectíneo
Grácil

Cuádriceps
Recto femoral
Vasto medial
Vasto lateral
Vasto intermedio (profundo, no se muestra)

Dorsiflexores del tobillo
Tibial anterior
Extensor largo de los dedos
Extensor largo del dedo gordo

SUPERFICIAL

PROFUNDO

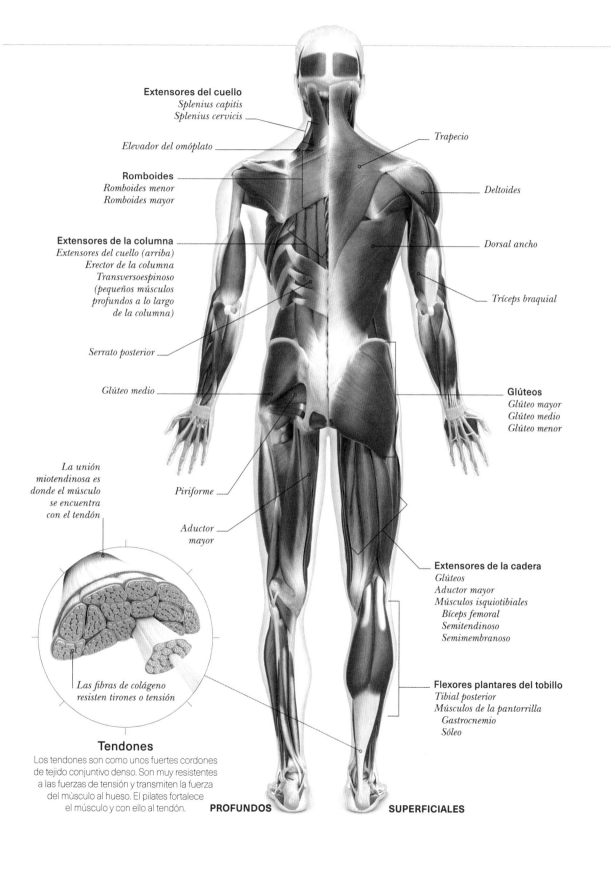

Extensores del cuello
Splenius capitis
Splenius cervicis

Elevador del omóplato

Romboides
Romboides menor
Romboides mayor

Extensores de la columna
Extensores del cuello (arriba)
Erector de la columna
Transversoespinoso
(pequeños músculos
profundos a lo largo
de la columna)

Serrato posterior

Glúteo medio

La unión
miotendinosa es
donde el músculo
se encuentra
con el tendón

Piriforme

Aductor
mayor

Las fibras de colágeno
resisten tirones o tensión

Tendones
Los tendones son como unos fuertes cordones
de tejido conjuntivo denso. Son muy resistentes
a las fuerzas de tensión y transmiten la fuerza
del músculo al hueso. El pilates fortalece
el músculo y con ello al tendón.

Trapecio

Deltoides

Dorsal ancho

Tríceps braquial

Glúteos
Glúteo mayor
Glúteo medio
Glúteo menor

Extensores de la cadera
Glúteos
Aductor mayor
Músculos isquiotibiales
  Bíceps femoral
  Semitendinoso
  Semimembranoso

Flexores plantares del tobillo
Tibial posterior
Músculos de la pantorrilla
  Gastrocnemio
  Sóleo

PROFUNDOS   **SUPERFICIALES**

MÚSCULOS LOCALES Y MÚSCULOS GLOBALES

Nuestro cuerpo produce movimiento y apoyo mediante la activación muscular y las contracciones. Hay dos sistemas musculares diferentes que permiten a nuestro cuerpo distribuir las fuerzas de forma eficaz. Se clasifican en función de su localización y de otras muchas propiedades.

DOS SISTEMAS

La coordinación del sistema muscular local y global es la esencia del método Pilates. Se debe partir de la idea de que los músculos locales son el *core* interior; los globales, el *core* superficial, y la suma de los músculos de las extremidades, el sistema del movimiento.

MÚSCULOS LOCALES

Los músculos locales se sitúan cerca de la articulación y se insertan directamente en la columna. Aumentan la rigidez articular para limitar la compresión, la cizalladura (desgarro) y las fuerzas de rotación de la columna vertebral. También proporcionan estabilidad y apoyo entre las vértebras durante el movimiento al aumentar la presión intraabdominal. Los músculos locales son el transverso abdominal, el multífido, el suelo pélvico y el diafragma.

MÚSCULOS GLOBALES

Los músculos globales son más superficiales que los locales y unen la pelvis con la columna vertebral. Su función es sobre todo de movimiento y transfieren la carga entre las extremidades superiores e inferiores a través del *core*. También dan estabilidad y control excéntrico (alargamiento) al núcleo durante estos movimientos. Los músculos globales están formados por el cuadrado lumbar, el psoas mayor, los oblicuos externos, los oblicuos internos, el recto abdominal, el glúteo medio y todos los músculos aductores de la cadera, incluyendo el aductor mayor, largo y corto, el grácil y el pectíneo.

SISTEMA DEL MOVIMIENTO

Para obtener el mejor rendimiento, es necesaria la activación de los sistemas musculares globales y locales, además de la implicación del sistema del movimiento. Este está formado por músculos que unen la columna vertebral y/o la pelvis a las extremidades superiores o inferiores. Genera fuerza con rapidez y es responsable de la amplitud de movimientos. Además, produce fuerza concéntrica y excéntrica de desaceleración. Sus músculos son el dorsal ancho, los flexores de la cadera, los isquiotibiales y el cuádriceps. Podemos entender su combinación a través de las cadenas musculares (p.18).

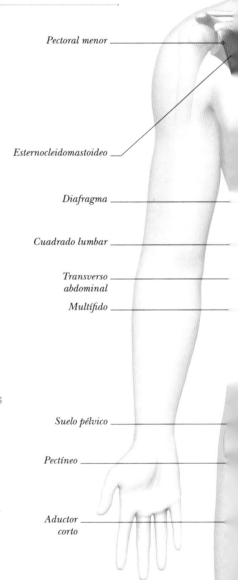

Pectoral menor

Esternocleidomastoideo

Diafragma

Cuadrado lumbar

Transverso abdominal

Multífido

Suelo pélvico

Pectíneo

Aductor corto

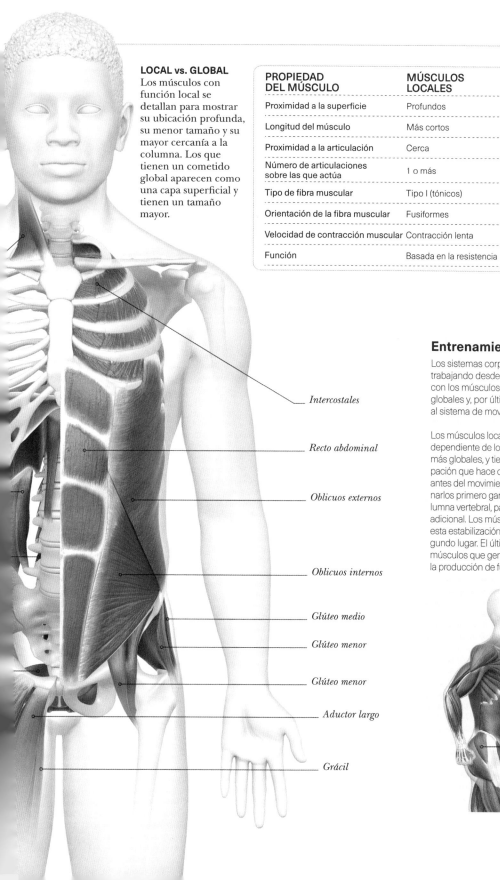

LOCAL vs. GLOBAL
Los músculos con función local se detallan para mostrar su ubicación profunda, su menor tamaño y su mayor cercanía a la columna. Los que tienen un cometido global aparecen como una capa superficial y tienen un tamaño mayor.

PROPIEDAD DEL MÚSCULO	MÚSCULOS LOCALES	MÚSCULOS GLOBALES
Proximidad a la superficie	Profundos	Superficiales
Longitud del músculo	Más cortos	Más largos
Proximidad a la articulación	Cerca	Más lejos
Número de articulaciones sobre las que actúa	1 o más	2 o más
Tipo de fibra muscular	Tipo I (tónicos)	Tipo II (fásicos)
Orientación de la fibra muscular	Fusiformes	Aponeuróticos
Velocidad de contracción muscular	Contracción lenta	Contracción rápida
Función	Basada en la resistencia	Esfuerzo de corta duración

Intercostales

Recto abdominal

Oblicuos externos

Oblicuos internos

Glúteo medio

Glúteo menor

Glúteo menor

Aductor largo

Grácil

Entrenamiento funcional

Los sistemas corporales deben entrenarse trabajando desde dentro hacia fuera, primero con los músculos locales, después con los globales y, por último, con la plena integración al sistema de movimiento.

Los músculos locales se controlan de forma independiente de los músculos abdominales, más globales, y tienen un mecanismo de anticipación que hace que los músculos se activen antes del movimiento de una extremidad. Entrenarlos primero garantiza la estabilidad de la columna vertebral, para soportar cualquier carga adicional. Los músculos globales carecen de esta estabilización y, por tanto, participan en segundo lugar. El último paso sería fortalecer los músculos que generan fuerza, para maximizar la producción de fuerza con velocidad.

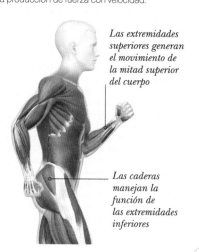

Las extremidades superiores generan el movimiento de la mitad superior del cuerpo

Las caderas manejan la función de las extremidades inferiores

CÓMO FUNCIONAN LAS CADENAS MUSCULARES

Los músculos transmiten su fuerza a los huesos, a los que están unidos, y producen el movimiento a través de las articulaciones. Las cadenas musculares unen el músculo, la fascia (tejido conectivo) y los ligamentos (tejido que une hueso con hueso) a través de la fascia, transmitiendo así fuerza de una parte del cuerpo a la otra. Proporcionan mayor estabilidad y apoyo durante el movimiento y permiten que la fuerza se transmita más allá del músculo que se está contrayendo.

TIPOS DE CADENAS MUSCULARES

Cuando las fuerzas entre las cadenas musculares están equilibradas, se consigue una alineación óptima. Cuando hay un componente débil en la musculatura, la tensión de la cadena se altera. Esto modifica la transmisión de fuerzas a través de ese grupo muscular y el desequilibrio puede causar una mala alineación o disfunción.

CADENA OBLICUA ANTERIOR

Estabiliza la pelvis y favorece la contracción en la base de la sínfisis del pubis. Al caminar, estabiliza el cuerpo sobre la pierna de apoyo, y controla la rotación de la pelvis al avanzar. A medida que incrementamos la velocidad y pasamos de caminar a correr, aumenta la demanda de la cadena oblicua anterior (delantera), lo que desempeña un papel importante en el deporte a la hora de acelerar, desacelerar y rotar.

Un desajuste en el funcionamiento de esta cadena resulta en fuerzas de cizalladura en la pelvis y puede ocasionar lesiones abdominales o inguinales.

CADENA OBLICUA POSTERIOR

Este grupo estabiliza la pelvis desde la parte posterior y proporciona una contracción de la articulación sacroilíaca. Potencia la fase propulsiva al caminar, ya que el glúteo mayor es el responsable de impulsar la pierna hacia delante, en un proceso que se acentúa al correr. El dorsal ancho contribuye a la coordinación de la pierna propulsora y a la tracción hacia atrás del brazo para facilitar el movimiento de carrera.

La debilidad de cualquiera de estos músculos puede ocasionar un exceso de carga en los isquiotibiales y provocar una distensión muscular. Además, una deficiente estabilidad de la pelvis posterior puede provocar dolor en la articulación sacroilíaca por los movimientos de cizallamiento.

CADENA LONGITUDINAL PROFUNDA

Este grupo muscular es responsable tanto de la estabilidad de la columna y la pelvis como de la activación del multífido. También produce un movimiento basado en la extensión de la columna y la cadera a través de sus músculos más superficiales: el erector de la columna y el bíceps femoral. Interviene en gran medida en la postura y mantiene el cuerpo erguido, además de dar sostén al tronco a través de actividades de flexión, como plegarse hacia delante y erguirse después.

Una debilidad en este grupo puede manifestarse como dolor lumbar debido a una menor estabilidad o soporte muscular en la columna lumbar y la pelvis. Por ejemplo, al doblarse hacia delante, puede que luego cueste enderezarse o se puede sentir dolor al intentar flexionar el cuerpo demasiado hacia delante.

CADENA LATERAL

Esta cadena permite el movimiento en el plano coronal o frontal, que divide el cuerpo verticalmente en parte frontal y posterior. Mantiene el equilibrio de la pelvis en actividades con una sola pierna, como caminar, subir escaleras y movimientos como la zancada. La disfunción puede mostrar un signo de Trendelenburg (ver esquema de la derecha), la pronación del pie y la alineación medial de la rodilla. Algunos ejemplos de ejercicios de pilates son: la almeja, la patada lateral y las elevaciones de pierna.

CADENA OBLICUA ANTERIOR
Músculos implicados: oblicuos internos y externos y los aductores contralaterales, conectados por la fascia abdominal del aductor.

Ejemplos de ejercicios de pilates:

- Estiramiento de una sola pierna (p. 60)
- Las tijeras (p. 78)
- Rodar hacia arriba (p. 122)
- La uve (p. 136)

CADENA OBLICUA POSTERIOR
Músculos implicados: dorsal ancho y glúteo mayor contralateral, conectados por la fascia toracolumbar.

Ejemplos de ejercicios de pilates:

- Patada con una pierna en prono (p. 74)
- Puente de hombros (p. 84)
- Natación (p. 88)
- El balancín (p. 152)

CADENA LONGITUDINAL PROFUNDA
Músculos implicados: erector de la columna, multífido, ligamento sacrotuberoso, y bíceps femoral, conectados por la fascia toracolumbar.

Ejemplos de ejercicios de pilates:

- El salto del cisne (p. 70)
- Patada con una pierna en prono (p. 74)
- Puente de hombros (p. 84)
- El balancín (p. 152)

CADENA LATERAL
Músculos implicados: glúteo medio, glúteo menor, tensor de la fascia lata, y aductores contralaterales.

El lado izquierdo de la pelvis caerá hacia abajo

Un glúteo derecho débil hará que ese lado se desplace hacia arriba

Disfunción de la cadena lateral
Una anomalía en los abductores de la cadera, sobre todo del glúteo medio y menor, hará que la pelvis se incline hacia abajo en la pierna que no soporta el peso, haciendo que la persona se incline hacia el lado opuesto de la cadera afectada. Se conoce como el signo de Trendelenburg.

MECÁNICA MUSCULAR

Los músculos se contraen de distintas formas para facilitar y controlar
el movimiento. La forma en que lo hacen depende del nivel de fuerza
contráctil del músculo y de la fuerza externa que actúa sobre él.

ESTRUCTURA MUSCULAR

Los músculos esqueléticos consisten en una
intrincada organización de células musculares,
sanguíneas y fibras nerviosas. Los haces de fibras
musculares se denominan fascículos. Dentro de
cada fibra muscular hay miofibrillas, que albergan
filamentos de proteína contráctil que producen
las contracciones musculares.

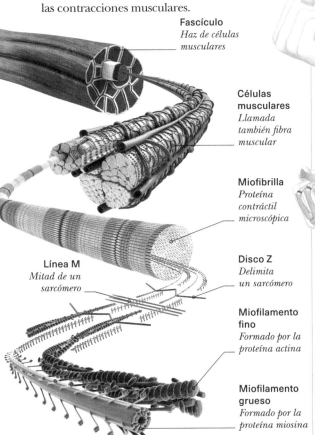

Fascículo
*Haz de células
musculares*

**Células
musculares**
*Llamada
también fibra
muscular*

Miofibrilla
*Proteína
contráctil
microscópica*

Línea M
*Mitad de un
sarcómero*

Disco Z
*Delimita
un sarcómero*

**Miofilamento
fino**
*Formado por la
proteína actina*

**Miofilamento
grueso**
*Formado por la
proteína miosina*

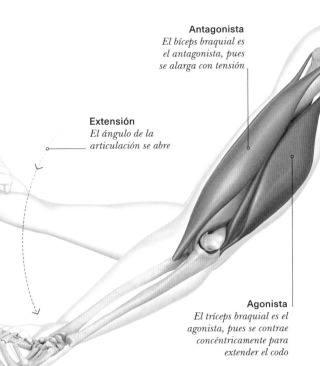

Antagonista
*El bíceps braquial es
el antagonista, pues
se alarga con tensión*

Extensión
*El ángulo de la
articulación se abre*

Agonista
*El tríceps braquial es el
agonista, pues se contrae
concéntricamente para
extender el codo*

CONTRACCIÓN EXCÉNTRICA

Las contracciones excéntricas se dan cuando el
músculo se alarga mientras está en tensión. El bíceps
trabaja de forma excéntrica para controlar el
movimiento de bajada del brazo y, en el método
Pilates, debería apreciarse en la zona de glúteos
durante el ejercicio del puente de hombros, al estirar
la pierna en vertical (p. 84).

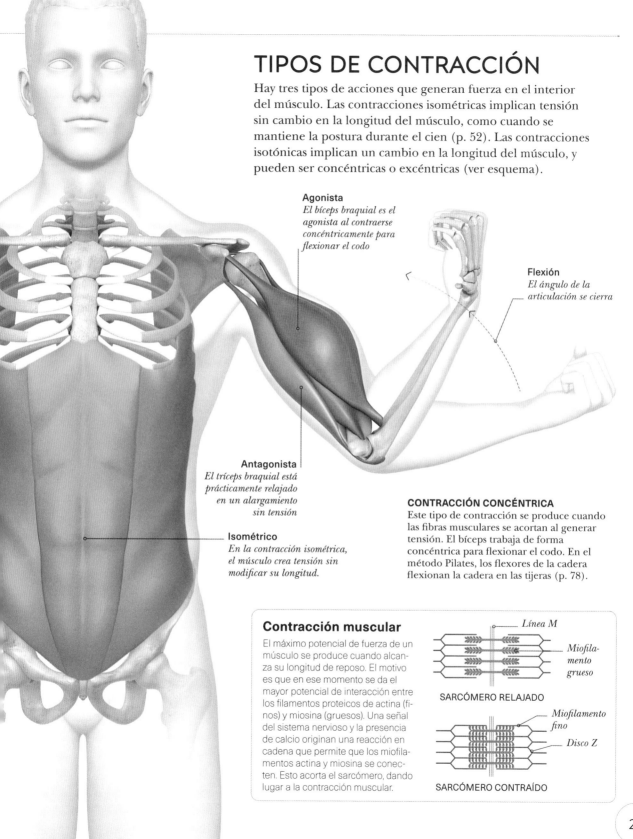

TIPOS DE CONTRACCIÓN

Hay tres tipos de acciones que generan fuerza en el interior del músculo. Las contracciones isométricas implican tensión sin cambio en la longitud del músculo, como cuando se mantiene la postura durante el cien (p. 52). Las contracciones isotónicas implican un cambio en la longitud del músculo, y pueden ser concéntricas o excéntricas (ver esquema).

Agonista
El bíceps braquial es el agonista al contraerse concéntricamente para flexionar el codo

Flexión
El ángulo de la articulación se cierra

Antagonista
El tríceps braquial está prácticamente relajado en un alargamiento sin tensión

Isométrico
En la contracción isométrica, el músculo crea tensión sin modificar su longitud.

CONTRACCIÓN CONCÉNTRICA

Este tipo de contracción se produce cuando las fibras musculares se acortan al generar tensión. El bíceps trabaja de forma concéntrica para flexionar el codo. En el método Pilates, los flexores de la cadera flexionan la cadera en las tijeras (p. 78).

Contracción muscular

El máximo potencial de fuerza de un músculo se produce cuando alcanza su longitud de reposo. El motivo es que en ese momento se da el mayor potencial de interacción entre los filamentos proteicos de actina (finos) y miosina (gruesos). Una señal del sistema nervioso y la presencia de calcio originan una reacción en cadena que permite que los miofilamentos actina y miosina se conecten. Esto acorta el sarcómero, dando lugar a la contracción muscular.

Línea M

Miofilamento grueso

SARCÓMERO RELAJADO

Miofilamento fino

Disco Z

SARCÓMERO CONTRAÍDO

EL SISTEMA ESQUELÉTICO

La estructura vital del cuerpo está formada por huesos y cartílagos, unidos por los ligamentos. Juntos componen un armazón que proporciona al cuerpo estructura, protección y capacidad de movimiento a través de las palancas óseas.

BENEFICIOS DEL PILATES

Los huesos son órganos vivos formados por colágeno. Además, almacenan calcio, un mineral que los hace fuertes y es vital para las funciones corporales. También contienen médula ósea, donde se producen de continuo células sanguíneas. Los huesos se unen en las articulaciones, que cuentan con el sostén de los ligamentos. Los ejercicios de pilates refuerzan la salud ósea si se realizan con carga.

Las **hormonas,** *la* **alimentación** *y la* **actividad física** *influyen en el* crecimiento *y el* desarrollo *óseo.*

Cráneo
Placas de hueso fusionadas para proteger el cerebro

Mandíbula
El maxilar inferior forma la única articulación móvil del cráneo

Clavícula
Conecta el omóplato (o escápula) con el esternón

Esternón
Conecta las costillas

Costillas
12 pares de huesos que forman la caja torácica

Pelvis
Dos huesos de la cadera conectados por el sacro

Carpos
Ocho huesecillos que forman cada muñeca

Metacarpos
Cinco huesos largos que recorren cada palma

Falanges
14 huesos que forman los dedos de cada mano

Rótula
También llamada patela, está sujeta al tendón del cuádriceps

Tarsos
Siete huesecillos que forman el tobillo

Metatarsos
Cinco huesos largos que recorren el pie a lo largo

Falanges
14 huesos que forman los dedos de cada pie

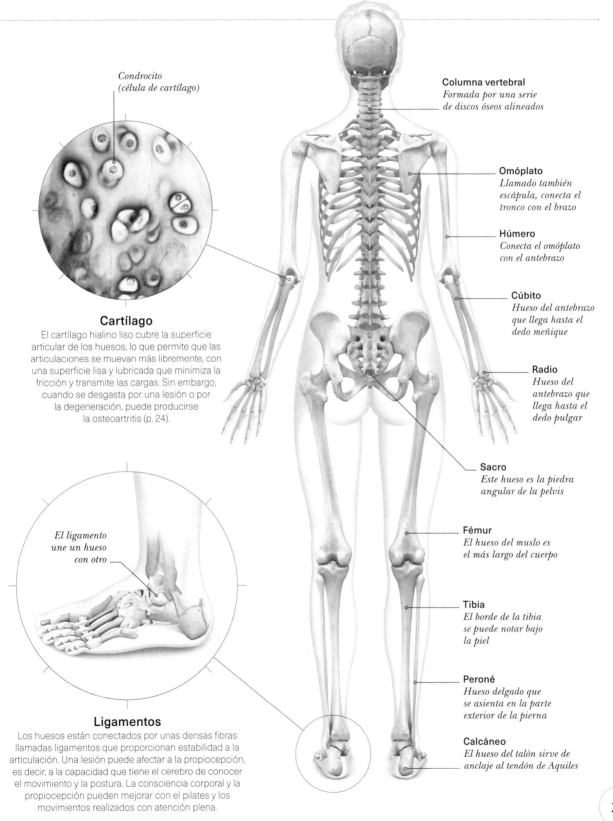

Condrocito
(célula de cartílago)

Columna vertebral
*Formada por una serie
de discos óseos alineados*

Omóplato
*Llamado también
escápula, conecta el
tronco con el brazo*

Húmero
*Conecta el omóplato
con el antebrazo*

Cúbito
*Hueso del antebrazo
que llega hasta el
dedo meñique*

Radio
*Hueso del
antebrazo que
llega hasta el
dedo pulgar*

Sacro
*Este hueso es la piedra
angular de la pelvis*

Fémur
*El hueso del muslo es
el más largo del cuerpo*

Tibia
*El borde de la tibia
se puede notar bajo
la piel*

Peroné
*Hueso delgado que
se asienta en la parte
exterior de la pierna*

Calcáneo
*El hueso del talón sirve de
anclaje al tendón de Aquiles*

Cartílago

El cartílago hialino liso cubre la superficie
articular de los huesos, lo que permite que las
articulaciones se muevan más libremente, con
una superficie lisa y lubricada que minimiza la
fricción y transmite las cargas. Sin embargo,
cuando se desgasta por una lesión o por
la degeneración, puede producirse
la osteoartritis (p. 24).

*El ligamento
une un hueso
con otro*

Ligamentos

Los huesos están conectados por unas densas fibras
llamadas ligamentos que proporcionan estabilidad a la
articulación. Una lesión puede afectar a la propiocepción,
es decir, a la capacidad que tiene el cerebro de conocer
el movimiento y la postura. La consciencia corporal y la
propiocepción pueden mejorar con el pilates y los
movimientos realizados con atención plena.

FUERZA ÓSEA Y ARTICULACIONES

Los huesos y las articulaciones constituyen el armazón que sostiene nuestro cuerpo, los sistemas de palancas que facilitan el movimiento y la estructura básica de la fuerza del cuerpo. El hueso es un tejido vivo altamente especializado que se adapta a la tensión mecánica. La práctica regular del pilates puede fortalecer los huesos y las articulaciones.

CRECIMIENTO ÓSEO

La osificación es el proceso de formación del hueso. Unas células llamadas osteoblastos forman el hueso nuevo, mientras que los osteoclastos se ocupan de retirar el viejo, lo que ayuda a mantener el grosor del hueso. El tejido conjuntivo externo proporciona dureza y elasticidad al hueso, mientras que las sales minerales aportan rigidez. El calcio es un mineral importante para mantener la fuerza ósea.

Durante la infancia se produce un rápido crecimiento óseo ya que la producción de osteoblastos es alta para desarrollar el sistema esquelético. La madurez esquelética alcanza su punto máximo a los 16-18 años, pero la densidad ósea puede seguir mejorando hasta los 20-30 años. El entrenamiento de fuerza regular maximizará y mantendrá la densidad ósea, ya que a partir de los 35 años disminuye.

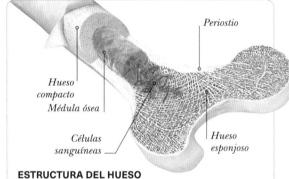

ESTRUCTURA DEL HUESO
El hueso poseen una cubierta exterior llamada periostio. Dentro hay una capa compacta que rodea otra más profunda de hueso esponjoso. La estructura interna está formada por trabéculas, con forma de panal organizadas para resistir la tensión mecánica.

Artritis

La osteoartritis, o desgaste del cartílago, es la patología más habitual de las articulaciones. Causa dolor al perderse la superficie articular y la lubricación de las articulaciones. Tras ocho semanas de clases de pilates, los participantes con osteoartritis mostraron una reducción del dolor, además de mejoras en su forma física general.

PROGRESIÓN

El cartílago se degrada por el desgaste o por una lesión. Cuando se produce, se estrecha el espacio articular, y la membrana sinovial puede inflamarse y doler. También se pueden formar espolones óseos y quistes en el hueso.

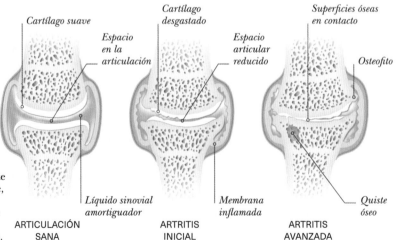

ARTICULACIONES

Los huesos se unen en las articulaciones y estas se coordinan entre sí para permitir el movimiento. Hay tres tipos diferentes de articulaciones: fibrosas, cartilaginosas y sinoviales, y la movilidad aumenta gradualmente de las fibrosas a las sinoviales. Estas últimas son, por tanto, las que tienen más movilidad y las que se trabajan en el pilates.

MOVIMIENTOS ARTICULARES

Las articulaciones sinoviales se pueden mover con libertad, viéndose restringido este movimiento por los músculos de sostén, los ligamentos y la cápsula articular fibrosa que las envuelve. Las articulaciones en bisagra realizan básicamente flexión y extensión. Las esféricas permiten el movimiento multidireccional y se encuentran en las articulaciones más grandes, como el hombro y la cadera.

TIPOS DE MOVIMIENTO

Flexión	El ángulo de la articulación suele cerrarse
Extensión	El ángulo de la articulación suele abrirse
Abducción	La extremidad se aleja del cuerpo
Aducción	La extremidad se acerca al cuerpo
Rotación externa	La extremidad rota hacia fuera
Rotación interna	La extremidad rota hacia dentro
Rotación axial	La columna rota sobre su eje
Flexión plantar	Se abre el ángulo entre pie y pierna
Dorsiflexión	Se cierra el ángulo entre pie y pierna

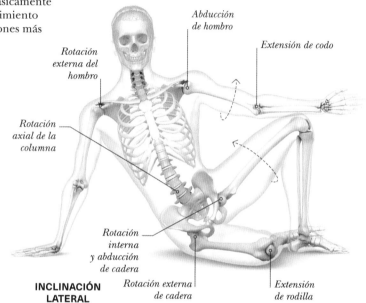

Abducción de hombro

Extensión de codo

Rotación externa del hombro

Rotación axial de la columna

Rotación interna y abducción de cadera

Rotación externa de cadera

Extensión de rodilla

INCLINACIÓN LATERAL

Dentro de una articulación

El líquido sinovial rodea la cápsula articular y segrega en la cavidad de la articulación un fluido lubricante en respuesta a la presión ejercida sobre ella. Un incremento de la actividad y la carga puede hacer que el fluido se vuelva más viscoso, lo que ayuda a proteger la articulación. Los ejercicios de pilates con carga, como las posturas de pie o a cuatro patas, permiten aumentar este efecto.

ARTICULACIÓN SINOVIAL

Las articulaciones sinoviales se encuentran en prácticamente todas las articulaciones. Contienen líquido sinovial, que alimenta el cartílago y lubrica la articulación, permitiendo el movimiento sin fricción.

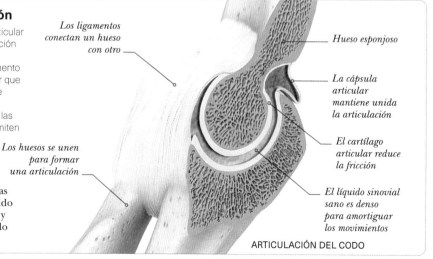

Los ligamentos conectan un hueso con otro

Los huesos se unen para formar una articulación

Hueso esponjoso

La cápsula articular mantiene unida la articulación

El cartílago articular reduce la fricción

El líquido sinovial sano es denso para amortiguar los movimientos

ARTICULACIÓN DEL CODO

MÚSCULOS DEL *CORE*

El *core*, o faja lumbar, está compuesto por cuatro grupos musculares que conforman una unidad de sostén tridimensional en torno al tronco. Juntos coordinan sus movimientos y unen la parte superior e inferior del cuerpo. También controlan la respiración y la incontinencia.

LA IMPORTANCIA DE LA ESTABILIDAD

Una mayor estabilidad del *core* permite a la columna moverse por sus segmentos vertebrales sin lesionarse. La falta de estabilidad puede poner una tensión extra en las vértebras durante movimientos sencillos como inclinarse o alejarse del cuerpo.

Respiración: el suelo pélvico y el diafragma

El suelo pélvico y el diafragma trabajan juntos para permitir la biomecánica natural de la caja torácica y reducir cualquier resistencia al contraer los músculos del *core*. Si se inhala al realizar el esfuerzo, la cavidad abdominal se llenará de aire y eso dificultará el movimiento. Los ejercicios de pilates favorecen un patrón respiratorio más natural que permite la expansión de la caja torácica hacia la base de los pulmones al inhalar, y su relajación al exhalar.

El suelo pélvico se contrae y se desplaza hacia arriba al exhalar y se relaja y desciende al inhalar. Con la práctica, se aprende a controlar la activación del suelo pélvico y la coordinación con la respiración y los músculos abdominales, lo que conduce a conseguir un *core* eficaz.

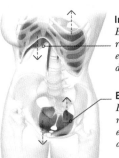

Inhalación
El diafragma respiratorio y el suelo pélvico descienden

Exhalación
El diafragma respiratorio y el suelo pélvico ascienden

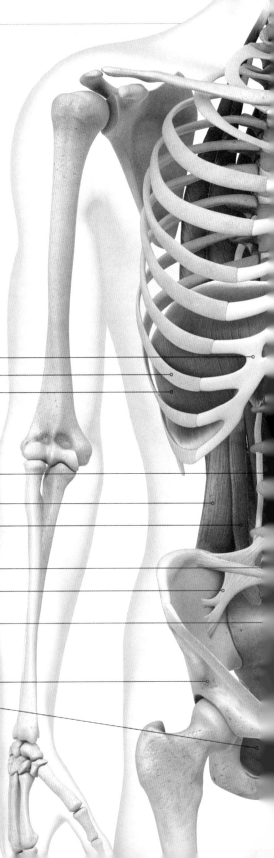

Cartílago intercostal

Caja torácica

Diafragma respiratorio
El diafragma se contrae al inhalar y se relaja al exhalar

Multífido
Músculo de la espalda que estabiliza la columna de forma local

Cuadrado lumbar

Extensores de la columna
Músculos largos que favorecen la extensión de la columna

Columna

Ligamento iliolumbar

Ligamento longitudinal anterior
Estabiliza las vértebras e impide el movimiento hacia atrás

Pelvis

Suelo pélvico
Grupo de músculos que sostienen la vejiga, el intestino y el útero

VISTA ANTEROLATERAL

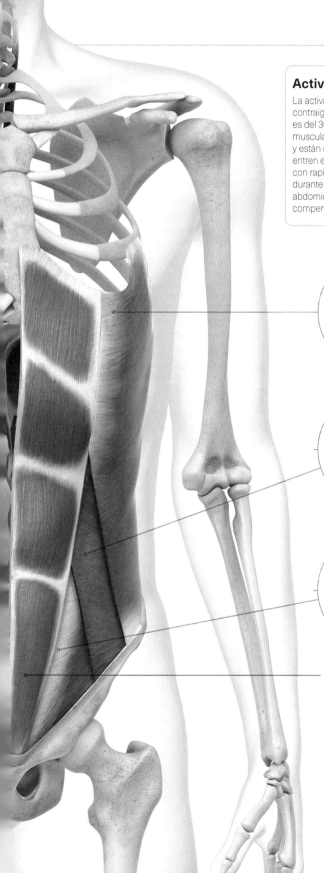

Activación del *core*

La activación ideal necesaria para que los músculos de la faja abdominal se contraigan eficazmente y proporcionen el mejor nivel de estabilidad a la columna es del 30 %. Exhalar al contraer el *core* permite reagrupar mejor las fibras musculares del tipo 1, que generan una activación a un ritmo lento y constante y están diseñadas para la resistencia. Una activación superior al 30 % hace que entren en juego las fibras musculares del tipo 2, diseñadas para producir potencia con rapidez. Estas se fatigan rápidamente, por lo que no servirán de sostén durante mucho tiempo. Cuidado con contener la respiración, apretar los abdominales o contraer los glúteos al activar el *core*. Estos mecanismos compensatorios harán que la activación sea mucho menos eficaz.

Oblicuo externo

El músculo abdominal más grande y superficial está constituido por fibras que cubren la parte anterolateral del tronco y se insertan en la vaina de los rectos abdominales. Cuando ambos lados se contraen, el tronco se flexiona. Cuando lo hace uno de ellos, se produce una flexión lateral hacia ese lado, mientras que el lado contrario rota.

Oblicuo interno

Este músculo ancho se sitúa debajo del oblicuo externo y sus fibras discurren perpendiculares a las de este. Trabaja con el oblicuo externo para flexionar el tronco; la contracción de un lado originará una flexión y rotación hacia ese mismo lado.

Transverso abdominal

Este conjunto más profundo de músculos del *core* envuelve el abdomen y sus fibras discurren en horizontal. Se activa antes del movimiento para dar estabilidad a la columna vertebral y en él repercute el patrón respiratorio. Se exhala al ejecutar un movimiento, ya que así se activa mejor el músculo y se da mejor sostén a las articulaciones, los discos y los músculos.

Recto abdominal
Músculo abdominal vertical formado por un músculo largo y ancho dividido en tres intersecciones; tendinosas. El recto abdominal está unido en el centro por la línea alba.

CAPAS DE LOS MÚSCULOS DEL *CORE*
Los músculos de la faja lumbar o *core* tienen múltiples capas. Los que dan estabilidad al tronco son más profundos, mientras que los que crean el movimiento son más superficiales.

ANATOMÍA DE LA COLUMNA NEUTRA

La postura erguida es posible gracias a la columna vertebral y a su fascinante anatomía. Gracias a ella y a su relación con la pelvis, el cuerpo puede moverse. Aunque cada caso es distinto, las desviaciones repercuten en el resto de la columna y en su funcionamiento.

EL PAPEL DE LA COLUMNA

La espina dorsal mantiene nuestra postura erguida, permite el movimiento vertebral y protege la médula espinal y otras estructuras neurales. Cada sección tiene características únicas según su posición.

La columna vertebral consta de 24 vértebras: 7 cervicales, 12 torácicas (o dorsales) y 5 lumbares. Hay otras 5 fusionadas que forman el sacro (el triángulo óseo situado en la base de la columna lumbar) y 4 más unidas creando el cóccix (coxis). Los cuerpos vertebrales —las partes gruesas y ovaladas— están situados en la parte delantera y soportan el peso y la amortiguación. La parte posterior de la columna vertebral tiene apófisis espinosas (en el centro) y transversas (a ambos lados), donde se anclan músculos y ligamentos.

La curvatura en forma de «S» de la columna permite la transmisión y distribución de fuerzas a través de ella, al tiempo que protege la médula espinal y los discos intervertebrales. Estos discos propician el movimiento de la columna ya que se desplazan poco a poco para que la columna se doble, gire y rote. Si la columna fuera recta, las fuerzas se transmitirían directamente a través de los discos intervertebrales y no se produciría ningún movimiento.

La columna cervical es la región más móvil y su función principal es controlar nuestra línea de visión. El cuello también estabiliza y sostiene el peso de la cabeza. Los problemas de cuello pueden sobrecargar el trapecio superior y los músculos escapulares, al tratar de ayudar a la cabeza y el cuello.

La columna torácica o dorsal es la región con menos movilidad y, junto con la caja torácica, protege el corazón y los pulmones. La curvatura dorsal afecta a la movilidad del cuello, así como a la cintura escapular y a la columna lumbar. Por ello, la columna torácica es un elemento importante de los ejercicios de pilates centrados en la postura y la movilidad.

La columna lumbar posee las vértebras más grandes y estas, junto con la curvatura lordótica natural (hacia dentro), protegen la columna de las fuerzas de compresión. Las desviaciones de la columna lumbar pueden verse influidas por la musculatura abdominal y glútea y pueden provocar dolor lumbar.

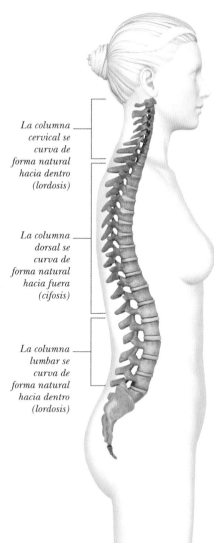

La columna cervical se curva de forma natural hacia dentro (lordosis)

La columna dorsal se curva de forma natural hacia fuera (cifosis)

La columna lumbar se curva de forma natural hacia dentro (lordosis)

IMPORTANCIA DE LA COLUMNA NEUTRA

Mantener la columna vertebral y la pelvis en la posición neutra optimiza la función de la espina dorsal y su curvatura. De esta forma, se alinea el cuerpo de forma que el peso se distribuye con la menor tensión posible en las articulaciones y tejidos blandos. La posición de la pelvis afecta a las vértebras lumbares, dorsales y cervicales, con un efecto en cadena.

La posición neutra de la columna y la pelvis es funcional: así es como caminamos y nos desplazamos. Si realizamos los ejercicios de pilates con la espalda plana, no hay amortiguación y existe el riesgo de que se produzcan molestias o tensiones en las vértebras lumbares y sacras, ya que se modifica su posición natural.

Los músculos del *core*, principalmente el transverso abdominal, son cruciales para dar apoyo localizado y estabilizar la columna. La mejor activación de este músculo se produce cuando la pelvis está neutra, en comparación con cuando está en anteversión o retroversión.

La inclinación pélvica la controlan los músculos de alrededor; mantener una pelvis neutra equilibra estos músculos. Cuando los abdominales, glúteos e

Articulación sacroilíaca (se inserta en la S1), con una leve movilidad   *Espina ilíaca anterosuperior (articulación de la cadera)*

PELVIS FEMENINA

isquiotibiales están débiles, se produce una anteversión, lo que hace que la persona bascule hacia delante para controlar el centro de gravedad. Una retroversión puede estar causada por malos hábitos posturales, como encorvarse, o por falta de ejercicio. Se produce cuando hay rigidez en los abdominales e isquiotibiales.

Pelvis neutra y variaciones

La pelvis neutra es la posición ideal si la pelvis y la columna están alineadas como deberían. La realidad es que cada individuo es distinto y se debe pensar en la pelvis neutra como una zona entre los dos extremos, la anteversión y la retroversión pélvica.

La pelvis bascula ligeramente hacia delante, creando un arco

ANTEVERSIÓN
Se produce cuando la pelvis se inclina hacia delante y se crea una lordosis lumbar, que aleja la columna de la esterilla.

La pelvis bascula hacia atrás, aplanando la curvatura lumbar

RETROVERSIÓN
Se da cuando la pelvis se inclina hacia atrás y la columna se aplana sobre el suelo, sin dejar espacio con la espalda.

La pelvis está equilibrada, con una curvatura lumbar neutra

PELVIS NEUTRA
Se produce cuando la pelvis no bascula ni hacia delante ni hacia atrás. Es la posición ideal, cuando las espinas ilíacas superiores están paralelas al suelo.

Interrelación vertebral

Pelvis neutra y caja torácica
Una pelvis basculada hacia delante aumenta la lordosis lumbar y alarga la región abdominal, lo que elonga a su vez los músculos abdominales anteriores y eleva la parte inferior de la caja torácica. Esto provoca una pérdida de la conexión de los músculos abdominales y del *core,* ya que estos últimos no pueden activarse de forma correcta al abandonar la posición neutra. El diafragma, alojado en la región torácica, forma parte del grupo de músculos del *core,* por lo que la desviación de la caja torácica también afecta a la función del diafragma y a la estabilidad de la columna y el tronco. Todos los ejercicios de pilates deben

comenzar con la pelvis en posición neutra y la relajación de la caja torácica hacia abajo. La activación de la faja abdominal mantiene este vínculo y favorece que la columna permanezca estable durante el ejercicio.

Caja torácica y cintura escapular
La escápula es un punto clave para transferir energía de las extremidades inferiores y el *core* a las superiores, y conecta la clavícula con el húmero. Es la base de todos los movimientos de la cintura escapular (omóplatos y clavículas). Los músculos estabilizadores de la escápula incluyen las fibras superiores e inferiores del trapecio y el serrato anterior.

LA POSTURA

La postura es la colocación y alineación del cuerpo en un momento dado. Las distintas posiciones que adoptamos durante el día suponen pequeños cambios en las articulaciones y la actividad muscular. Es normal abandonar la postura ideal al moverse, pero hay puntos clave a tener en cuenta.

LA IMPORTANCIA DE LA POSTURA

Rara vez tenemos en cuenta la postura o la forma en cómo nos sostenemos, una actividad automática e inconsciente que adoptamos en respuesta a la gravedad y al entorno que nos rodea. Puede ser estática o dinámica.

La postura estática es la que adoptamos cuando estamos quietos; la dinámica es cómo nos mantenemos en movimiento. Se mantiene y adapta mediante contracciones musculares que controla el sistema nervioso en respuesta a la información que recibe de fuentes como las articulaciones, los ligamentos, los músculos, los ojos y los oídos.

Las articulaciones de la columna cervical superior son especialmente importantes para la postura, ya que tienen receptores adicionales, y cualquier alteración en la colocación de la cabeza y el cuello puede influir en el resto del cuerpo.

La postura es básica para el equilibrio y la capacidad de resistencia a la gravedad, así como para funciones superiores, como la transición estática y dinámica del pilates. Aunque algunas personas pueden mantener las posiciones sin ninguna dificultad, otras pueden notar los músculos tensos, las articulaciones rígidas y, con el tiempo, la debilidad de los músculos. A medida que el cuerpo se adapta a ellos, pueden darse alteraciones funcionales.

UNA MALA POSTURA

Una mala postura es inestable, sobrecarga los músculos y las articulaciones y aumenta el trabajo corporal. Esto puede no ser un problema si es transitoria o se adopta poco tiempo. Sin embargo, una colocación mala durante largos periodos puede provocar disfunciones articulares o de los tejidos blandos, restricción de movimientos o dolor.

LA POSTURA IDEAL

Aunque no existe una postura «normal», sí que existe una «ideal». Se trata de aquella con el menor nivel de tensión para el cuerpo y que favorece la alineación, de tal forma que el peso se distribuye uniformemente a través de las articulaciones y los músculos. La postura ideal también mantiene las curvas naturales de la columna, lo que permite que los órganos internos funcionen al máximo y que el cuerpo sustente de forma eficaz las extremidades superiores e inferiores. Al estar de pie, lo ideal es alinear los puntos que se señalan en el dibujo.

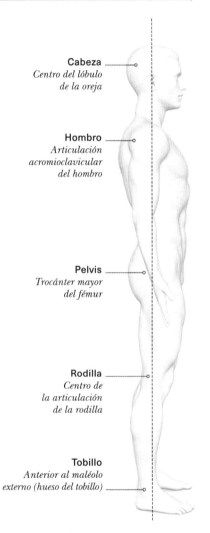

Cabeza
*Centro del lóbulo
de la oreja*

Hombro
*Articulación
acromioclavicular
del hombro*

Pelvis
*Trocánter mayor
del fémur*

Rodilla
*Centro de
la articulación
de la rodilla*

Tobillo
*Anterior al maléolo
externo (hueso del tobillo)*

LA ALINEACIÓN DE LA POSTURA
Los puntos de referencia muestran la alineación de una postura de pie ideal. Tanto el lado derecho como el izquierdo deben ser simétricos con estos puntos.

TIPOS DE POSTURA

Las posturas se clasifican en función de las curvaturas de la columna vertebral y sus adaptaciones. Estas modificaciones pueden ser genéticas, inherentes a la infancia o producirse a lo largo del tiempo como resultado de la tensión constante a la que se ve sometido el cuerpo durante la vida y de la respuesta a actividades como las posturas en el trabajo o en las aficiones.

ESCALADOR

En esta postura, las caderas se adelantan desde la línea de referencia, produciendo una hiperlordosis, una mayor inclinación pélvica posterior y una cifosis torácica (curvatura hacia fuera).

Esta situación es el resultado de unos abdominales y flexores de cadera débiles y unos glúteos mayores e isquiotibiales rígidos, lo que permite que la pelvis se desplace y bascule. Los músculos pectorales están tensos y tiran de la cabeza hacia delante, con debilitamiento de los extensores del cuello, los músculos escapulares y los extensores de la columna vertebral.

ESPALDA PLANA

La postura de espalda plana se produce cuando se reduce la curvatura lumbar y la pelvis se inclina hacia atrás,

causando una ligera flexión en las caderas y las rodillas y obligando a llevar la cabeza hacia delante. Los extensores de la cadera se tensan, ya que rotan la pelvis hacia atrás, y los flexores de la cadera se debilitan. En la parte superior, los pectorales también se tensan y los músculos de la escápula se debilitan. Los abdominales suelen ser fuertes, sin embargo, ya que la persona los utiliza continuamente para mantenerse recto en lugar de flexionarse hacia delante.

LORDOSIS

Este tipo de postura presenta una curvatura hacia dentro de la columna lumbar y una normal en la columna cervical y torácica. Una hiperlordosis puede conllevar debilidad en los abdominales, los glúteos y los isquiotibiales y rigidez en los flexores de la cadera y los extensores de la columna.

CIFOSIS

La cifosis es la curvatura hacia fuera de la columna torácica, pero con una forma normal en la columna lumbar y sacra. Una hipercifosis puede ocasionar debilidad en los flexores del cuello y músculos escapulares y tensión en los extensores del cuello y pectorales. Los ejercicios deberían centrarse en fortalecer los flexores profundos del cuello y los extensores de la espalda superior, y en el estiramiento del pecho.

CIFOLORDOSIS

Esta postura es la combinación de una cifosis torácica exagerada y una lordosis lumbar, presentando las características de ambas. Corregir y restablecer el equilibrio de una de ellas puede repercutir y ocasionar una mayor desviación de la otra, por lo que han de tratarse de forma conjunta.

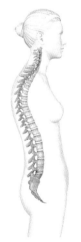

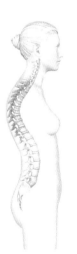

ESCALADOR

ESPALDA PLANA

LORDOSIS

CIFOSIS

Efecto de la postura sentada en la columna

Lo mejor es sentarse apoyado lo más cerca posible de la postura normal (neutra). Se ha demostrado que permanecer sentado mucho tiempo aumenta la rigidez muscular de forma significativa y, cuanto mayor sea la duración, más se incrementa la posibilidad de adoptar una postura sentada encorvada, que se ha relacionado con el dolor lumbar. Se recomienda ponerse de pie con regularidad para evitar la postura encorvada.

Sentarse en una posición que implique echar la cabeza y el cuello hacia delante (protruidos o flexionados) o el tronco flexionado (postura encorvada) provoca un aumento de la carga de estas articulaciones, ya que no se alinean de forma óptima.

LA NATURALEZA DEL DOLOR MECÁNICO

El dolor puede producirse en diferentes estructuras y puede ser local o reflejo. La forma en que lo experimentamos difiere en función de las circunstancias de cada uno y está ligado a una alteración mecánica. Estas variaciones, y la respuesta física y emocional, contribuyen a la percepción del dolor. El pilates ayudar a cubrir las necesidades mecánicas y psicológicas que lo reducen.

¿QUÉ ES EL DOLOR?

La Asociación Internacional para el Estudio del Dolor lo define como «una experiencia sensorial y emocional desagradable asociada a un daño tisular real o potencial, o que se asemeja a dicho daño». Esta definición considera que el dolor es una respuesta tanto física como psicológica del individuo.

La percepción del dolor depende de tres factores principales: biológicos, psicológicos y sociales. Estos aspectos hacen que la respuesta al dolor sea distinta en cada individuo, y por ello también ha de personalizarse el programa de pilates, en función de la respuesta física y el estado psicológico.

SENSORIAL O EMOCIONAL

La dimensión sensorial del dolor hace referencia a la intensidad y características del mismo, y por lo general tiene que ver con el daño que sufren los tejidos. La respuesta emocional refleja lo desagradable que le resulta a la persona esa sensación, además de la motivación para responder al dolor con un mecanismo protector. La realidad será el resultado de ambas, y se agravará según la duración del dolor y otros factores.

FACTORES QUE INFLUYEN

La respuesta al dolor difiere según el sexo. Las mujeres tienen una mayor percepción del dolor y también lo expresan más que los hombres. Al envejecer, nuestro cerebro se deteriora y la conexión entre el cuerpo y el cerebro empeora. Esto puede ser el elemento responsable de que los ancianos sientan más molestias. La ansiedad, la depresión y la angustia también están vinculados con una mayor percepción del dolor.

Factores biológicos
- Gravedad de las lesiones
- Inflamación
- Función cerebral
- Sexo

Factores psicológicos
- Estado de ánimo
- Nivel de estrés
- Mecanismos de defensa

DOLOR

Factores sociales
- Estatus económico
- Apoyo
- Cultura

TIPOS DE DOLOR

El dolor es polifacético y a menudo se presenta en más de una estructura. El dolor nociceptivo es el que se siente cuando hay daño en uno o varios tejidos, como un músculo, una articulación o un nervio.

Estas estructuras están inervadas con terminaciones nerviosas nociceptivas; es decir, que pueden producir dolor. Pueden responder a un traumatismo directo; a una reacción química como la inflamación; o de manera mecánica debido a una restricción del movimiento, por ejemplo, una tensión nerviosa o muscular.

El dolor radicular es el asociado con la compresión de la raíz nerviosa y está acompañado de un dolor reflejo en un lugar alejado de la lesión pero dentro del trayecto del nervio denominado dermatoma. Por eso, cuando una persona tiene ciática, puede sentir dolor en la pierna aunque el origen esté en la columna lumbar.

Es importante controlar los patrones de movimiento y las compensaciones cuando hay dolor, para evitar que empeore.

> *El pilates puede ser **eficaz** para tratar* cualquier **dolor,** *y produce beneficios* **físicos** *y efectos* calmantes.

¿QUÉ OCURRE CUANDO HAY DOLOR?

La sensación de dolor la detectan unos receptores en el lugar de la lesión, ya sea en un músculo, tendón, ligamento, hueso, fascia o estructuras nerviosas. Estos receptores, llamados nociceptores, envían mensajes al cerebro para que la procese y dé una respuesta.

Los mensajes generan una cascada de reacciones químicas que desencadenan procesos como la inflamación, la hinchazón y una fuerte sensación de dolor como mecanismo de protección para evitar daños mayores. En este momento es cuando uno puede experimentar la sensación de no soportar peso o tiene miedo de mover la zona lesionada porque siente mucho dolor o miedo a agravar la lesión.

Cuanto más persista la lesión, más probabilidades hay de adoptar patrones de movimiento anormales para compensar. Las terminaciones nerviosas nociceptivas pueden sensibilizarse cada vez más y necesitan menos estímulos para enviar impulsos nerviosos al cerebro, que a su vez produce una mayor respuesta y aumenta con ello la percepción del dolor.

En circunstancias normales, los músculos de la faja abdominal anticipan el movimiento y se activan para dar estabilidad. Cuando existe una respuesta al dolor, este mecanismo se retrasa o incluso se inhibe y, por ello, no se produce una estabilización local del músculo. Un único dolor en la espalda puede desencadenar la inhibición del multífido y una reducción del tamaño del músculo en las 24 horas posteriores a la sensación del dolor. Los ejercicios de pilates pueden ayudar a recuperar esta activación muscular y pueden realizarse a baja intensidad para no agravar el dolor.

Inhibición muscular secundaria al dolor

Los daños en los tejidos blandos pueden afectar al funcionamiento de los músculos. Una lesión puede producir una inhibición neuromuscular, en la que los nervios que le dicen al músculo cómo actuar no funcionan de forma eficaz, por lo que hay una velocidad reducida de respuesta y fuerza. Esto puede conllevar inestabilidad articular derivada de una reducción muscular, lo que a su vez contribuye a la respuesta al dolor. Se forma un círculo vicioso de dolor/inestabilidad/dolor continuo.

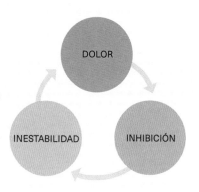

PILATES Y EL ALIVIO DEL DOLOR

Los principios del pilates pueden aplicarse con éxito a todo tipo de dolores.
Se ha demostrado que los ejercicios de pilates mejoran significativamente
ciertos tipos de dolor, así como el deterioro y la función física. También tienen
un efecto psicológico positivo en las personas con dolor lumbar y cervical.

¿POR QUÉ EL PILATES ALIVIA EL DOLOR?

El pilates se adapta a las necesidades de cada individuo. Una selección cuidada de ejercicios de
pilates es segura y eficaz para favorecer el movimiento y reducir el miedo a moverse, un temor que
puede causar patrones de movimiento anormales en quienes sufren dolor.

Tras apenas 24 horas, los episodios
de dolor pueden reducir la eficacia
del multífido y el transverso del
abdomen, dos músculos locales del
core. Reforzar eficazmente estos
músculos a través del pilates puede
repercutir de forma positiva en el
soporte muscular. La activación
muscular global permite después
recuperar con éxito los patrones
normales de movimiento.

El control de la respiración favorece la
activación muscular y amortigua la
ansiedad y el sufrimiento emocional.
La atención plena integra la
respiración con el movimiento, lo que
ayuda a centrar la mente y
proporciona un cambio psicológico.

EL MODELO DE ESTABILIDAD DE PANJABI

El profesor de ortopedia Manohar
Panjabi creó un modelo de estabilidad que muestra cómo las articulaciones (sistema articular), los músculos (sistema muscular) y los nervios
(sistema nervioso) se coordinan para
proporcionar estabilidad y controlar
el movimiento de la columna vertebral. Cualquier alteración en uno de
estos sistemas afectará a los demás
y perjudicará la función general.

Las articulaciones y los ligamentos ofrecen un soporte pasivo, llamado cierre de forma. Los músculos
proporcionan apoyo activo a las articulaciones ya que sus contracciones
provocan un cierre de fuerza (tensión
externa). Los nervios controlan las
señales a los músculos y adaptan el
nivel de estabilidad requerido. Un
cierre reducido de fuerza puede ocasionar inestabilidad articular y un exceso de movimiento puede causar
dolor. El pilates incorpora todos estos
elementos, dando estabilidad articular, fuerza muscular y activación neural, por lo que es una buena opción
para aliviar el dolor.

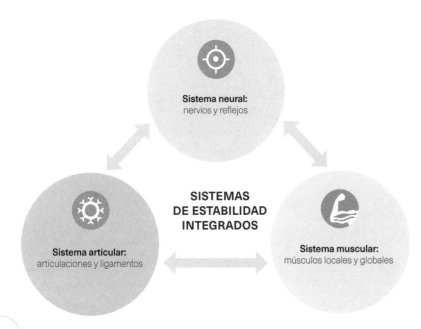

Sistema neural:
nervios y reflejos

SISTEMAS DE ESTABILIDAD INTEGRADOS

Sistema articular:
articulaciones y ligamentos

Sistema muscular:
músculos locales y globales

LA RECETA DEL PILATES PARA EL DOLOR

El dolor produce diferentes respuestas emocionales dependiendo del individuo, y la capacidad para adaptarse o tolerar el dolor también es distinta. A continuación se detallan cinco áreas claves que se pueden adaptar en el pilates cuando hay dolor.

LONGITUD DE LA PALANCA

Mantener los brazos y las piernas flexionados supone una menor longitud de palanca y menos tensión para el cuerpo. Si se estira una extremidad, aumenta ligeramente la demanda; se pueden ir extendiendo las demás a medida que sea posible. La duración de la extensión puede modificarse para incrementar o reducir la dificultad del ejercicio.

CARGA EN LAS EXTREMIDADES

La carga (cantidad de esfuerzo) debe comenzar en un nivel bajo e ir aumentando gradualmente a medida que se pueda. Para ello, se puede empezar con los brazos y las piernas abajo, por ejemplo en la esterilla, manteniendo el contacto con el suelo (cadena cerrada). Para progresar, se puede levantar una extremidad de la colchoneta (cadena abierta), y posteriormente ir haciéndolo con las otras para elevar la carga. Si se alejan las extremidades del tronco, se añade una carga adicional, y si se mantiene la postura más tiempo o se acompaña de peso, se incrementa aún más.

INSTRUCCIONES

Un instructor del método Pilates debe indicar los ejercicios en función del nivel de cada individuo. Unos movimientos suaves y seguros con un mínimo de instrucciones pueden crear una sensación de seguridad y confianza. A medida que los alumnos realicen bien los ejercicios, podrán recibir más instrucciones e ir progresando, lo que favorecerá una respuesta física y emocional al dolor.

MINDFULNESS

La práctica del *mindfulness,* o atención plena (p. 40), es una sencilla y poderosa aportación a una sesión de pilates. Estar plenamente presente y centrado en el ejercicio puede mejorar la consciencia corporal y mental y reducir la respuesta emocional al dolor, al aceptar la situación y encontrar formas positivas de afrontarla.

RESPIRACIÓN

Concentrarse en una pauta respiratoria (p. 36) desvía la atención respecto a la sensación de dolor al centrar la mente en la respiración. La relajación que estimula la respiración alivia la tensión corporal, favorece posturas más cómodas y reduce la percepción del dolor.

¿ESTABILIDAD O MOVILIDAD?

Identificar la causa del dolor puede resultar difícil, pero un punto de partida para determinar cuáles son las necesidades principales puede ser la evaluación del individuo en su conjunto. Por ejemplo, ¿necesita más estabilidad o más movilidad?

A menudo, las personas temen el movimiento porque tienen la idea preconcebida de que es doloroso. Esto crea rigidez en la columna y los ejercicios de activación muscular restringirían aún más los movimientos. Es necesario enseñar a estas personas lo que es un movimiento seguro. Los ejercicios de movilidad son esenciales para acabar con ese miedo y restablecer el funcionamiento normal.

Si una persona carece de estabilidad, debe trabajar en ello antes de realizar movimientos más amplios. Si no, los músculos localizados nunca se readaptarán y resultará difícil recuperar la estabilidad.

> *El pilates* permite *la adaptación* **individual** *del* **ejercicio** *para aliviar el* dolor.

TÉCNICAS DE RESPIRACIÓN

«Ante todo, aprende a respirar correctamente». Joseph Pilates estableció que la respiración tenía máxima importancia. No solo para sincronizar en la práctica del pilates; también para desarrollar los pulmones y optimizar el sistema cardiorrespiratorio, reduciendo así la fatiga. Aconsejó un patrón respiratorio estricto para sus ejercicios, a fin de reflejar su importancia en nuestra salud al completo, lo cual responde al enfoque holístico del método Pilates.

¿POR QUÉ LA RESPIRACIÓN ES IMPORTANTE?

Necesitamos respirar para vivir. Respirar permite que circule oxígeno por nuestro organismo para el correcto desarrollo de las funciones corporales. Si la respiración es inadecuada —con muchas inhalaciones cortas y rápidas—, se restringe el flujo de oxígeno y sangre al cerebro y se genera estrés y miedo. Al entrar en pánico, la oxigenación se reduce aún más, lo que afecta al cerebro y riego sanguíneo y genera desequilibrio hormonal y emocional. Aumentan las hormonas de respuesta a una situación de «lucha o huida» y disminuyen las que inducen a la calma.

RESPIRACIÓN EN PILATES

Los instructores de pilates alientan al alumnado a practicar un patrón de respiración natural, lo que implica respirar con amplitud hacia los costados de la caja torácica. Eso se llama «respiración lateral» y promueve el correcto funcionamiento de la caja torácica y los músculos respiratorios.

Como cualquier otro músculo, los implicados en la respiración tienen que ejercitarse para asumir una mayor exigencia física. Al exhalar, debes vaciar tus pulmones por completo y permitir que se relajen los músculos y la caja torácica. Este patrón permite que se produzca de modo efectivo el intercambio gaseoso de oxígeno y dióxido de carbono y minimiza la tensión muscular.

Si la biomecánica respiratoria —es decir, la forma de respirar— es eficaz, reducirá cualquier carga sobre los músculos del *core* y les aportará resistencia al trabajar. El músculo transverso abdominal del *core* se compone sobre todo de fibras musculares del tipo I, de

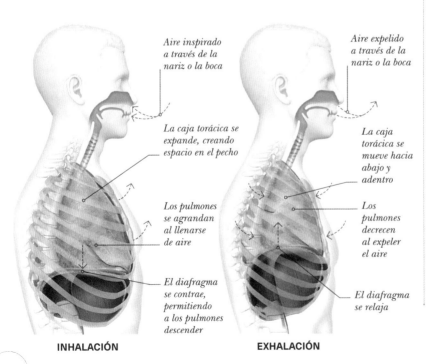

Aire inspirado a través de la nariz o la boca

La caja torácica se expande, creando espacio en el pecho

Los pulmones se agrandan al llenarse de aire

El diafragma se contrae, permitiendo a los pulmones descender

Aire expelido a través de la nariz o la boca

La caja torácica se mueve hacia abajo y adentro

Los pulmones decrecen al expeler el aire

El diafragma se relaja

INHALACIÓN

EXHALACIÓN

TÉCNICAS RESPIRATORIAS

Los patrones respiratorios se pueden adaptar para adecuarse al propósito del ejercicio o la práctica. Esto permite grandes variaciones; un mismo ejercicio aportará beneficios distintos, según sea la respiración.

Exhalar durante el ejercicio
Es un patrón predecible, fácil de seguir para el cerebro y centrado en aspectos físicos. Permite una mayor implicación de los músculos del *core* y suprime la resistencia de una cavidad abdominal llena de aire a ejercitarse de nuevo.

Inhalar para alargar
Mantener un estiramiento o movimiento en su rango final y entonces añadir una inhalación aumentará la expansión de esa región corporal. Aplica esto cuando llegue el momento de alargar, rotar o girar aún más, para obtener un mayor beneficio.

Respiración regular/sin patrón
Renunciar a un patrón respiratorio establecido elimina algo de lo que preocuparse y simplifica la práctica del pilates. Esto es ideal para principiantes, o para aquellos que se están iniciando en ejercicios complejos en los que la técnica física es prioritaria.

Seguir un patrón/ritmo
Inspirar y espirar un número determinado de veces —por ejemplo, inhalar en dos tiempos y exhalar igual— mantiene la respiración sin cambio cuando aumenta la dificultad del ejercicio. Eso hace que la velocidad del ejercicio no se altere por la fatiga.

---

contracción lenta, bien oxigenadas y que trabajan a fondo sin fatiga. Exhalar mientras se contraen los músculos del *core* permite aprovechar mejor este tipo de fibras musculares de tipo I. Si fueses a inhalar e intentaras activar los músculos del *core*, elevarías tu presión intraabdominal, aumentando la carga sobre los abdominales. Eso implicaría usar fibras musculares tipo II, músculos abdominales superficiales que se fatigarán rápido y no podrán proporcionar soporte muscular mucho tiempo.

Unos buenos patrones respiratorios también pueden mejorar tu fuerza pulmonar. Enseñan a inhalar por la nariz, lo que ofrece resistencia a la respiración, por los pequeños pelos internos en las aletas de la nariz. Esto entrena y fortalece los músculos respiratorios de modo específico, al tener que superar esta resistencia. Los atletas que incorporan a su entrenamiento rutinas respiratorias han experimentado mejoras en la función pulmonar.

Ayuda a concentrarse
Lleva tu atención hacia los movimientos de tu respiración, su profundidad y control. Esto impide que la mente divague.

Ralentiza el movimiento
Sincronizar tu patrón respiratorio con tus movimientos lleva a ralentizar estos y ejecutarlos con precisión y concentración, en vez de hacerlos rápido.

Te recuerda que debes respirar
Cuando nuestra mente está ocupada, es posible que nos centremos en el movimiento físico y no en controlar la respiración. Tener un patrón respiratorio previene aguantar la respiración o hiperventilar.

Fomenta la conexión cuerpo/mente
Seguir técnicas de respiración refuerza la conexión con tu cerebro, mejora la consciencia corporal y activa la respuesta de relajación.

BENEFICIOS DE UNA BUENA TÉCNICA RESPIRATORIA

Ejercicio práctico de respiración lateral

Siéntate en posición erguida y coloca las manos a ambos lados de la mitad inferior de la caja torácica, con las puntas de los dedos de las dos manos tocándose ligeramente. Haz una inspiración profunda y percibe tu caja torácica expandirse. Las puntas de los dedos de las manos se separan. Luego exhala y, a medida que los lados de la caja torácica se contraen hacia adentro, nota cómo tus manos vuelven a tocarse. Repite entre 5-7 respiraciones.

Coloca las manos a ambos lados de la parte inferior de la caja torácica

SALUD INTESTINAL

La función intestinal es esencial para nuestro bienestar general. Los ejercicios de pilates pueden ser de ayuda cuando hay dolencias intestinales que pueden afectar gravemente a nuestro día a día.

EL PAPEL DE LA DIGESTIÓN

La digestión es el mecanismo de transporte y descomposición de los alimentos que facilita la absorción de los nutrientes y la eliminación de los desechos. El proceso requiere una coordinación muscular para mover los alimentos desde la boca al estómago, y los intestinos excretan los desechos por el recto. Las deficiencias pueden causar síntomas como hinchazón, estreñimiento o ardor de estómago. La mayoría de ellos se experimentan alrededor de la región abdominal, y es ahí donde el pilates, al concentrarse en el *core*, puede ayudar.

Papel del nervio vago

El nervio vago es el mensajero entre el cuerpo y el cerebro. Conecta varios órganos, incluido el intestino y los pulmones, regulando así la digestión y la respiración. Activa también el mecanismo de «reposo y digestión» del sistema nervioso parasimpático.

Sale del bulbo raquídeo y viaja a través del cuello y el pecho

Conecta el corazón, los pulmones y el aparato digestivo

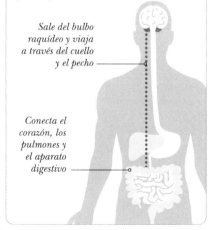

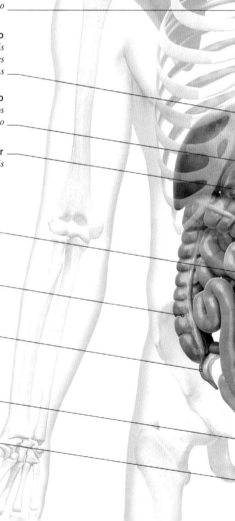

Boca
Punto de entrada de los alimentos

Faringe
Comúnmente se llama garganta

Dientes
Mastican los alimentos, facilitando la deglución

Glándulas salivares
Segregan la saliva que inicia la digestión

Epiglotis
Lámina cartilaginosa que bloquea la entrada a la traquea

Esófago
Conducto muscular que empuja el alimento hacia abajo

Hígado
Produce bilis y procesa nutrientes y toxinas

Estómago
Descompone los alimentos batiéndolos con ácido

Vesícula biliar
Almacena y libera bilis

Intestino delgado
Digiere y absorbe nutrientes

Intestino grueso
Absorbe agua y alberga bacterias beneficiosas

Apéndice
Contiene más bacterias beneficiosas

Recto
Cavidad muscular de defecación voluntaria

Ano
Punto de salida de las heces

EL TRACTO DIGESTIVO
La comida entra en la
boca y pasa por el
esófago, el estómago,
el intestino delgado
y el intestino grueso.
Los desechos se expulsan
por el ano.

CÓMO AYUDA EL PILATES

Las posturas del método Pilates están muy estudiadas. Los ejercicios se alejan de la posición erguida, e incluso a veces se concentran en las posiciones invertidas, que alivian el corazón y las vísceras de una tensión excesiva.

Se cree que los movimientos de balanceo, las flexiones profundas y las rotaciones masajean los órganos internos. Esto puede aumentar el flujo sanguíneo al estómago, lo que facilita la digestión y estimula el peristaltismo (véase más abajo), además de relajar el sistema nervioso. Además, se regulan con ello los movimientos intestinales.

Los ejercicios basados en la movilidad también estiran y alargan la cavidad abdominal para crear espacio y aliviar las molestias gastrointestinales.

Ejercicios para la salud intestinal

Existen tres categorías de ejercicios de pilates —flexión, rotación y movilidad— que pueden ser beneficiosas para la salud intestinal al masajear los órganos y estimular los movimientos internos.

FLEXIÓN

Estiramiento de la columna	La foca
Rodar hacia arriba	Flexión de tronco hacia delante
Rodar atrás	Las tijeras
Rodar como una pelota	La bicicleta
	El bumerán

ROTACIÓN

Círculos con la cadera	El sacacorchos
Rotación de columna	Flexiones entrecruzadas
La sierra	

MOVILIDAD

Basculación pélvica	Estiramiento de la columna
La cobra	La sirena
Puente de hombros	Enhebrar la aguja
El cisne	
Rotación de la columna	

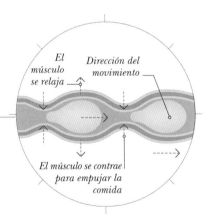

El músculo se relaja

Dirección del movimiento

El músculo se contrae para empujar la comida

Peristalsis

La peristalsis es el suave movimiento involuntario del bolo alimenticio a través del tracto digestivo. El proceso se ve estimulado por la respuesta de relajación a través del nervio vago y por ejercicios como el pilates.

Cómo ayuda la respiración pilates

Los patrones respiratorios habituales optimizan el intercambio de gases en los pulmones y la eliminación de dióxido de carbono, lo que mejora el flujo sanguíneo, nutre las células y previene el letargo. Eliminar el exceso de aire también puede reducir la hinchazón. La regulación de la respiración relaja el sistema nervioso y, como el intestino está controlado por el nervio vago, puede favorecer la relajación del tracto digestivo.

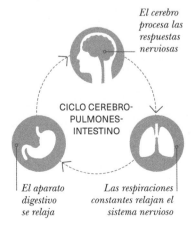

El cerebro procesa las respuestas nerviosas

CICLO CEREBRO-PULMONES-INTESTINO

El aparato digestivo se relaja

Las respiraciones constantes relajan el sistema nervioso

PILATES Y *MINDFULNESS* PARA EL ESTRÉS Y LA ANSIEDAD

«El pilates es la coordinación completa del cuerpo, la mente y el espíritu», dijo Joseph Pilates. Desde sus comienzos, el pilates fue más que una práctica física; los estudios muestran que puede ayudar a mitigar la depresión, la ansiedad, la fatiga y el estrés.

EL ESTRÉS EN NUESTRO DÍA A DÍA

El estrés es una respuesta tanto biológica como psicológica a un acontecimiento que nos resulta difícil gestionar o afrontar de la manera adecuada. Cada uno respondemos de forma diferente, dependiendo de si se trata de una cantidad de estrés pequeña, grande o crónica, fruto de la acumulación de muchos episodios.

Una pequeña cantidad de estrés es natural e incluso positiva, ya que nos ayuda a reaccionar con rapidez a los distintos retos de la vida, como una reunión o un plazo. Pero la exposición continuada a mucho estrés puede ser perjudicial para la salud, siendo mayor el impacto en el desequilibrio mental, el dolor crónico y dolencias graves como las enfermedades cardíacas y cerebrovasculares.

Es importante reconocer los indicios de que se está sufriendo mucho estrés y aprender los mecanismos para manejar la respuesta psicológica, de cara a minimizar la respuesta del cuerpo. El pilates es un método eficaz para reducir el estrés por varias razones.

LA RESPUESTA AL ESTRÉS

El estrés altera nuestro equilibrio hormonal natural y abre dos vías químicas en el organismo. Se trata de respuestas fisiológicas normales que volverán a su estado inicial una vez que se reduzca el estrés. Sin embargo, la exposición crónica provoca una respuesta prolongada al estrés.

EL CORTISOL
El hipotálamo del cerebro estimula la hipófisis y la cascada de comunicaciones produce cortisol, nuestra hormona del estrés. Esto lleva a un suministro constante de azúcar en sangre, para que el cuerpo pueda hacer frente a un episodio estresante. También libera la glucosa almacenada en el hígado para proporcionar energía. El sistema inmunitario puede deprimirse porque los niveles elevados de cortisol inhiben la formación y circulación de linfocitos y la producción de nuevos anticuerpos en respuesta a una infección. En momentos de estrés, la persona puede sentirse decaída.

LA ADRENALINA
El hipotálamo también estimula la médula suprarrenal para que produzca adrenalina, lo que origina una respuesta de «lucha o huida» y da lugar a un aumento de la frecuencia cardíaca, de la presión sanguínea y de la sudoración.

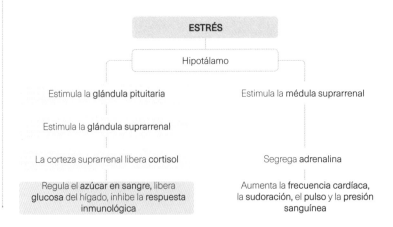

CÓMO AYUDA EL PILATES FRENTE AL ESTRÉS

Los elementos integrales y holísticos del pilates permiten que este método tenga un efecto beneficioso sobre el estrés gracias al movimiento, la respiración, la atención plena y el seguimiento de una rutina.

EL MOVIMIENTO

La actividad física produce endorfinas en tan solo diez minutos y eleva el flujo sanguíneo cerebral en el hipocampo (el centro de procesamiento de emociones), lo que nos proporciona un subidón natural tras el ejercicio. Dado que el pilates se suele practicar a un ritmo algo más lento e incluye control y consciencia de la respiración, además de ejercicios de movilidad, a menudo sentimos una respuesta aún mayor al entrenamiento.

LA RESPIRACIÓN

El ejercicio continuo de una sesión de Pilates te enseña a moverte de manera estructurada y eficaz utilizando la menor cantidad de energía posible. A medida que los ejercicios se hacen más difíciles, aumenta el ritmo de la respiración, por lo que seguir un patrón permite aprender a mantener el control y la calma. La respiración controlada relaja el sistema nervioso autónomo, que regula los procesos corporales. Esto se potencia aún más cuando la exhalación es más larga que la inhalación.

EL *MINDFULNESS*

La rutina del pilates dirige la atención a la respiración y al control del movimiento, lo que relaja la mente y refuerza la consciencia del momento presente. Este proceso puede aclarar los pensamientos y minimizar los niveles de estrés.

LA RUTINA

Una práctica regular de pilates fomenta la rutina de dos maneras: por un lado, completando los ejercicios de forma habitual, y por otro, con una secuencia de ejercicios para cubrir todas las regiones del cuerpo, además del fortalecimiento y la movilización. La rutina relaja el cerebro, ya que es un aspecto «seguro» al que el cuerpo se acostumbra, eliminando la incertidumbre y relajando el cuerpo ante un proceso familiar.

Los efectos del pilates sobre la presión sanguínea

El estrés es un factor importante que contribuye a elevar la presión sanguínea (o hipertensión) y puede aumentar el riesgo de enfermedad cardiovascular. Una única sesión de pilates de 60 minutos puede reducir la tensión en 5-8 mm Hg en los 60 minutos posteriores a una clase. Esta respuesta inmediata es la misma que produce el ejercicio aeróbico. Con esta evidencia, el pilates puede considerarse un método adecuado para reducir la presión sanguínea, especialmente para quienes no pueden cumplir con las recomendaciones de un ejercicio aeróbico para la hipertensión, o no consiguen reducirla con él.

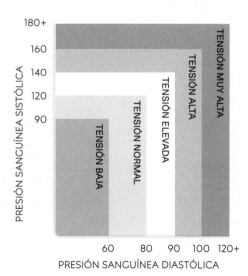

PRESIÓN SANGUÍNEA SISTÓLICA

180+ · 160 · 140 · 120 · 90

TENSIÓN BAJA · TENSIÓN NORMAL · TENSIÓN ELEVADA · TENSIÓN ALTA · TENSIÓN MUY ALTA

PRESIÓN SANGUÍNEA DIASTÓLICA

60 · 80 · 90 · 100 · 120+

Mindfulness

El *mindfulness* o atención plena es la consciencia del momento presente sin juzgar y la aceptación de los sentimientos, pensamientos y las sensaciones corporales experimentadas. El pilates fomenta esta práctica al relacionar el movimiento, la respiración y los pensamientos, para que mente y cuerpo trabajen en sincronía. En una sesión de pilates, las secuencias y los patrones de respiración entrenan la consciencia y enseñan la intencionalidad de cada movimiento. Se aprende a hacer una pausa, observar y responder en consecuencia. Esta forma de actuar puede aplicarse luego en el día a día, preparándote a responder de forma intencionada en lugar de manera automática. Esta mayor consciencia ayuda a regular el sistema nervioso a través de la estimulación del nervio vago, que indica al cuerpo que descanse. La práctica tiene una respuesta antiinflamatoria en el sistema nervioso, reduce los niveles cortisol y disminuye la presión arterial.

ESTABILIDAD
pp. 50-93

ROTACIÓN
pp. 94-119

FUERZA
pp. 120-161

MOVILIDAD
pp. 162-177

EJERCICIOS DE PILATES

«Una buena forma física es el primer requisito de la felicidad».
Son palabras de Joseph Pilates, que creía firmemente que si movíamos, fortalecíamos y movilizábamos nuestros cuerpos, seríamos considerablemente más felices. Este apartado detalla los ejercicios originales de Pilates, con una descripción clara de cómo ejecutar cada uno con la máxima precisión. Se incluyen numerosas variaciones y consejos —tanto para simplificar el ejercicio como para hacerlo más difícil— que hacen el pilates accesible a todo el mundo.

INTRODUCCIÓN A LOS EJERCICIOS

Las exigencias de la vida moderna y los avances en la investigación han dado lugar a la apertura de numerosas escuelas del método Pilates en todo el mundo. Cada una tiene su propia manera de enseñar los ejercicios, pero los principios básicos siguen intactos.

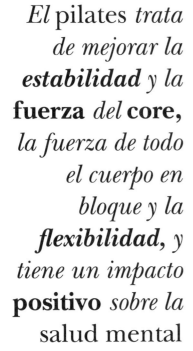

El pilates *trata de mejorar la* **estabilidad** *y la* **fuerza** *del* **core,** *la fuerza de todo el cuerpo en bloque y la* **flexibilidad,** *y tiene un impacto* **positivo** *sobre la salud mental de quienes lo* **practican.**

ESCUELAS DE PILATES

Joseph Pilates creía que su método debía estar al alcance de todos y apoyó a los alumnos que abrieron centros para difundir sus enseñanzas. En el año 2000, «pilates» se convirtió en un término genérico que ha permitido que cualquiera pueda enseñar los ejercicios. Aunque es preferible una formación cualificada, este paso hizo que el método ganara en creatividad e innovación.

El método Pilates se creó y desarrolló para un cuerpo físicamente capaz. Consistía en una serie de ejercicios que, en lugar de aumentar repeticiones hasta la fatiga, progresaba en dificultad. Hoy en día, somos más conscientes que nunca de la necesidad de un enfoque individualizado que se adapte a los distintos niveles de forma física, capacidad o implicaciones para la salud. Hoy somos más sedentarios y vulnerables a mayores niveles de estrés, lo que pueden afectar a nuestro bienestar físico y mental. Nuestra postura puede verse afectada por factores como cargar a los niños o incluso por los malos hábitos de sentarse de determinada manera.

La evolución del ejercicio puede servir para que todo el mundo se beneficie del pilates en cada una de estas situaciones. Pero se deben seguir los principios clave de fortalecimiento, estiramiento, movilización y rotación en una variedad de posiciones diferentes, incorporando el *mindfulness* y la respiración. Las escuelas se clasifican en clásicas, de suelo o contemporáneas.

El pilates clásico conserva el repertorio original de Joseph Pilates sobre la esterilla y con aparatos más grandes, y se enseña siguiendo estrictamente sus instrucciones.

El pilates en suelo recoge las enseñanzas originales pero también cuenta con adaptaciones para cada alumno e incorpora el uso de un equipamiento pequeño.

El pilates contemporáneo combina tanto ejercicios clásicos como en el suelo, pero incorpora más elementos de *fitness,* yoga y métodos de rehabilitación. Este estilo es el que más se desvía del formato estricto y se adapta por completo al individuo o a un grupo en particular.

En conjunto, todos estos métodos trabajan por alcanzar los mismos objetivos que estableció Joseph Pilates.

ELEMENTOS DISTINTOS

Este libro se centra en los ejercicios clásicos del método Pilates, ya que es importante que los lectores sepan de dónde vienen las adaptaciones posteriores. Estos ejercicios siguen siendo tan beneficiosos hoy como lo eran cuando se creó la disciplina.

Se ha escogido también una amplia gama de variaciones modernas para resaltar el abanico de posibilidades del pilates actual, que lo hacen accesible a cualquier condición y edad. Los ejercicios se clasifican por su función: estabilidad, rotación, fuerza y movilidad.

El libro comienza con algunos movimientos sencillos relacionados con la posición, que sirven para introducir conceptos, movilizar el cuerpo y mejorar la postura.

El lector puede quedarse con lo que quiera de cada concepto, siguiendo los métodos que más le convenzan. Se ha de tener en cuenta, además, que si se requiere una modificación del movimiento, la respiración o la técnica, es probable que haya una solución que se adapte a cada caso.

RESPIRACIÓN
El trabajo respiratorio original se sigue enseñando y es tan relevante como cuando Joseph Pilates fundó la disciplina. Algunas escuelas han modificado los patrones de respiración en función de las adaptaciones del ejercicio o de las aportaciones de la investigación científica. A veces incluso se recomienda omitir un patrón respiratorio para centrarse en el movimiento.

NOMBRES
Los nombres originales siguen siendo muy importantes; sin embargo, algunas escuelas los han modificado por completo o les han dado un nombre adicional si han introducido distintas fases a un mismo ejercicio. Con frecuencia, los nombres reflejan lo que representa el ejercicio, lo que facilita su aprendizaje.

TÉCNICAS
Como el método Pilates lo han transmitido los alumnos directos de Joseph Pilates y ellos lo han ido modificando, hay distintas técnicas, dependiendo de quién lo enseñe. Puede ponerse más énfasis en la respiración, el movimiento, la velocidad, o en parecerse al ejercicio tradicional. Los cambios técnicos hacen que sea una práctica adaptable.

EJERCICIOS
En la actualidad, se enseñan muchos ejercicios de pilates nuevos. A menudo se han creado para simplificar los ejercicios originales, más complejos, o para adaptarlos a lesiones o dolencias. También se han introducido cambios para enseñar los principios del pilates en diferentes posiciones, como de pie o en silla.

Equipamiento básico

Un equipamiento básico puede mejorar la práctica del pilates en suelo de varias formas. Son aparatos más accesibles que otros de mayor tamaño, como el Reformer, que se usa en algunos centros. Su disponibilidad, portabilidad y los numerosos ejercicios que permite los ha hecho muy populares. Estos objetos también se usan en casos de rehabilitación, cuando la persona necesita ayuda extra para llevar a cabo un ejercicio completo o, por el contrario, cuando se quiere incrementar la dificultad en la esterilla.

- Una **pelota blanda** pequeña crea una superficie inestable que dificulta el equilibrio. También facilita el movimiento.

- Una **banda elástica** permite una carga progresiva para ganar fuerza, y ofrece también un apoyo adicional cuando se necesita.

- El **aro de resistencia** estimula la musculatura al completo.

- El **rodillo de espuma** supone un reto para el equilibrio y también facilita un control de movimiento más sutil desde los omóplatos y las regiones lumbar y pélvica.

BANDA DE RESISTENCIA

PELOTA BLANDA

POSTURAS SENCILLAS

Estos ejercicios enseñan los fundamentos de la práctica del pilates y son excelentes para la movilidad, así como para calentar o enfriar. También pueden realizarse juntos como una secuencia corta. Repetirlos a diario supone una rutina fácil y constante.

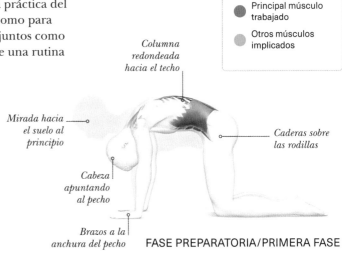

CLAVE
- Principal músculo trabajado
- Otros músculos implicados

Columna redondeada hacia el techo

Mirada hacia el suelo al principio

Caderas sobre las rodillas

Cabeza apuntando al pecho

Brazos a la anchura del pecho

FASE PREPARATORIA/PRIMERA FASE

EL GATO Y LA VACA

Este ejercicio de movilidad de la columna crea espacio en la parte delantera y trasera del cuerpo y estimula la respiración, ayudando a calentar y relajar el cuerpo. Estimula los músculos abdominales, contribuye a sentirse bien y es ideal tanto al comienzo como al final de cualquier serie de pilates.

FASE PREPARATORIA
A cuatro patas, con los hombros sobre las muñecas y las caderas en línea con las rodillas, alarga la columna y mantenla neutra. Activa el *core.*

PRIMERA FASE
Exhala mientras metes el coxis e inclinas la pelvis hacia abajo y lleva la cabeza y la barbilla hacia el pecho, redondeando la columna hacia el techo. Asegúrate de conseguir la misma curvatura en la parte superior e inferior de la columna.

SEGUNDA FASE
Inhala mientras levantas el coxis y el esternón hacia arriba al mismo tiempo, para que la columna se curve hacia abajo, manteniendo los abdominales activos. Repite la secuencia del gato y la vaca de 4 a 6 veces.

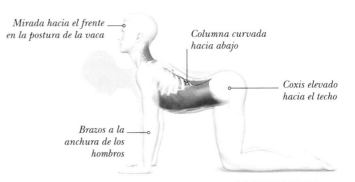

Mirada hacia el frente en la postura de la vaca

Columna curvada hacia abajo

Coxis elevado hacia el techo

Brazos a la anchura de los hombros

SEGUNDA FASE

LA BANDEJA

Este ejercicio fortalece el control de la escápula al tiempo que abre el pecho, y la posición erguida es beneficiosa para la postura. Pruébala sentándote en una silla para integrar este movimiento en la actividad diaria.

FASE PREPARATORIA
De pie, con las piernas separadas a la distancia de las caderas, la columna neutra y los brazos a los lados del cuerpo. Dobla los codos a 90°, con las palmas mirando hacia arriba. Activa el *core,* inhala y alarga la columna.

PRIMERA FASE
Exhala y aleja los antebrazos del cuerpo, manteniendo la columna neutra y sin proyectar la caja torácica. No aprietes los omóplatos, deja que se deslicen con suavidad. Vuelve a llevar los antebrazos a la posición original y repite 6-8 veces.

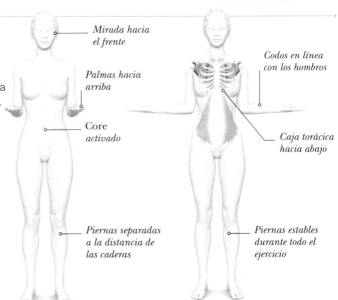

Mirada hacia el frente

Palmas hacia arriba

Core activado

Piernas separadas a la distancia de las caderas

Codos en línea con los hombros

Caja torácica hacia abajo

Piernas estables durante todo el ejercicio

CÍRCULOS CON BRAZOS HACIA ATRÁS

Estos círculos con brazos movilizan las articulaciones del hombro y la espalda superior al tiempo que desafían la estabilidad de la escápula y la columna dorsal. Abren el pecho y enseñan a controlar la caja torácica y el *core* cuando los brazos están por encima de la cabeza.

FASE PREPARATORIA

En posición supina, con la columna y la pelvis neutras, separa las piernas a la anchura de las caderas. Coloca los brazos a los lados del cuerpo, con las palmas hacia abajo. Asegúrate de que los hombros estén relajados y activa el *core*. Exhala al levantar los brazos hasta la altura de los hombros e inhala para sujetarlos.

PRIMERA FASE

Exhala mientras continúas desplazando los brazos por encima de la cabeza, todo lo lejos que puedas manteniendo la espalda neutra. Inhala y lleva los brazos hacia los lados, para formar un círculo y devolver los brazos al punto de partida, justo encima de los hombros. Repite 6-8 veces.

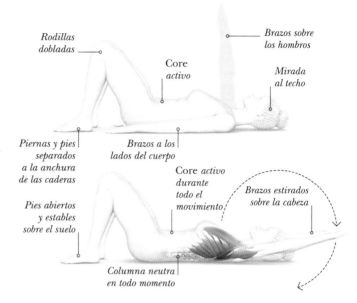

Rodillas dobladas

Core activo

Brazos sobre los hombros

Mirada al techo

Piernas y pies separados a la anchura de las caderas

Brazos a los lados del cuerpo

Pies abiertos y estables sobre el suelo

Core activo durante todo el movimiento

Brazos estirados sobre la cabeza

Columna neutra en todo momento

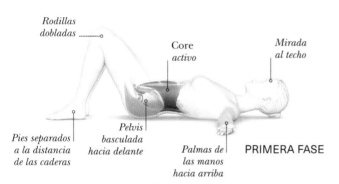

Rodillas dobladas

Core activo

Mirada al techo

Pies separados a la distancia de las caderas

Pelvis basculada hacia delante

Palmas de las manos hacia arriba

PRIMERA FASE

BASCULACIÓN PÉLVICA

Este movimiento básico moviliza la columna y enseña a controlar la pelvis, al tiempo que activa con suavidad los músculos abdominales. Es ideal para calentar el cuerpo y encontrar la posición neutra antes de abordar los ejercicios sobre la esterilla.

FASE PREPARATORIA

En posición decúbito supino, la pelvis está neutra y las piernas separadas a la distancia de las caderas. Los brazos forman una cruz hacia los lados, con las palmas hacia arriba. Los hombros deben estar relajados.

PRIMERA FASE

Exhala y bascula la pelvis hacia delante, notando cómo la columna dorsal se separa de la colchoneta. Asegúrate de que los abdominales y la caja torácica no se proyectan hacia arriba. Inhala y vuelve a la posición neutra de la fase preparatoria.

SEGUNDA FASE

Exhala e inclina la pelvis hacia atrás, fijándote en que la zona lumbar se aplana sobre el suelo. Inhala y vuelve a la posición neutra; repite la secuencia 6-8 veces.

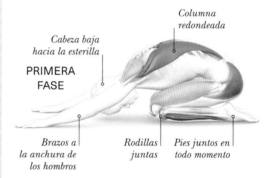

Columna redondeada

Cabeza baja hacia la esterilla

PRIMERA FASE

Brazos a la anchura de los hombros

Rodillas juntas

Pies juntos en todo momento

ESTIRAMIENTO DE LA COLUMNA

Se trata de una postura sencilla básica para aliviar la tensión de la espalda, recuperarse o relajarse. Completa cualquier ejercicio de pilates en el suelo y la puede hacer todo el mundo.

FASE PREPARATORIA

De rodillas y con las nalgas sobre los talones, las rodillas permanecen juntas y la columna se estira. Apoya las palmas de las manos sobre las rodillas, con los hombros relajados.

PRIMERA FASE

Exhala y lleva el pecho y el tronco hacia los muslos, estirando los brazos hacia delante y apoyándolos en la esterilla. Las caderas permanecen apoyadas en los talones y tobillos. La columna se redondea y la frente se apoya en el suelo, metiendo ligeramente la barbilla. Cuenta hasta 3 o 4, o permanece más tiempo en la postura si lo que quieres es relajarte.

CURLS ABDOMINALES

Estos ejercicios se centran en el fortalecimiento abdominal aislado. Movilizan la columna vertebral en flexión y aumentan la consciencia del abdomen. También son útiles para aprender a controlar el abombamiento del abdomen (causado por un abdomen débil) y la diástasis, la separación de los músculos rectos abdominales, que pueden producirse tras un embarazo; véase la página 200, en la sección de entrenamiento, para más consejos sobre ejercicios posparto.

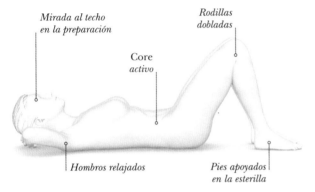

Mirada al techo en la preparación

Core activo

Rodillas dobladas

Hombros relajados

Pies apoyados en la esterilla

FASE PREPARATORIA
Con la espalda apoyada en el suelo, dobla las rodillas a la anchura de las caderas. Cruza los dedos y coloca las manos detrás de la cabeza. Relaja los hombros y lleva la caja torácica hacia las rodillas. Inhala mientras te preparas.

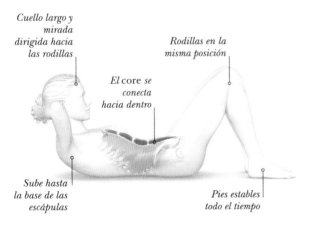

Cuello largo y mirada dirigida hacia las rodillas

El core se conecta hacia dentro

Rodillas en la misma posición

Sube hasta la base de las escápulas

Pies estables todo el tiempo

PRIMERA FASE
Exhala y levanta la cabeza y el cuello y separa la parte superior del tronco de la colchoneta, hasta llegar a la base de la escápula. Inhala y mantén la posición, exhala y baja vértebra a vértebra la columna, primero la parte superior del tronco y después la cabeza. Repite hasta 10 veces.

Consejos para progresar
Una vez te acostumbres a estos ejercicios, intenta progresar con estas variaciones:

- **Mantén la posición arriba** durante un corto período de tiempo (3-10 segundos) para ganar resistencia abdominal.

- **Realiza el mismo ejercicio** pero con las piernas en forma de mesa (p. 54).

- **Coloca un aro de resistencia** (p. 45) entre las rodillas para que los aductores y la cadena oblicua anterior trabajen más.

- **Levanta una pequeña pesa** con cada mano.

- **Estira una pierna hacia fuera** al realizar el *curl*. La pierna vuelve a su lugar al bajar la cabeza.

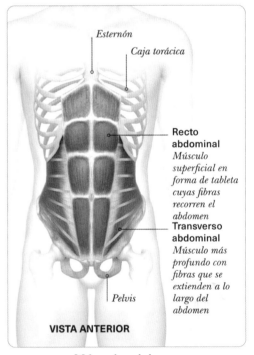

Esternón

Caja torácica

Recto abdominal
Músculo superficial en forma de tableta cuyas fibras recorren el abdomen

Transverso abdominal
Músculo más profundo con fibras que se extienden a lo largo del abdomen

Pelvis

VISTA ANTERIOR

Músculos del *core*
El transverso abdominal es el músculo más profundo del abdomen y da estabilidad y apoyo a la columna. Trabaja con los otros músculos del *core,* el suelo pélvico, el diafragma y el multífido. El recto abdominal es el músculo más superficial de la zona, y sus fibras, dispuestas verticalmente, permiten la flexión del tronco.

CURLS OBLICUOS

Estos ejercicios fortalecen los oblicuos del abdomen de forma aislada, movilizan la columna con la flexión y la rotación y exigen una buena estabilidad de la pelvis. A menudo se recomiendan para los deportes que precisan controlar la rotación, como correr, los deportes con raqueta, el fútbol y el rugby.

 Precaución

Quienes sufran osteoporosis deben tener cuidado al realizar los *curls* abdominales y oblicuos, ya que las flexiones repetitivas pueden aumentar el riesgo de una fractura por compresión vertebral.

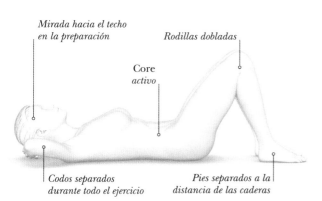

Mirada hacia el techo en la preparación

Rodillas dobladas

Core *activo*

Codos separados durante todo el ejercicio

Pies separados a la distancia de las caderas

FASE PREPARATORIA
Colócate con la espalda en el suelo y las rodillas dobladas y separadas a la anchura de las caderas y los pies apoyados en el suelo. Entrelaza los dedos y coloca las manos detrás de la cabeza. Relaja los hombros y lleva la caja torácica hacia las caderas. Inhala mientras te preparas.

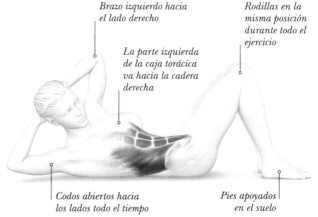

Brazo izquierdo hacia el lado derecho

Rodillas en la misma posición durante todo el ejercicio

La parte izquierda de la caja torácica va hacia la cadera derecha

Codos abiertos hacia los lados todo el tiempo

Pies apoyados en el suelo

PRIMERA FASE
Exhala y levanta la cabeza, el cuello y la parte superior del cuerpo, alejándolos del suelo en diagonal hacia el lado derecho, para que la parte izquierda de la caja torácica se dirija hacia la cadera derecha. Inhala y mantén la posición; exhala al bajar. Repite hasta 10 veces y cambia de lado.

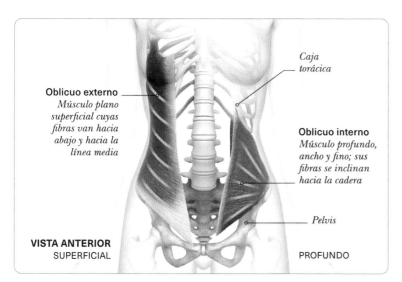

Caja *torácica*

Oblicuo externo
Músculo plano superficial cuyas fibras van hacia abajo y hacia la línea media

Oblicuo interno
Músculo profundo, ancho y fino; sus fibras se inclinan hacia la cadera

Pelvis

VISTA ANTERIOR
SUPERFICIAL

PROFUNDO

CLAVE
● Principal músculo trabajado
○ Otros músculos implicados

Oblicuos internos/externos
Las fibras de estos dos músculos discurren perpendiculares entre sí y colaboran para rotar el tronco. El oblicuo externo derecho y el oblicuo interno izquierdo producen la rotación hacia el lado izquierdo, mientras que al revés se rota hacia la derecha. La contracción bilateral, en la que se usan ambos oblicuos a la vez, da lugar a la flexión del tronco.

49

EJERCICIOS DE ESTABILIDAD

Los ejercicios de estabilidad son la base de toda práctica de pilates. Conectan el *core,* permiten el trabajo de la musculatura localizada y enseñan patrones de movimiento y alineación que permiten pasar al siguiente nivel. Siempre que se dude durante la práctica, conviene volver a repasar los ejercicios de estabilidad.

EL CIEN

Llamado así por los cien movimientos que se hacen con los brazos, este clásico del pilates fortalece el abdomen, así como la estabilidad de la espalda y la pelvis. A menudo se utiliza para ganar fuerza durante una sesión, como preparación para otros ejercicios abdominales.

INDICACIONES

El cien requiere una buena conexión de todo el *core* para aguantar la resistencia y mantener una buena técnica. Los brazos deben hacer 100 movimientos, inhalando en cinco y exhalando en otros cinco, con un total de 10 repeticiones. Conviene comenzar con 20 movimientos y aumentar gradualmente. Una versión menos exigente, en caso de tener débiles los abdominales o isquiotibiales, es la variante del cien en posición de mesa (p. 54).

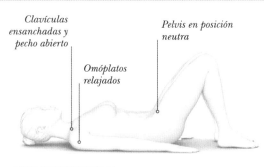

Clavículas ensanchadas y pecho abierto

Omóplatos relajados

Pelvis en posición neutra

FASE PREPARATORIA

Sobre la esterilla, con la columna y la pelvis neutras y las rodillas dobladas, los pies se separan a la anchura de las caderas y los brazos descansan a ambos lados del cuerpo, con las palmas de las manos hacia abajo. El cuello se alarga.

Pecho, torso y caderas

El **pectoral mayor** y el **recto abdominal** se activan en la postura. Los **tríceps** extienden el codo mientras que los pronadores giran las palmas hacia abajo. Los **bíceps** se alargan y activan, al igual que los **glúteos,** que mantienen las piernas elevadas. Los **flexores de la cadera** se contraen para conservar las piernas arriba.

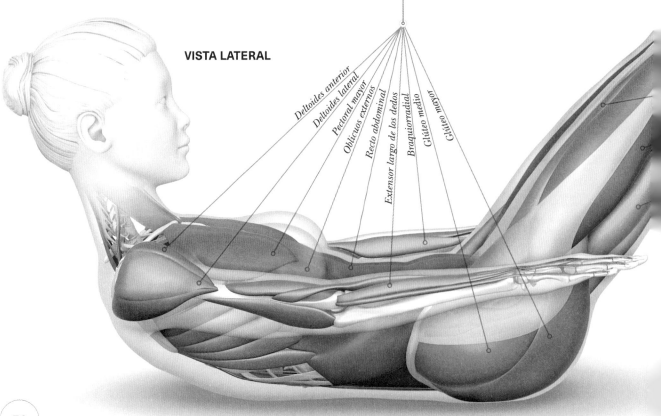

VISTA LATERAL

Deltoides anterior
Deltoides lateral
Pectoral mayor
Oblicuos externos
Recto abdominal
Extensor largo de los dedos
Braquiorradial
Glúteo medio
Glúteo mayor

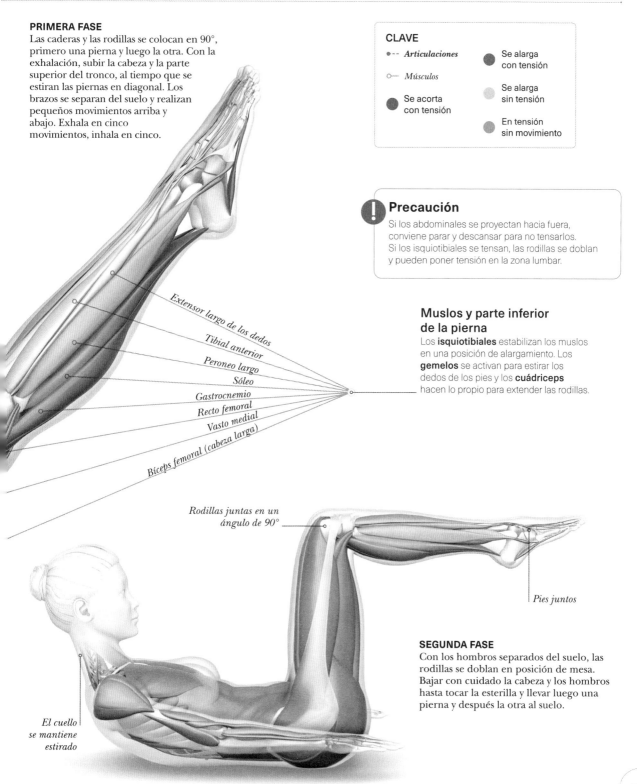

PRIMERA FASE

Las caderas y las rodillas se colocan en 90°, primero una pierna y luego la otra. Con la exhalación, subir la cabeza y la parte superior del tronco, al tiempo que se estiran las piernas en diagonal. Los brazos se separan del suelo y realizan pequeños movimientos arriba y abajo. Exhala en cinco movimientos, inhala en cinco.

CLAVE

●-- *Articulaciones*

○— *Músculos*

● Se acorta con tensión

● Se alarga con tensión

● Se alarga sin tensión

● En tensión sin movimiento

! Precaución

Si los abdominales se proyectan hacia fuera, conviene parar y descansar para no tensarlos. Si los isquiotibiales se tensan, las rodillas se doblan y pueden poner tensión en la zona lumbar.

Muslos y parte inferior de la pierna

Los **isquiotibiales** estabilizan los muslos en una posición de alargamiento. Los **gemelos** se activan para estirar los dedos de los pies y los **cuádriceps** hacen lo propio para extender las rodillas.

Extensor largo de los dedos
Tibial anterior
Peroneo largo
Sóleo
Gastrocnemio
Recto femoral
Vasto medial
Bíceps femoral (cabeza larga)

Rodillas juntas en un ángulo de 90°

Pies juntos

SEGUNDA FASE

Con los hombros separados del suelo, las rodillas se doblan en posición de mesa. Bajar con cuidado la cabeza y los hombros hasta tocar la esterilla y llevar luego una pierna y después la otra al suelo.

El cuello se mantiene estirado

» VARIACIONES

Estas modificaciones acortan la palanca de pierna y dejan el cuello y la cabeza en una posición más relajada, lo que supone una menor carga abdominal. Son un buen punto de partida para ganar resistencia en el *core* de forma segura y perfeccionar la técnica de activación de esa faja abdominal antes de progresar al ejercicio del cien propiamente dicho. Haz 10 repeticiones de cada ejercicio.

*En la posición de mesa con una pierna, el cuerpo se dobla a 90° por la **cadera** y la **rodilla** de la extremidad elevada; el ejercicio normal es igual pero con ambas piernas arriba.*

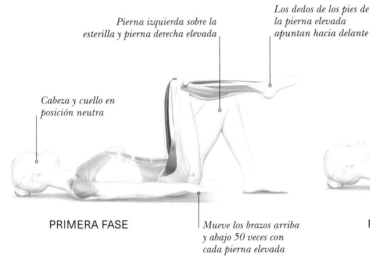

Pierna izquierda sobre la esterilla y pierna derecha elevada

Cabeza y cuello en posición neutra

PRIMERA FASE

Mueve los brazos arriba y abajo 50 veces con cada pierna elevada

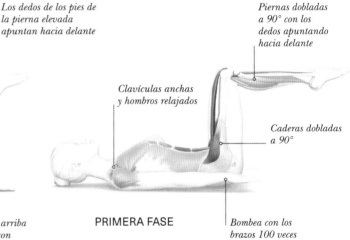

Los dedos de los pies de la pierna elevada apuntan hacia delante

Piernas dobladas a 90° con los dedos apuntando hacia delante

Clavículas anchas y hombros relajados

Caderas dobladas a 90°

PRIMERA FASE

Bombea con los brazos 100 veces

EL CIEN CON UNA PIERNA

Mantén la pierna fija doblada a 90° por la cadera y la rodilla al tiempo que bombeas los brazos y dejas la pelvis neutra. Empieza con 10-20 repeticiones hasta que vayas ganando resistencia y llegues a las 100.

FASE PREPARATORIA
Empieza en la fase preparatoria del cien normal, con ambas rodillas dobladas y separadas a la anchura de las caderas, y los brazos a ambos lados del cuerpo con las palmas hacia abajo.

PRIMERA FASE
Levanta una pierna en posición de mesa. Separa los brazos de la esterilla y muévelos arriba y abajo, inhalando cada cinco movimientos y exhalando en otros cinco. Repite con la pierna contraria hasta completar cien.

SEGUNDA FASE
Una vez has hecho 50 bombeos con cada pierna en la posición de mesa, vuelve a la fase preparatoria, con ambos pies sobre el suelo.

EL CIEN CON LAS PIERNAS ELEVADAS

Controla los abdominales mientras elevas las piernas a la posición de mesa. Si notas la carga o los abdominales se proyectan hacia fuera, intenta activar más la faja abdominal para ganar sostén.

FASE PREPARATORIA
Túmbate en el suelo como en la fase preparatoria del cien, con las rodillas dobladas, los pies a la distancia de las caderas y los brazos a ambos lados del cuerpo; las palmas miran hacia abajo.

PRIMERA FASE
Lleva ambas piernas a la posición de mesa, primero una y después la otra. Separa los brazos de la esterilla y muévelos arriba y abajo, inhalando en cinco y exhalando en cinco. Repite la secuencia hasta llegar a 100.

SEGUNDA FASE
Vuelve a la posición de la fase preparatoria y baja primero una pierna al suelo y luego la otra.

EL CIEN CON PIERNAS ELEVADAS Y *CURL* ABDOMINAL

Mantén la mirada hacia delante y los hombros relajados durante todo el ejercicio. La elevación de la cabeza y de la parte superior del cuerpo es moderada, y las escápulas siguen apoyadas en la colchoneta. Comprueba que la columna no está plana sobre la esterilla.

CLAVE

● Principal músculo trabajado ● Otros músculos implicados

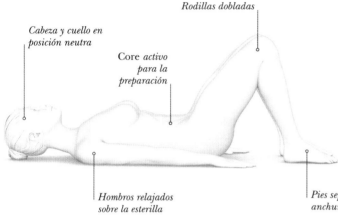

Cabeza y cuello en posición neutra

Core activo para la preparación

Rodillas dobladas

Hombros relajados sobre la esterilla

Pies separados a la anchura de las caderas

FASE PREPARATORIA

Partiendo de la posición preparatoria del cien, con las rodillas dobladas y separadas a la anchura de las caderas, los brazos se sitúan a los lados, con las palmas mirando hacia abajo.

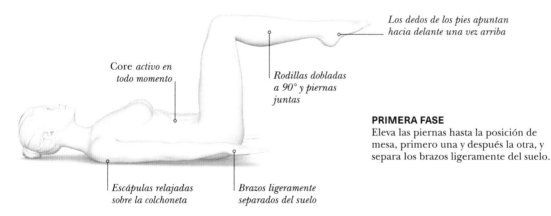

Core activo en todo momento

Rodillas dobladas a 90° y piernas juntas

Los dedos de los pies apuntan hacia delante una vez arriba

Escápulas relajadas sobre la colchoneta

Brazos ligeramente separados del suelo

PRIMERA FASE

Eleva las piernas hasta la posición de mesa, primero una y después la otra, y separa los brazos ligeramente del suelo.

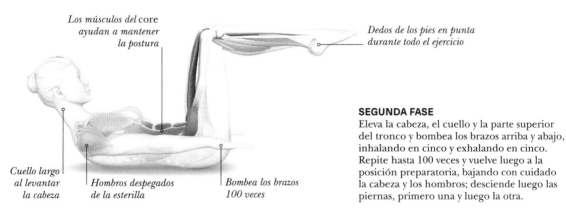

Los músculos del core ayudan a mantener la postura

Dedos de los pies en punta durante todo el ejercicio

Cuello largo al levantar la cabeza

Hombros despegados de la esterilla

Bombea los brazos 100 veces

SEGUNDA FASE

Eleva la cabeza, el cuello y la parte superior del tronco y bombea los brazos arriba y abajo, inhalando en cinco y exhalando en cinco. Repite hasta 100 veces y vuelve luego a la posición preparatoria, bajando con cuidado la cabeza y los hombros; desciende luego las piernas, primero una y luego la otra.

RODAR COMO UNA PELOTA

Este ejercicio dinámico y divertido flexiona la zona lumbar y pone a prueba la fuerza de los abdominales. La clave de una buena técnica para rodar es controlar el movimiento con los músculos en lugar de impulsarse. Antes de intentarlo, conviene calentar.

INDICACIONES

Rodar hacia atrás exige una profunda conexión de la faja abdominal que sostenga la columna y conserve su forma de C, manteniendo también la relación entre el tronco y las piernas. Debes rotar directamente hacia atrás, evitando la rotación o la inclinación hacia un lado. La respiración ha de ser fluida y el movimiento hacia atrás y hacia delante debe durar lo mismo. Practica curvando la columna hacia atrás con las manos detrás de las rodillas.

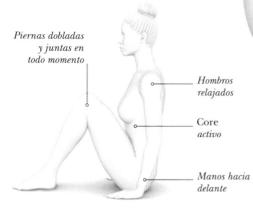

Piernas dobladas y juntas en todo momento

Hombros relajados

Core activo

Manos hacia delante

FASE PREPARATORIA
Siéntate al principio de la esterilla, con la pelvis ligeramente inclinada para que la columna se curve. Apoya los pies en el suelo, con las piernas juntas y los brazos a ambos lados del cuerpo. Inhala, eleva las piernas y dóblate un poco para agarrar la parte exterior de las espinillas con las manos.

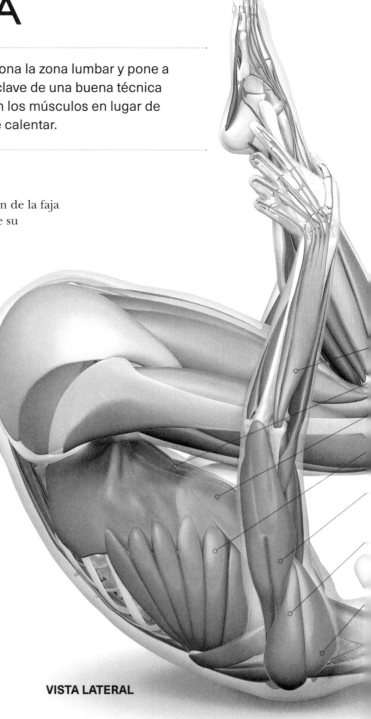

VISTA LATERAL

Tren superior

El **pectoral mayor** y el **recto abdominal** se activan para acometer esta postura. El **tríceps** estira los codos. El **extensor largo de los dedos** se alarga.

Extensor de los dedos

Recto abdominal

Pectoral mayor

Serrato anterior

Tríceps braquial

Deltoides posterior

Deltoides lateral

Mirada al frente

Mantén el espacio entre las rodillas y el pecho

Leve curva de la columna

Pies separados de la colchoneta

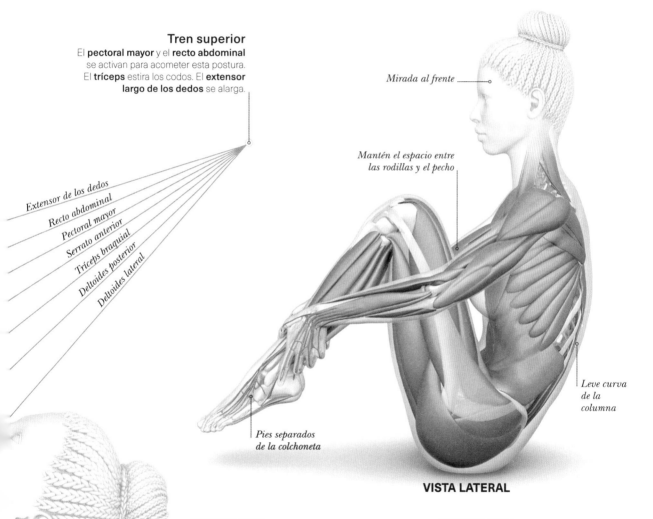

VISTA LATERAL

PRIMERA FASE

Rueda con control y manteniendo el mismo espacio entre las espinillas y los muslos, y las rodillas y el pecho. Rueda atrás hasta que te apoyes sobre los hombros.

SEGUNDA FASE

Exhala al rodar hacia delante y vuelve a la posición erguida, con los pies ligeramente separados del suelo; encuentra el equilibrio para estabilizarte. Repite 6-8 veces.

» VARIACIONES

Estas variaciones son todas muy similares al ejercicio principal, pero los leves cambios suponen un punto de partida ideal para quienes tienen menos experiencia. Pueden ayudar a ganar confianza y mejorar la técnica, al aprender cómo usar el *core* de forma correcta para rodar sin tomar impulso y conseguir enroscarse como una pelota.

APOYO DE LA MANO

Esta modificación enseña la técnica de rodar atrás pero permite utilizar las manos para controlar el movimiento hasta que se consiga activar el *core* y mantener la forma correcta. Presiona por igual con ambas manos para continuar rodando hasta la línea media y mantén los hombros relajados.

*Rodar como una pelota es una **forma divertida** de acabar el entrenamiento y **volver** a la posición de pie.*

CLAVE
● Principal músculo trabajado
● Otros músculos implicados

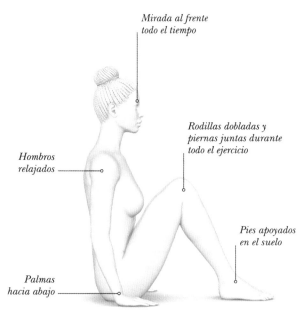

Mirada al frente todo el tiempo

Rodillas dobladas y piernas juntas durante todo el ejercicio

Hombros relajados

Pies apoyados en el suelo

Palmas hacia abajo

FASE PREPARATORIA

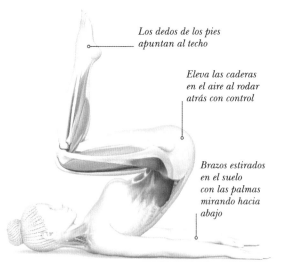

Los dedos de los pies apuntan al techo

Eleva las caderas en el aire al rodar atrás con control

Brazos estirados en el suelo con las palmas mirando hacia abajo

PRIMERA FASE

FASE PREPARATORIA
Siéntate con la espalda recta al principio de la esterilla, con la pelvis ligeramente metida. Coloca ambos pies en el suelo con las rodillas dobladas y las piernas juntas; los brazos van a los lados del tronco con las manos apoyadas con suavidad en el suelo. Activa el *core*.

PRIMERA FASE
Inhala y rueda hacia atrás, usando los brazos para controlar el movimiento. Rueda hacia atrás hasta que estés sobre los hombros, con los brazos estirados en el suelo y las palmas apuntando hacia abajo.

SEGUNDA FASE
Exhala y rueda hacia delante hasta sentarte. Repite la secuencia al completo 6-8 veces.

EQUILIBRIO SOBRE LOS DEDOS

Usar las puntas de los pies da más estabilidad y un punto de apoyo para volver al equilibrio cada vez que ruedas hacia delante. Emplea este impulso para estabilizarte antes de volver de nuevo a rodar hacia atrás. Una vez que lo consigas, pasa al ejercicio principal de rodar hacia atrás (p. 56), en el que se depende por completo del core para recuperar el equilibrio.

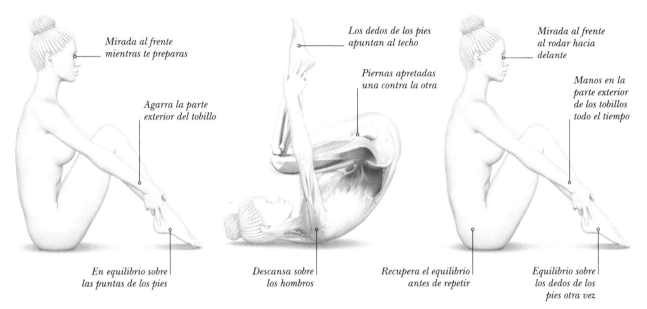

Mirada al frente mientras te preparas

Agarra la parte exterior del tobillo

En equilibrio sobre las puntas de los pies

Los dedos de los pies apuntan al techo

Piernas apretadas una contra la otra

Descansa sobre los hombros

Recupera el equilibrio antes de repetir

Mirada al frente al rodar hacia delante

Manos en la parte exterior de los tobillos todo el tiempo

Equilibrio sobre los dedos de los pies otra vez

FASE PREPARATORIA
Siéntate recto a principio de la esterilla, con las piernas dobladas y la pelvis ligeramente metida. Levanta los talones y quédate en equilibrio sobre los dedos de los pies; estira las manos y agarra la parte exterior de los tobillos. Activa el *core*.

PRIMERA FASE
Inhala y rueda hacia atrás con control, manteniendo el espacio entre las espinillas y los muslos, y entre las rodillas y el pecho. Rueda hasta que los hombros toquen el suelo.

SEGUNDA FASE
Exhala y rueda hacia delante para volver a la posición vertical, recupera el equilibrio sobre las puntas de los pies y busca el centro para estabilizarte. Inhala y realiza 6-8 repeticiones.

Rodar sobre una pelota

Si la opción de rodar hacia atrás no es adecuada, se puede usar un balón suizo para tener un apoyo extra. Puede usarse como una forma más fácil de practicar el control del movimiento con el *core* mientras se mantiene una buena postura. Siéntate en el balón, con los pies apoyados en el suelo y túmbate con cuidado, de tal modo que el balón quede bajo la pelvis y la columna, con la cabeza, el cuello y la parte superior del pecho ligeramente levantados. Exhala para flexionar el tronco hacia delante, utilizando el *core* y los abdominales, hasta alcanzar la posición que se muestra en el dibujo. Inhala para volver atrás, usando el *core* para controlar el movimiento. Realiza 6-8 repeticiones.

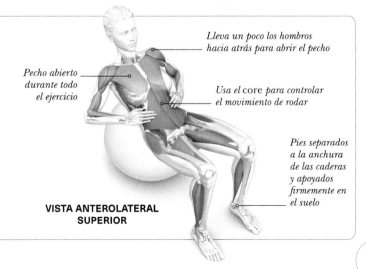

Pecho abierto durante todo el ejercicio

Lleva un poco los hombros hacia atrás para abrir el pecho

Usa el core para controlar el movimiento de rodar

Pies separados a la anchura de las caderas y apoyados firmemente en el suelo

VISTA ANTEROLATERAL SUPERIOR

59

ESTIRAMIENTO DE UNA PIERNA

Este movimiento para principiantes fortalece los músculos del abdomen con una mezcla de coordinación y cambios de pierna recíprocos. Este ejercicio es la base de acciones habituales de las extremidades inferiores en el día a día, como caminar, correr y montar en bicicleta.

INDICACIONES

Este ejercicio trabaja la fuerza del *core* en relación con las palancas largas de las piernas. Puede utilizarse como preparación para la extensión de ambas piernas (p. 64). Mantén la posición de la cabeza, el tronco y la pelvis durante todo el ejercicio y asegúrate de no girar hacia un lado. Familiarízate primero con el movimiento antes de añadir la respiración. Completa de 8 a 10 repeticiones.

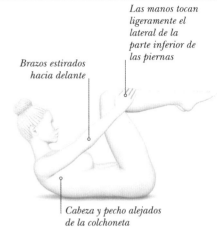

Brazos estirados hacia delante

Las manos tocan ligeramente el lateral de la parte inferior de las piernas

Cabeza y pecho alejados de la colchoneta

FASE PREPARATORIA
En posición decúbito supino sobre la esterilla, dobla las piernas por las caderas y las rodillas y sepáralas a la anchura de las caderas. Los pies están apoyados en la colchoneta y los brazos, estirados a los lados del cuerpo. Lleva las piernas a la posición de mesa, con los muslos perpendiculares al suelo, y los dedos de los pies apuntando hacia delante. Exhala y eleva la cabeza y el pecho, llevando las manos a ambos lados de la parte inferior de las piernas, con las palmas mirando hacia dentro. Inhala para prepararte.

Tren superior
Los **flexores del cuello** están ligeramente activos para mantener la cabeza elevada, mientras que los **extensores del cuello** se alargan. El **pectoral mayor** se contrae para llevar los brazos hacia las piernas. El **recto abdominal** y los **oblicuos internos y externos** se contraen para mantener el tronco superior incorporado.

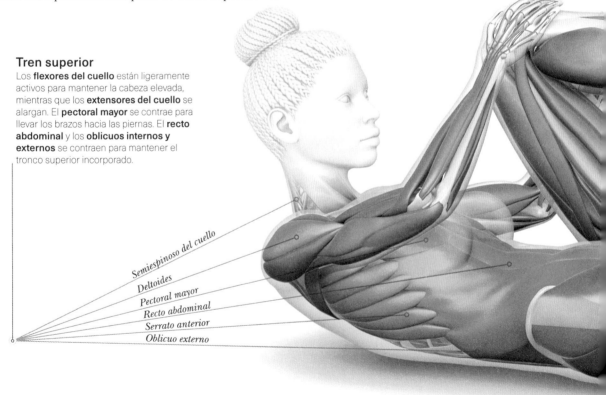

Semiespinoso del cuello

Deltoides

Pectoral mayor

Recto abdominal

Serrato anterior

Oblicuo externo

SEGUNDA FASE

Lleva ambas rodillas hacia el pecho
al tiempo que bajas la cabeza y la parte
superior del cuerpo a la colchoneta.
Desciende primero una pierna y luego
la otra para terminar el ejercicio.

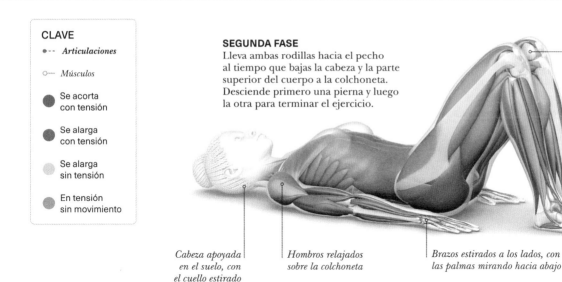

*Baja las
piernas, una
a una, para
terminar*

*Cabeza apoyada
en el suelo, con
el cuello estirado*

*Hombros relajados
sobre la colchoneta*

*Brazos estirados a los lados, con
las palmas mirando hacia abajo*

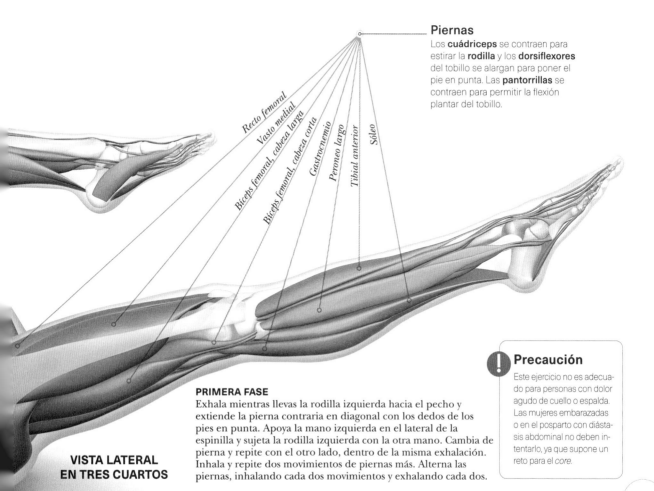

Recto femoral

Vasto medial

Bíceps femoral, cabeza larga

Bíceps femoral, cabeza corta

Gastrocnemio

Peroneo largo

Tibial anterior

Sóleo

Piernas

Los **cuádriceps** se contraen para
estirar la **rodilla** y los **dorsiflexores**
del tobillo se alargan para poner el
pie en punta. Las **pantorrillas** se
contraen para permitir la flexión
plantar del tobillo.

PRIMERA FASE

Exhala mientras llevas la rodilla izquierda hacia el pecho y
extiende la pierna contraria en diagonal con los dedos de los
pies en punta. Apoya la mano izquierda en el lateral de la
espinilla y sujeta la rodilla izquierda con la otra mano. Cambia de
pierna y repite con el otro lado, dentro de la misma exhalación.
Inhala y repite dos movimientos de piernas más. Alterna las
piernas, inhalando cada dos movimientos y exhalando cada dos.

VISTA LATERAL
EN TRES CUARTOS

! Precaución

Este ejercicio no es adecuado para personas con dolor
agudo de cuello o espalda.
Las mujeres embarazadas
o en el posparto con diástasis abdominal no deben intentarlo, ya que supone un
reto para el *core*.

» VARIACIONES

Con estas sencillas variaciones es más fácil mantener la pierna en línea, desde la cadera hasta la rodilla y el tobillo, y preservar el espacio entre la cadera y el tobillo para una alineación correcta. Permiten progresar lentamente para desarrollar la estabilidad pélvica y el control del tronco.

CLAVE

● Principal músculo trabajado
● Otros músculos implicados

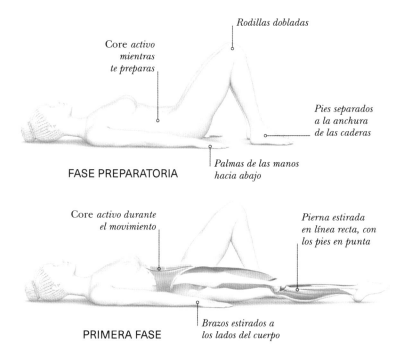

Core *activo mientras te preparas*

Rodillas dobladas

Pies separados a la anchura de las caderas

Palmas de las manos hacia abajo

FASE PREPARATORIA

Core *activo durante el movimiento*

Pierna estirada en línea recta, con los pies en punta

Brazos estirados a los lados del cuerpo

PRIMERA FASE

NIVEL PRINCIPIANTE

En esta variación, la pierna se mantiene sobre la colchoneta para formar una cadena cinética cerrada. De esta forma, la espalda tiene más apoyo y es menos exigente para el *core.* Aprende cómo alinear la pierna antes de elevar las piernas.

FASE PREPARATORIA
Con la espalda apoyada en la colchoneta y la pelvis neutra, flexiona ambas piernas por las caderas y las rodillas, con los pies apoyados en el suelo y separados a la anchura de las caderas. Estira los brazos a ambos lados del cuerpo.

PRIMERA FASE
Exhala y estira una pierna en línea recta, siempre manteniendo el contacto con la esterilla.

SEGUNDA FASE
Inhala y lleva la pierna a su posición de partida. Repite con la otra pierna y hazlo de 8 a 10 veces.

OPCIÓN CON UNA SOLA PIERNA

Utiliza la pierna estática para presionar el suelo y ganar estabilidad, mientras alejas la otra pierna del cuerpo. Concéntrate en activar el *core* al llevar la pierna a la diagonal.

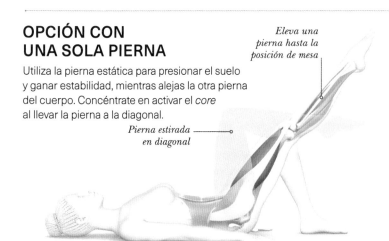

Eleva una pierna hasta la posición de mesa

Pierna estirada en diagonal

FASE PREPARATORIA/PRIMERA FASE

FASE PREPARATORIA
Con la espalda y la pelvis neutras sobre la esterilla, flexiona ambas piernas por las caderas y las rodillas y apoya los pies en el suelo, separados a la anchura de las caderas. Estira los brazos a ambos lados.

PRIMERA FASE
Exhala y eleva una pierna hasta la posición de mesa. Aléjala del cuerpo en diagonal, con el pie en punta.

SEGUNDA FASE
Inhala y vuelve a la posición de mesa con esa pierna y de ahí al suelo. Repite con la otra pierna y sigue alternándolas durante 8-10 repeticiones.

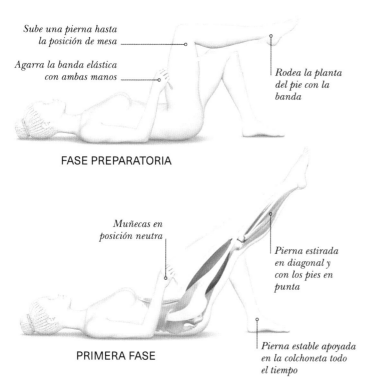

Sube una pierna hasta la posición de mesa

Agarra la banda elástica con ambas manos

Rodea la planta del pie con la banda

FASE PREPARATORIA

Muñecas en posición neutra

Pierna estirada en diagonal y con los pies en punta

PRIMERA FASE

Pierna estable apoyada en la colchoneta todo el tiempo

POSTURA CON BANDA

Una banda elástica da mayor estabilidad a la cadera y a la pierna. Al presionar un elemento que ofrece resistencia, se obtiene una información útil respecto a la posición de la pierna y aumenta la activación del *core*.

FASE PREPARATORIA
Con la espalda apoyada sobre la colchoneta y las piernas dobladas por las caderas y las rodillas, los pies están apoyados en el suelo y separados a la anchura de las caderas. Eleva una pierna a la posición de mesa y coloca la banda elástica alrededor de la planta del pie.

PRIMERA FASE
Exhala y aleja la pierna del cuerpo, en una línea diagonal, con los pies en punta y empujando la banda con el pie.

SEGUNDA FASE
Inhala para que la pierna vuelva a la posición de mesa. Realiza de 8 a 10 repeticiones antes de cambiar de pierna.

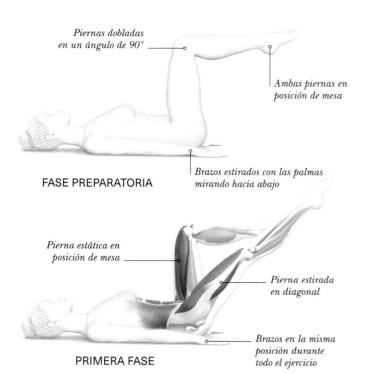

Piernas dobladas en un ángulo de 90°

Ambas piernas en posición de mesa

FASE PREPARATORIA

Brazos estirados con las palmas mirando hacia abajo

Pierna estática en posición de mesa

Pierna estirada en diagonal

PRIMERA FASE

Brazos en la misma posición durante todo el ejercicio

POSTURA DE MESA

Esta posición aumenta el trabajo del *core* al estar las piernas arriba en todo momento y añadir una palanca larga de pierna. Controla los abdominales al alejar la pierna de ti y asegúrate de que la pelvis no se incline hacia delante.

FASE PREPARATORIA
En posición decúbito supino, con la columna y la pelvis neutras, flexiona las piernas por las caderas y las rodillas en la posición de mesa y mantenlas separadas a la anchura de las caderas. Estira los brazos a los lados con las palmas mirando hacia abajo.

PRIMERA FASE
Exhala al alejar una pierna del cuerpo, en una línea diagonal con los dedos de los pies en punta. Mantén la cabeza y el cuello estirados y el *core* activo durante todo el movimiento.

SEGUNDA FASE
Inhala y lleva la pierna de nuevo a la posición de mesa. Repite con la pierna contraria y altérnalas para realizar de 8 a 10 repeticiones.

EXTENSIÓN DE AMBAS PIERNAS

Este ejercicio basado en la coordinación requiere el control de los miembros superiores e inferiores, así como una buena fuerza abdominal. También moviliza los hombros, las caderas y las rodillas. A medida que se gana más fuerza, se pueden bajar más las piernas hacia la colchoneta y alejar más los brazos por encima de la cabeza.

INDICACIONES

Conviene dominar primero el estiramiento de una pierna (p. 60) antes de añadir la dificultad de incorporar las extremidades superiores. Aprieta los muslos internos uno contra otro para activar más la cadena oblicua anterior (p. 18) y dar apoyo a la columna. Una opción más sencilla es estirar los pies hacia el techo e ir bajando hacia la diagonal, siempre que los abdominales no se abomben. Relaja el cuello y los hombros para eliminar cualquier tensión.

CLAVE

- ● -- *Articulaciones*
- ○— *Músculos*
- ● Se acorta con tensión
- ● Se alarga con tensión
- ● Se alarga sin tensión
- ● En tensión sin movimiento

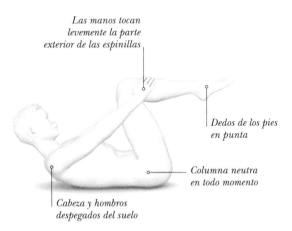

Las manos tocan levemente la parte exterior de las espinillas

Dedos de los pies en punta

Columna neutra en todo momento

Cabeza y hombros despegados del suelo

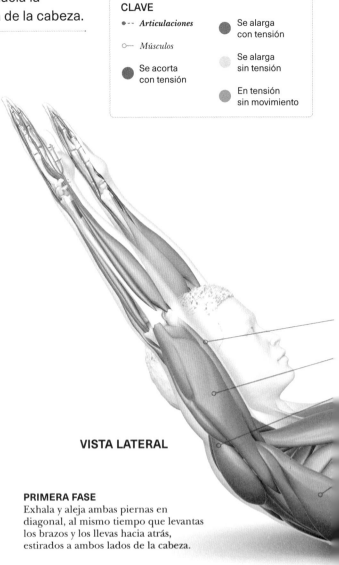

VISTA LATERAL

FASE PREPARATORIA

Con la espalda apoyada en el suelo, dobla las piernas por las caderas y las rodillas y apoya los pies en el suelo. Eleva la cabeza y el pecho mientras llevas las rodillas al pecho. Estira los brazos para que las manos toquen los lados de las espinillas. Activa el *core*.

PRIMERA FASE

Exhala y aleja ambas piernas en diagonal, al mismo tiempo que levantas los brazos y los llevas hacia atrás, estirados a ambos lados de la cabeza.

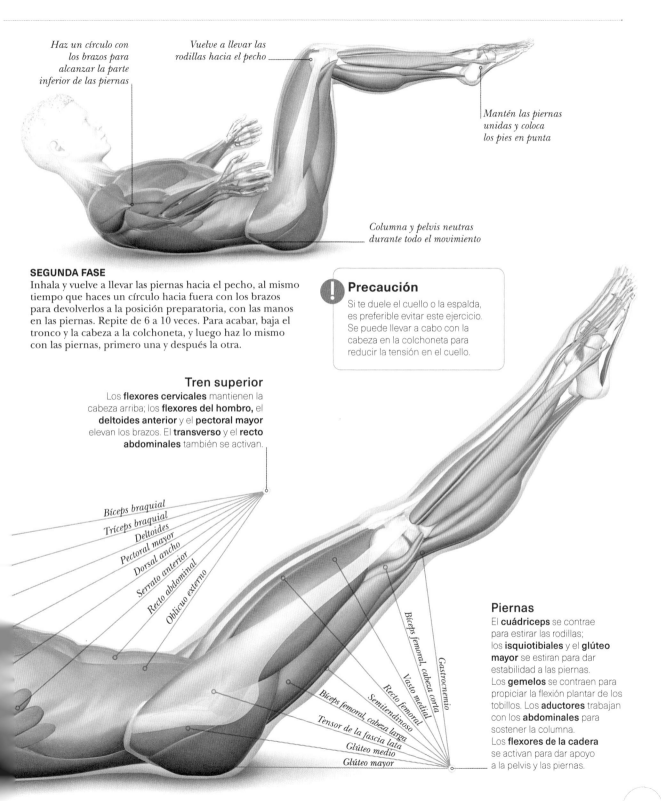

Haz un círculo con los brazos para alcanzar la parte inferior de las piernas

Vuelve a llevar las rodillas hacia el pecho

Mantén las piernas unidas y coloca los pies en punta

Columna y pelvis neutras durante todo el movimiento

SEGUNDA FASE

Inhala y vuelve a llevar las piernas hacia el pecho, al mismo tiempo que haces un círculo hacia fuera con los brazos para devolverlos a la posición preparatoria, con las manos en las piernas. Repite de 6 a 10 veces. Para acabar, baja el tronco y la cabeza a la colchoneta, y luego haz lo mismo con las piernas, primero una y después la otra.

> ## ❗ Precaución
>
> Si te duele el cuello o la espalda, es preferible evitar este ejercicio. Se puede llevar a cabo con la cabeza en la colchoneta para reducir la tensión en el cuello.

Tren superior

Los **flexores cervicales** mantienen la cabeza arriba; los **flexores del hombro,** el **deltoides anterior** y el **pectoral mayor** elevan los brazos. El **transverso** y el **recto abdominales** también se activan.

Bíceps braquial
Tríceps braquial
Deltoides
Pectoral mayor
Dorsal ancho
Serrato anterior
Recto abdominal
Oblicuo externo

Bíceps femoral, cabeza corta
Gastrocnemio
Vasto medial
Recto femoral
Semitendinoso
Bíceps femoral, cabeza larga
Tensor de la fascia lata
Glúteo medio
Glúteo mayor

Piernas

El **cuádriceps** se contrae para estirar las rodillas; los **isquiotibiales** y el **glúteo mayor** se estiran para dar estabilidad a las piernas.
Los **gemelos** se contraen para propiciar la flexión plantar de los tobillos. Los **aductores** trabajan con los **abdominales** para sostener la columna.
Los **flexores de la cadera** se activan para dar apoyo a la pelvis y las piernas.

» VARIACIONES

Estas variaciones permiten practicar la palanca larga
de brazos y piernas a diferente intensidad, y luego
añadir los *curls* abdominales (p. 68). Asegúrate de que
sigues el patrón de respiración adecuado antes de
pasar al ejercicio de extensión de ambas piernas
clásico, que es más exigente.

CLAVE
● Principal músculo trabajado
● Otros músculos implicados

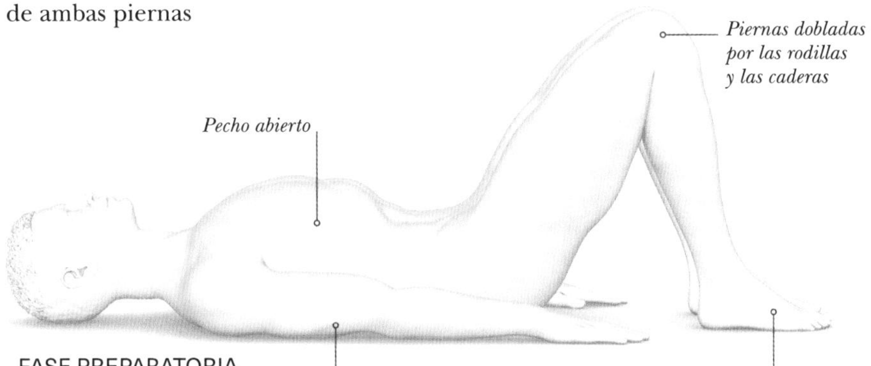

Estira los brazos por
encima de la cabeza

Pecho abierto

Piernas dobladas
por las rodillas
y las caderas

FASE PREPARATORIA

Brazos estirados a los
lados del cuerpo, con
las palmas hacia abajo

Pies y piernas
juntas

El core *activo*
ayuda a levantarse

Piernas estiradas
alejadas del tronco

Parte superior del tronco
levantada del suelo

Columna y
pelvis neutras

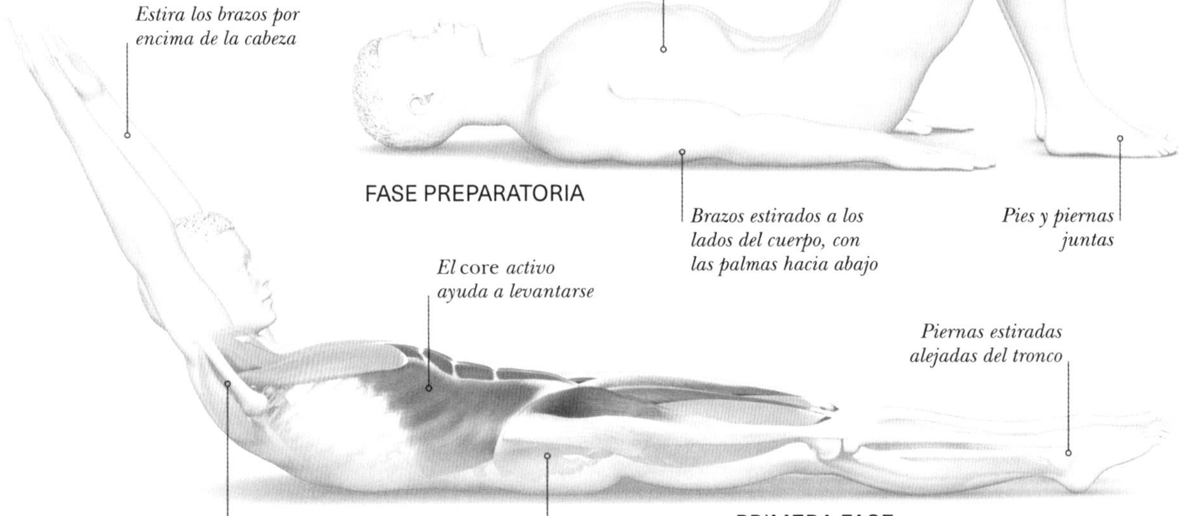

PRIMERA FASE

PREPARACIÓN DE LA EXTENSIÓN DE AMBAS PIERNAS

Aunque las piernas se mantienen en contacto con
la colchoneta, este ejercicio exige una buena
activación del *core* para mantener la espalda
neutra al alejar las piernas. Se puede realizar el
ejercicio con la cabeza y la parte superior del
cuerpo en el suelo, lo que lo hace más fácil.

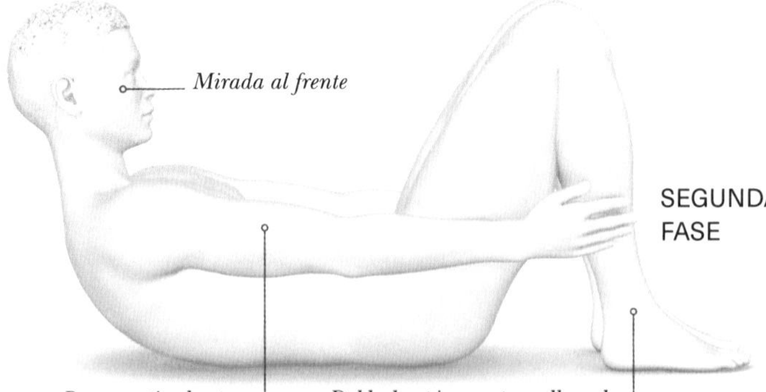

Mirada al frente

SEGUNDA
FASE

Brazos estirados para
tocar las espinillas

Dobla las piernas para llevarlas
a la posición de partida

FASE PREPARATORIA
Sobre la espalda, con la columna y
la pelvis en posición neutra, dobla
las rodillas y mantén en contacto la
parte interna de los muslos. Estira
los brazos a ambos lados del cuerpo.

PRIMERA FASE
Levanta la cabeza, el cuello y la parte superior del
cuerpo, separándolos de la colchoneta y llevando
los brazos hacia delante. Exhala y estira las piernas
en el suelo, alejándolas del tronco, al mismo tiempo
que llevas los brazos por encima de la cabeza.

SEGUNDA FASE
Inhala, haz un círculo con los
brazos y dobla las piernas para
volver a la posición de partida. Al
hacerlo, las manos tocan levemente
las espinillas. Repite de 6 a 10 veces.

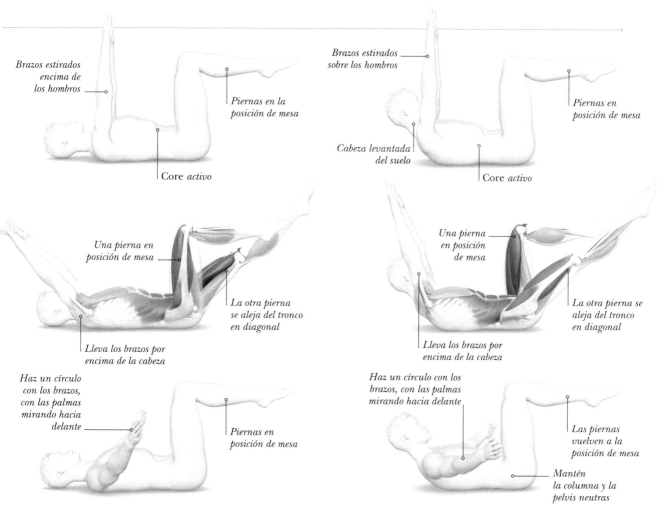

Brazos estirados encima de los hombros

Piernas en la posición de mesa

Core activo

Brazos estirados sobre los hombros

Piernas en posición de mesa

Cabeza levantada del suelo

Core activo

Una pierna en posición de mesa

La otra pierna se aleja del tronco en diagonal

Lleva los brazos por encima de la cabeza

Una pierna en posición de mesa

La otra pierna se aleja del tronco en diagonal

Lleva los brazos por encima de la cabeza

Haz un círculo con los brazos, con las palmas mirando hacia delante

Piernas en posición de mesa

Haz un círculo con los brazos, con las palmas mirando hacia delante

Las piernas vuelven a la posición de mesa

Mantén la columna y la pelvis neutras

COORDINACIÓN CON UNA PIERNA

Esta variación supone un reto de coordinación, porque se mueven a la vez los dos brazos pero solo una pierna. El *core* activo permite mantener la posición al alejar las extremidades. Mantén la pierna estirada en una diagonal alta.

FASE PREPARATORIA
Sobre la espalda, con la columna y la pelvis en posición neutra, coloca ambas piernas en posición de mesa, separadas a la distancia de las caderas. Levanta los brazos sobre los hombros. Activa el *core*.

PRIMERA FASE
Exhala al alejar una pierna del cuerpo en diagonal, y lleva simultáneamente los brazos por encima de la cabeza.

SEGUNDA FASE
Inhala y haz un círculo con los brazos y devuelve la pierna a la posición inicial. Repite con la otra pierna y alterna de 6 a 10 veces. Vuelve a la fase preparatoria.

CURL CON ABDOMINAL

Se trata de la misma variación que la coordinación con una pierna pero con la cabeza y la parte superior del tronco arriba, lo que incrementa el trabajo de los abdominales. Estira el cuello y lleva la mirada a las rodillas.

FASE PREPARATORIA
Con la espalda apoyada en el suelo y la columna y la pelvis en posición neutra, separa las piernas a la anchura de las caderas y llévalas a la posición de mesa. Levanta la parte superior del tronco y la cabeza de la colchoneta y estira los brazos por encima de los hombros.

PRIMERA FASE
Activa el *core*. Exhala y aleja una pierna en diagonal, al mismo tiempo que llevas los brazos por encima de la cabeza.

SEGUNDA FASE
Inhala y haz un círculo con los brazos mientras llevas de nuevo la pierna a la posición de mesa. Repite con la otra pierna y haz de 6 a 10 repeticiones.

BALANCÍN CON PIERNAS SEPARADAS

Este ejercicio supone el reto de balancearse hacia delante y hacia atrás suavemente manteniendo la misma posición. Requiere fuerza abdominal y longitud en la columna y los isquiotibiales, y es un ejercicio intermedio para aquellos que necesitan fuerza y flexibilidad.

CLAVE

●-- *Articulaciones*   ● Se alarga con tensión

○— *Músculos*

● Se acorta con tensión   ● Se alarga sin tensión

● En tensión sin movimiento

INDICACIONES

El balancín con piernas separadas es más fácil cuando se mantiene el espacio y la conexión en varias zonas. La primera conexión es entre los brazos y las piernas, para evitar que estas se hundan al llevarlas sobre la cabeza. La segunda conexión es de los músculos abdominales, que estabilizan el tronco al volver a la posición erguida y para evitar que este se hunda.

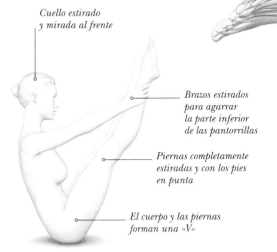

Cuello estirado y mirada al frente

Brazos estirados para agarrar la parte inferior de las pantorrillas

Piernas completamente estiradas y con los pies en punta

El cuerpo y las piernas forman una «V»

VISTA LATERAL

FASE PREPARATORIA
Siéntate con la columna vertebral en forma de C y la pelvis ligeramente inclinada hacia atrás. Agarra la parte exterior de los tobillos. Dobla las rodillas y acerca los pies a los glúteos con las rodillas abiertas y, al inhalar, estira las piernas hacia arriba, extendiendo los brazos al mismo tiempo. Equilíbrate.

PRIMERA FASE
Exhala mientras te dejas caer hacia atrás, llevando las piernas por encima de la cabeza hasta apoyarte en la base de los omóplatos. Inhala para volver a la posición de preparación. Repite de 6 a 8 veces.

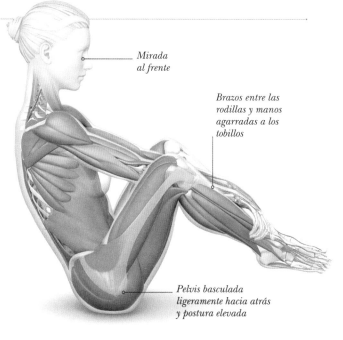

Mirada
al frente

Brazos entre las
rodillas y manos
agarradas a los
tobillos

Pelvis basculada
ligeramente hacia atrás
y postura elevada

Precaución

Dado que se rueda sobre el cuerpo, este ejercicio no es adecuado para quienes sufren problemas de cuello o columna lumbar, osteoporosis o escoliosis. Comprueba que tus isquiotibiales tienen la longitud necesaria y que estás cómodo en la uve antes de intentar rodar con las piernas estiradas. Si no llegas a los tobillos, puedes sujetar la parte posterior de las rodillas. Este ejercicio, al ser una posición invertida, no es aconsejable durante el embarazo.

Piernas

Los **isquiotibiales** estiran las rodillas y los **cuádriceps** estabilizan los muslos. Los **gemelos** se contraen para que los dedos de los pies apunten hacia delante. Los **abductores** de la cadera mantienen las piernas separadas, mientras que los **aductores** las alargan.

Sóleo
Gastrocnemio
Semitendinoso
Bíceps femoral de cabeza larga
Vasto lateral
Recto femoral
Tensor de la fascia lata
Glúteo mayor
Glúteo medio

SEGUNDA FASE

Dobla las rodillas, sepáralas y baja los pies a la esterilla con control. Los brazos quedan entre las rodillas separadas y agarran los tobillos. Suelta las manos para terminar.

Rueda con suavidad por toda la columna, con las piernas firmes y separadas para mantener *la* **postura.**

Cuadrado lumbar
Iliocostal
Oblicuo externo
Recto abdominal
Pectoral mayor
Tríceps braquial
Serrato anterior
Redondo mayor
Deltoides

Tren superior

El **pectoral mayor** se activa cuando los brazos agarran los tobillos, y el **tríceps** mantiene la extensión del codo. El **transverso abdominal** estabiliza la columna, mientras que el **recto abdominal** se activa para flexionarla. Los **extensores de la columna** se estiran.

EL SALTO DEL CISNE

Este ejercicio elegante y avanzado exige un fuerte control del impulso. Fortalece la parte posterior del cuerpo y abre el pecho y la parte anterior. Conviene realizar la cobra (p. 170) antes con el fin de preparar la columna para el movimiento de extensión larga.

INDICACIONES

Este ejercicio implica a los músculos de la parte posterior, desde la zona superior de la espalda a los pies. De esta manera, se mantiene la forma y la firmeza necesarias para llevar a cabo el movimiento de balanceo. Para impedir movimientos descoordinados, o caerse hacia delante, hay que establecer un ritmo constante y confiar en el cuerpo mientras te desplazas de un extremo a otro. Es buena idea compensar esta extensión de la columna con un estiramiento hacia delante (p. 47).

Muslos y parte inferior de las piernas
Los **extensores de la cadera** ayudan a elevar las piernas; los **flexores de la cadera** las estiran. Los **cuádriceps** hacen lo propio con las rodillas, y los **isquiotibiales** están activos. Los **músculos de las pantorrillas** se implican también para ayudar a flexionar los tobillos hacia abajo.

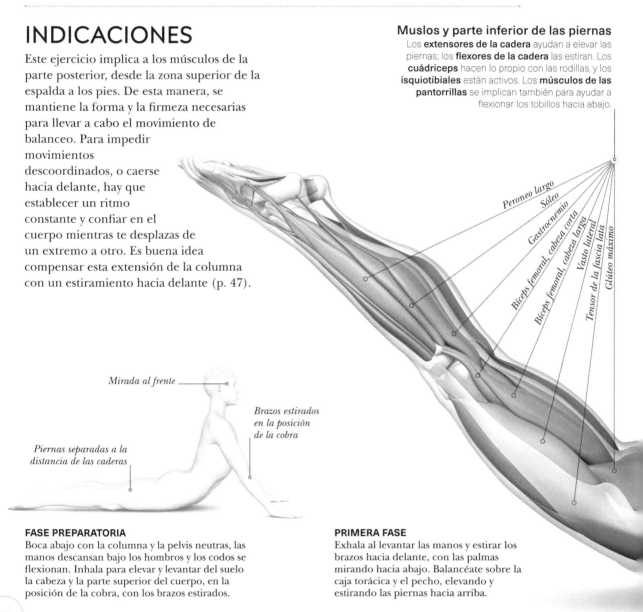

Peroneo largo

Sóleo

Gastrocnemio

Bíceps femoral, cabeza corta

Bíceps femoral, cabeza larga

Vasto lateral

Tensor de la fascia lata

Glúteo máximo

Mirada al frente

Brazos estirados en la posición de la cobra

Piernas separadas a la distancia de las caderas

FASE PREPARATORIA
Boca abajo con la columna y la pelvis neutras, las manos descansan bajo los hombros y los codos se flexionan. Inhala para elevar y levantar del suelo la cabeza y la parte superior del cuerpo, en la posición de la cobra, con los brazos estirados.

PRIMERA FASE
Exhala al levantar las manos y estirar los brazos hacia delante, con las palmas mirando hacia abajo. Balancéate sobre la caja torácica y el pecho, elevando y estirando las piernas hacia arriba.

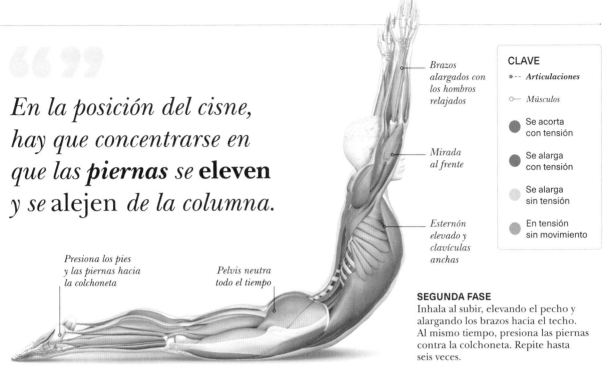

> En la posición del cisne, hay que concentrarse en que las **piernas** se **eleven** y se alejen de la columna.

Brazos alargados con los hombros relajados

Mirada al frente

Esternón elevado y clavículas anchas

Presiona los pies y las piernas hacia la colchoneta

Pelvis neutra todo el tiempo

SEGUNDA FASE
Inhala al subir, elevando el pecho y alargando los brazos hacia el techo. Al mismo tiempo, presiona las piernas contra la colchoneta. Repite hasta seis veces.

Torso y brazos
El **deltoides anterio**r ayuda a elevar los hombros; el **pectoral mayor** abre el pecho. Los **músculos del trapecio** se activan junto con el **romboides** para llevar hacia atrás la escápula; los músculos del **serrato anterior** aportan estabilidad. El **tríceps** ayuda a estirar los codos.

! Precaución
Dado el nivel de control que exige, el salto del cisne deben evitarlo quienes tienen problemas lumbares o cervicales. Hay que asegurarse de que no se comprima la columna al alargarla y de que el *core* esté activo durante todo el ejercicio. Si molesta la espalda, se puede probar separando más las piernas, para quitar tensión a la pelvis.

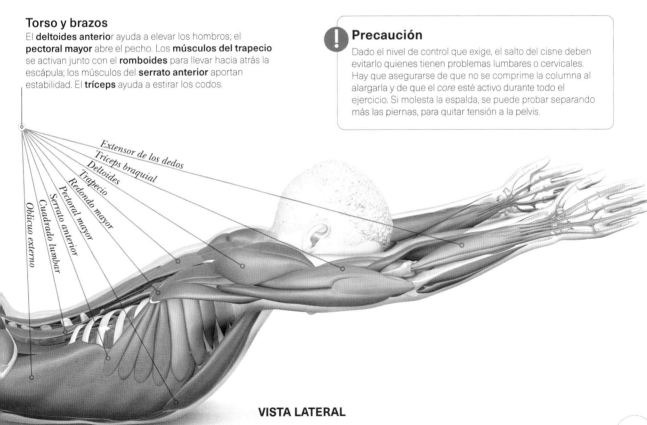

Extensor de los dedos
Tríceps braquial
Deltoides
Trapecio
Redondo mayor
Pectoral mayor
Serrato anterior
Cuadrado lumbar
Oblicuo externo

VISTA LATERAL

» VARIACIONES

Las dos primeras modificaciones se centran en la activación muscular del cuello y los omóplatos, que es esencial para sostener la parte superior del cuerpo cuando se realiza el movimiento de balanceo. La preparación para el salto del cisne permite practicar un balanceo más suave con control.

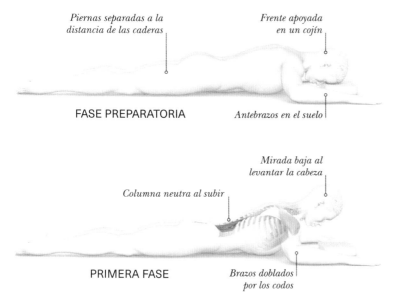

Piernas separadas a la distancia de las caderas

Frente apoyada en un cojín

FASE PREPARATORIA

Antebrazos en el suelo

Mirada baja al levantar la cabeza

Columna neutra al subir

PRIMERA FASE

Brazos doblados por los codos

SOLO TRONCO

Al levantar la cabeza, mantén la barbilla ligeramente metida y el cuello estirado. Relaja las escápulas y mantenlas abajo durante todo el ejercicio. Aplica una leve presión en los brazos.

FASE PREPARATORIA
Boca abajo, con la columna y la pelvis en posición neutra, separa las piernas a la distancia de las caderas. Coloca los brazos enfrente, con los codos doblados, los antebrazos sobre la colchoneta y las palmas mirando hacia abajo. Apoya la frente en un pequeño cojín para que el cuello permanezca neutro.

PRIMERA FASE
Exhala al elevar el pecho, la cabeza y el cuello de la esterilla y mantén la postura durante una inhalación.

SEGUNDA FASE
Exhala y baja el pecho, la cabeza y el cuello; repite de 6 a 8 veces.

Piernas estiradas

Frente apoyada en un cojín

FASE PREPARATORIA

Antebrazos apoyados a los lados del cojín

Escápulas sujetas todo el tiempo

Piernas en el suelo durante todo el ejercicio

PRIMERA FASE

Los brazos se levantan con la cabeza

TRONCO Y BRAZOS

El objetivo aquí es activar un poco más el *core* al levantar la cabeza y los brazos del suelo. Asegúrate de no estirar la columna lumbar al llevar a cabo esta variación.

FASE PREPARATORIA
Boca abajo, con la columna y la pelvis neutras, separa las piernas a la distancia de las caderas. Coloca los brazos enfrente, con los codos doblados, los antebrazos en la esterilla y las palmas mirando hacia abajo. Acuérdate de mantener el cuello largo.

PRIMERA FASE
Exhala y eleva el pecho, la cabeza y el cuello, además de los brazos. Mantén mientras inhalas.

SEGUNDA FASE
Exhala y baja el pecho, la cabeza, el cuello y los brazos a la colchoneta. Repite de 6 a 8 veces.

PREPARACIÓN DEL SALTO DEL CISNE

Mantén la columna larga para evitar comprimir la zona lumbar y aleja las piernas. Al balancearte hacia delante, continúa estirando las piernas lejos y hacia arriba, y ayúdate activando el *core* y los glúteos. Los brazos dan apoyo al tronco.

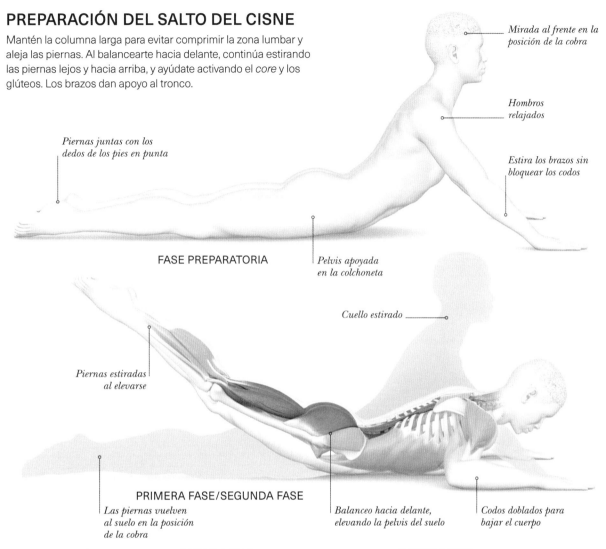

Mirada al frente en la posición de la cobra

Hombros relajados

Estira los brazos sin bloquear los codos

Piernas juntas con los dedos de los pies en punta

FASE PREPARATORIA

Pelvis apoyada en la colchoneta

Cuello estirado

Piernas estiradas al elevarse

PRIMERA FASE/SEGUNDA FASE

Las piernas vuelven al suelo en la posición de la cobra

Balanceo hacia delante, elevando la pelvis del suelo

Codos doblados para bajar el cuerpo

FASE PREPARATORIA
Boca abajo sobre la esterilla, eleva el tronco en la posición de la cobra (p. 170).

PRIMERA FASE
Exhala y dobla los codos para bajar el tronco a la colchoneta. Balancéate hacia delante sobre la caja torácica y el pecho, elevando las piernas estiradas.

SEGUNDA FASE
Inhala y vuelve a la posición de la cobra, apretando el suelo con las manos, elevando el pecho y bajando las piernas al suelo. Repite hasta 6 veces.

*Mantener una **postura firme** y respirar de forma constante permiten un ritmo constante de movimiento al **mecerse** hacia delante y hacia atrás.*

PATADA CON UNA PIERNA

Este ejercicio para las extremidades inferiores fortalece principalmente los glúteos y los isquiotibiales, a la vez que alarga las caderas y estira los cuádriceps. Requiere estabilidad pélvica para aislar el movimiento de la pierna de la columna vertebral y es ideal para quienes necesitan entrenar la fuerza de los miembros inferiores y la estabilidad pélvica posterior.

INDICACIONES

Alarga la columna vertebral alejando la coronilla del coxis y céntrate en la conexión con el *core*. La faja abdominal se mantiene activa para evitar que el tronco y la región de la pelvis se derrumben e impedir que se comprima la zona lumbar. Los brazos permanecen activos durante todo el ejercicio y presionan la esterilla para dar estabilidad, mientras que la parte superior de la espalda se activa para elevar y abrir el pecho. Si te cuesta mantener el pecho levantado, empieza con la versión modificada, en la que la cabeza descansa sobre los antebrazos.

CLAVE
- • -- *Articulaciones*
- ◦— *Músculos*
- ● Se acorta con tensión
- ● Se alarga con tensión
- ● Se alarga sin tensión
- ● En tensión sin movimiento

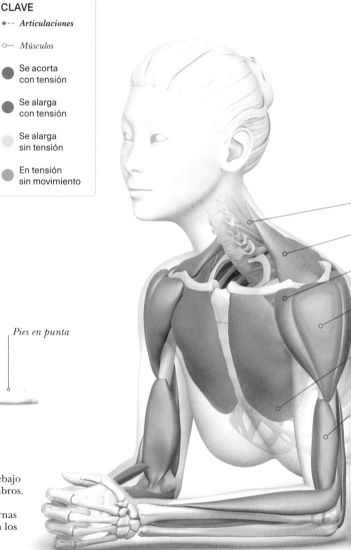

Mirada al frente

Pelvis neutra y los huesos de la cadera ligeramente elevados

Pies en punta

Codos en el suelo y puño cerrado

Piernas separadas a la distancia de las caderas

FASE PREPARATORIA
Túmbate boca abajo con el pecho levantado y los codos debajo de los hombros, a una anchura algo mayor a la de los hombros. Mantén la columna recta, con la caja torácica y los huesos anteriores de la pelvis separados de la colchoneta. Las piernas están estiradas y separadas a la anchura de las caderas, con los pies en punta. Coloca las manos delante y cierra el puño.

VARIACIÓN DE LA PATADA CON UNA PIERNA

Cabeza sobre los antebrazos

PRIMERA FASE

FASE PREPARATORIA

En posición decúbito prono, la frente descansa sobre los antebrazos, entrecruzados delante. Mantén la pelvis y la columna neutra. Las piernas están estiradas, separadas a la anchura de las caderas, y con los pies en punta.

PRIMERA FASE

Exhala y dobla la pierna izquierda, llevando el talón hacia la nalga y realizando tres rebotes.

SEGUNDA FASE

Inhala al bajar la pierna izquierda a la colchoneta. Repite con la derecha y completa la secuencia 6 veces, alternando las piernas.

Tronco superior

Los **extensores cervicales** ayudan a estirar el cuello; los **flexores cervicales** sostienen la cabeza. El **pectoral mayor** se ensancha para abrir el pecho. El **trapecio inferior** retrae las escápulas y el **serrato anterior** las estabiliza.

Iliocostal
Esplenio del cuello
Deltoides anterior
Deltoides medio
Pectoral mayor
Braquial

Muslos y piernas inferiores

Los **glúteos** estabilizan la pelvis. Los **isquiotibiales** se activan para flexionar la rodilla; los **flexores de la cadera** y los **cuádriceps** se estiran. Los músculos de la pantorrilla ayudan a que el pie apunte hacia abajo y los **dorsiflexores del tobillo** se estiran.

Peroneo largo
Gastrocnemio
Glúteo máximo
Bíceps femoral, cabeza larga
Tensor de la fascia lata
Vasto lateral

PRIMERA FASE

Exhala al doblar la rodilla izquierda y acerca el talón hacia la nalga izquierda, realizando después tres rebotes. Inhala y baja la pierna al suelo. Repite con la pierna derecha, completa después la secuencia seis veces con cada pierna, alternándolas.

VISTA LATERAL EN TRES CUARTOS

PATADA DOBLE

Este vigorizante ejercicio para todo el cuerpo trabaja la parte superior de la espalda y los extensores de la cadera, además de abrir el pecho. Requiere coordinación entre la parte superior e inferior del cuerpo para mantener un ritmo constante.

INDICACIONES

Mantén la pelvis equilibrada durante todo el ejercicio, activando el *core* y aprendiendo a disociar la parte superior e inferior a partir del tronco. Asegúrate de bajar las piernas con control para trabajar los isquiotibiales y evitar que la pelvis bascule. Cuando llegues a la segunda fase, concéntrate en elevar la postura desde el pecho y mantén el cuello alineado con la columna para evitar estirar en exceso y forzar el cuello.

CLAVE

- •‑‑ *Articulaciones*
- ○— *Músculos*
- ● Se acorta con tensión
- ● Se alarga con tensión
- ● Se alarga sin tensión
- ● En tensión sin movimiento

Tren superior

El **trapecio medio** e **inferior** y el **romboides** se estiran, pero en la segunda fase harán retroceder la escápula, junto con el **deltoides posterior** y el **dorsal ancho,** que estiran entonces los hombros. Los brazos están rotados por completo, con el **bíceps** activo para flexionar y el **tríceps** extendido.

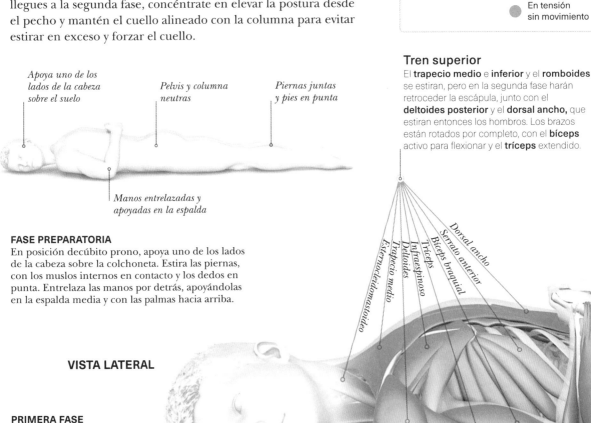

Apoya uno de los lados de la cabeza sobre el suelo

Pelvis y columna neutras

Piernas juntas y pies en punta

Manos entrelazadas y apoyadas en la espalda

Dorsal ancho
Serrato anterior
Bíceps braquial
Tríceps
Infraespinoso
Deltoides
Trapecio medio
Esternocleidomastoideo

FASE PREPARATORIA

En posición decúbito prono, apoya uno de los lados de la cabeza sobre la colchoneta. Estira las piernas, con los muslos internos en contacto y los dedos en punta. Entrelaza las manos por detrás, apoyándolas en la espalda media y con las palmas hacia arriba.

VISTA LATERAL

PRIMERA FASE

Exhala y dobla las rodillas, llevando los talones hacia las nalgas para formar un ángulo aproximado de 90°. Haz tres rebotes con las piernas.

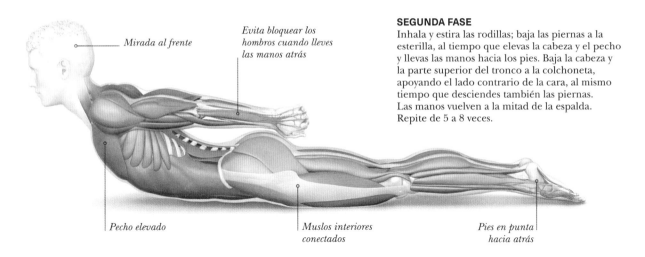

Mirada al frente

Evita bloquear los hombros cuando lleves las manos atrás

Pecho elevado

Muslos interiores conectados

Pies en punta hacia atrás

SEGUNDA FASE

Inhala y estira las rodillas; baja las piernas a la esterilla, al tiempo que elevas la cabeza y el pecho y llevas las manos hacia los pies. Baja la cabeza y la parte superior del tronco a la colchoneta, apoyando el lado contrario de la cara, al mismo tiempo que desciendes también las piernas. Las manos vuelven a la mitad de la espalda. Repite de 5 a 8 veces.

Piernas

Los **glúteos** se activan para estabilizar la pelvis. Los **isquiotibiales** participan en la flexión de las rodillas, mientras que los **flexores de la cadera** y el **cuádriceps** se estiran. Los **músculos de la pantorrilla** trabajan para que el pie apunte hacia atrás, y los **dorsiflexores del tobillo** se alargan.

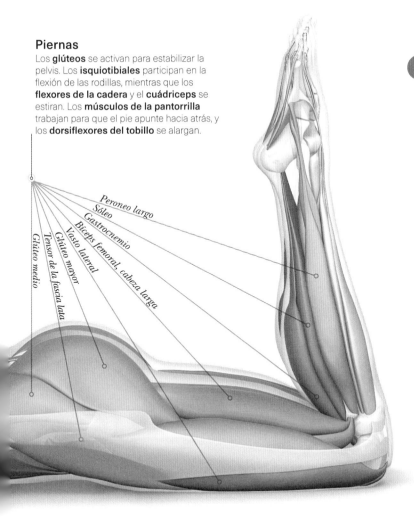

Peroneo largo

Sóleo

Gastrocnemio

Bíceps femoral, cabeza larga

Vasto lateral

Glúteo mayor

Tensor de la fascia lata

Glúteo medio

Precaución

Hay que evitar este ejercicio si te duele la zona lumbar. Dado que es un ejercicio de extensión profunda, se puede compensar luego con otro de flexión, como el estiramiento de la columna (p. 164).

> Concéntrate en **acompasar** la respiración *con* los **movimientos**, *para ayudar a mantener un* ritmo constante *y que el* ejercicio **fluya.**

LAS TIJERAS

Llamado así por la forma de tijeras abiertas de las piernas, este ejercicio, uno de los principales de pilates, proporciona estabilidad al *core* y a la pelvis. La posición invertida y las largas palancas de las piernas hacen de él un ejercicio avanzado, pero existen variantes que ofrecen alternativas más sencillas.

! Precaución

Las elevaciones de una pierna a mesa y las alternas son las variaciones más adecuadas de este ejercicio si se tiene dolor lumbar. Se necesita un buen estiramiento de isquiotibiales en la primera fase (abajo) y para el estiramiento de la pierna extendida (p. 81).

INDICACIONES

Encuentra el equilibrio y asegúrate de que estás estable en la fase preparatoria antes de pasar a mover las piernas. Estíralas y sepáralas en oposición. Asegúrate de que el peso recae en los omóplatos, y no en la cabeza y el cuello. Utiliza el *core* para mantener la posición del tronco y evita apoyarte sobre las manos.

Tren superior y torso
El **pectoral mayor** y el **serrato anterior** abren el pecho. Los **extensores de la columna** se alargan para favorecer la elevación del tronco. Los **músculos abdominales** se contraen para mantener la posición.

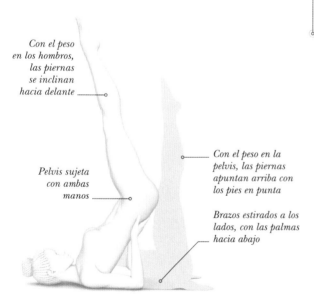

Con el peso en los hombros, las piernas se inclinan hacia delante

Pelvis sujeta con ambas manos

Con el peso en la pelvis, las piernas apuntan arriba con los pies en punta

Brazos estirados a los lados, con las palmas hacia abajo

FASE PREPARATORIA
Échate boca arriba, dobla las caderas y las rodillas en posición de mesa. Estira las piernas hacia arriba, inhala y eleva la pelvis para que el peso recaiga en las escápulas. Apóyate en las manos.

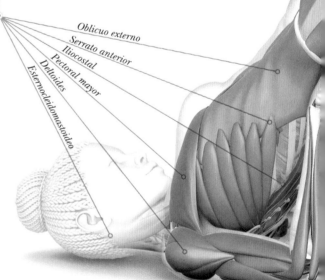

Oblicuo externo
Serrato anterior
Iliocostal
Pectoral mayor
Deltoides
Esternocleidomastoideo

PRIMERA FASE
Exhala y separa las piernas, llevando una pierna por encima de la cabeza y estirando la otra lejos del tronco.

Piernas

Los **flexores de la cadera** trabajan para estabilizarla. Los **cuádriceps** se contraen para estirar las rodillas, mientras que los **isquiotibiales** y el **glúteo mayor** sostienen las caderas en el estiramiento. Los **aductores** mantienen las piernas separadas.

asto medial
Aductor mayor
Recto femoral
Glúteo mayor
Bíceps femoral, cabeza larga
Vasto lateral
Peroneo largo
Gastrocnemio
Sóleo

**VISTA LATERAL
EN TRES CUARTOS**

> *Para* **realizar** *las tijeras de forma correcta* **se necesita** *una buena longitud de los isquiotibiales.*

Pies en punta

Lleva las piernas estiradas en direcciones opuestas

Pelvis equilibrada y estable

Codos y brazos superiores en la colchoneta

SEGUNDA FASE

Inhala y aleja las piernas en direcciones opuestas por encima de la pelvis. Repite hasta 6 veces y luego junta las piernas, llévalas por encima de la cabeza y después rueda sobre la columna para volver al suelo y terminar el ejercicio.

» VARIACIONES

Estas modificaciones enseñan el control con movimientos
alternos de piernas pero sin la posición invertida de las
tijeras. Son por lo tanto ideales para principiantes
(las dos primeras especialmente) o para cualquier
persona que no se vea capacitada o a la que se haya
aconsejado no realizar inversiones, por ejemplo en caso
de embarazo, hipertensión o problemas de columna.

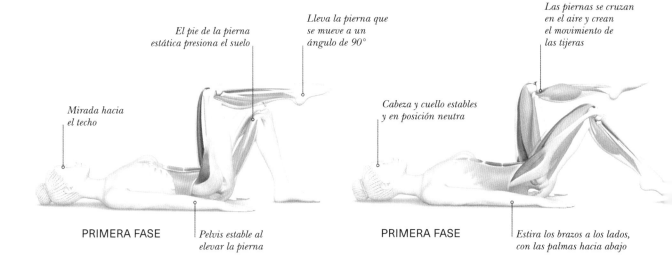

El pie de la pierna
estática presiona el suelo

Lleva la pierna que
se mueve a un
ángulo de 90°

Las piernas se cruzan
en el aire y crean
el movimiento de
las tijeras

Mirada hacia
el techo

Cabeza y cuello estables
y en posición neutra

PRIMERA FASE

Pelvis estable al
elevar la pierna

PRIMERA FASE

Estira los brazos a los lados,
con las palmas hacia abajo

ELEVACIONES DE UNA PIERNA A MESA

Esta variación es un excelente punto de partida para cualquier
trabajo de estabilidad pélvica y del *core*. La elevación de la
pierna del suelo hace que este ejercicio sea de cadena abierta
y enseña el control de una forma apta para todo el mundo.

FASE PREPARATORIA
Échate boca arriba con las piernas dobladas y los
pies separados a la anchura de las caderas y las
plantas apoyadas en el suelo. Los brazos están a
ambos lados y las palmas miran hacia abajo.

PRIMERA FASE
Exhala y eleva una pierna a la posición de mesa,
formando un ángulo de 90° con la pierna que se
mueve y dejando el pie de la otra pierna estable
sobre la colchoneta.

SEGUNDA FASE
Inhala y lleva la pierna de nuevo al suelo. Continúa
alternando las piernas de 8 a 10 veces.

ELEVACIONES DE PIERNA ALTERNAS

El movimiento constante de ambas piernas supone un
mayor reto para el *core* y mejora la resistencia. Lleva el pie
al suelo más cerca del glúteo para hacer más fácil el
ejercicio o aléjalo para aumentar la dificultad.

FASE PREPARATORIA
Boca arriba con las rodillas dobladas, sube una pierna
a la posición de mesa y luego alterna con la otra.

PRIMERA FASE
Exhala y baja un pie hacia la colchoneta y, al subir de
nuevo esa pierna a la posición de mesa, lleva la otra
simultáneamente hacia abajo, creando el movimiento
de tijeras.

SEGUNDA FASE
Continúa alternándolas de 8 a 10 veces, exhalando
cada dos movimientos e inhalando cada dos.

*Las tijeras son **útiles para la movilidad de las caderas y las piernas** ya que se estira la parte posterior de la pierna que está arriba y la anterior de la que está abajo.*

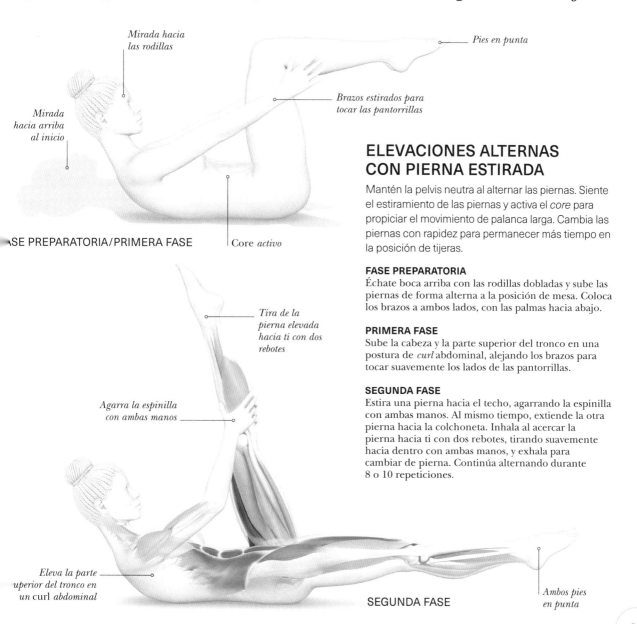

Mirada hacia
las rodillas

Pies en punta

Mirada
hacia arriba
al inicio

Brazos estirados para
tocar las pantorrillas

SE PREPARATORIA/PRIMERA FASE

Core *activo*

Tira de la
pierna elevada
hacia ti con dos
rebotes

Agarra la espinilla
con ambas manos

Eleva la parte
uperior del tronco en
un curl *abdominal*

SEGUNDA FASE

Ambos pies
en punta

ELEVACIONES ALTERNAS CON PIERNA ESTIRADA

Mantén la pelvis neutra al alternar las piernas. Siente el estiramiento de las piernas y activa el *core* para propiciar el movimiento de palanca larga. Cambia las piernas con rapidez para permanecer más tiempo en la posición de tijeras.

FASE PREPARATORIA
Échate boca arriba con las rodillas dobladas y sube las piernas de forma alterna a la posición de mesa. Coloca los brazos a ambos lados, con las palmas hacia abajo.

PRIMERA FASE
Sube la cabeza y la parte superior del tronco en una postura de *curl* abdominal, alejando los brazos para tocar suavemente los lados de las pantorrillas.

SEGUNDA FASE
Estira una pierna hacia el techo, agarrando la espinilla con ambas manos. Al mismo tiempo, extiende la otra pierna hacia la colchoneta. Inhala al acercar la pierna hacia ti con dos rebotes, tirando suavemente hacia dentro con ambas manos, y exhala para cambiar de pierna. Continúa alternando durante 8 o 10 repeticiones.

LA BICICLETA

Este ejercicio imita un movimiento ciclista y sigue a las tijeras (p. 78) en el repertorio del método Pilates. Refuerza la estabilidad de la pelvis y el *core* en posición invertida con la coordinación de las palancas largas de las piernas, lo que lo convierte en un ejercicio avanzado.

INDICACIONES

Concéntrate en conectar el *core* y la pelvis para estabilizar el tronco. Mantén el espacio entre el pecho y la pierna extendida para asegurarte de que esta pierna no baja hacia ti ni se dobla por la rodilla. Activa la cadena oblicua posterior (p. 18) presionando la parte superior de los brazos contra la colchoneta para mayor estabilidad. Realiza la secuencia de la bicicleta 5 veces con cada pierna. Quienes tengan dificultades con la postura sobre los hombros pueden empezar con la versión modificada.

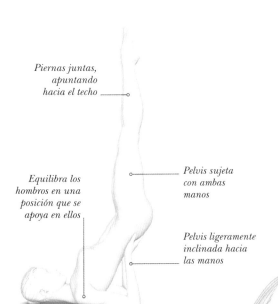

Piernas juntas, apuntando hacia el techo

Equilibra los hombros en una posición que se apoya en ellos

Pelvis sujeta con ambas manos

Pelvis ligeramente inclinada hacia las manos

FASE PREPARATORIA
Con la espalda en el suelo y las caderas y las rodillas dobladas en posición de mesa, los muslos quedan perpendiculares a la esterilla. Estira las piernas hacia arriba, inhala, eleva luego la pelvis y estira la columna hacia atrás para que descanse sobre los omóplatos. Las manos sostienen la pelvis.

Tren superior
Los **flexores cervicales** se activan, mientras que los **extensores del cuello** se estiran. El **deltoides posterior**, el **dorsal ancho** y el **redondo mayor** estiran los hombros. El **pectoral mayor** y el **serrato anterior** abren el pecho.

Oblicuos externos
Oblicuo interno
Recto abdominal
Serrato anterior
Bíceps braquial
Pectoral mayor
Deltoides
Esternocleidomastoideo

Piernas

Los **flexores de la cadera** trabajan para estabilizar la caderas en la pierna extendida y se alargan bajo tensión en la flexionada. Los **cuádriceps** se contraen para extender la rodilla; los **isquiotibiales** y los **glúteos** sujetan las caderas. Los isquiotibiales se activan para flexionar la pierna. Los **aductores** participan en la estabilización de las piernas y los **gemelos** se contraen para dirigir los dedos de los pies hacia abajo.

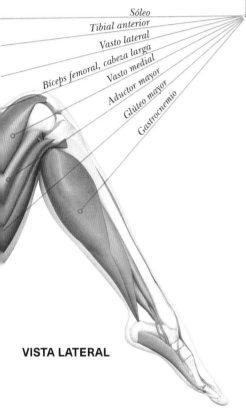

Sóleo
Tibial anterior
Vasto lateral
Bíceps femoral, cabeza larga
Vasto medial
Aductor mayor
Glúteo mayor
Gastrocnemio

VISTA LATERAL

PRIMERA FASE
Exhala y separa las piernas de modo que la izquierda baje hacia la colchoneta y la derecha se dirija hacia cabeza. Dobla la rodilla izquierda y lleva el talón hacia las nalgas, mientras la pierna derecha sigue estirándose hacia arriba.

SEGUNDA FASE
Inhala y lleva la rodilla izquierda hacia ti, hasta que sobrepase la cadera. Al mismo tiempo, baja la pierna derecha hacia el suelo. Continúa alternando las piernas para reproducir el movimiento de la bicicleta, doblando la rodilla derecha y llevando la izquierda arriba.

CLAVE
- ● -- *Articulaciones*
- ○— *Músculos*
- ● Se acorta con tensión
- ● Se alarga con tensión
- ○ Se alarga sin tensión
- ● En tensión sin movimiento

VARIACIÓN DE LA BICICLETA

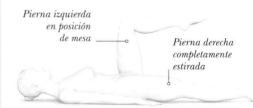

Pierna izquierda en posición de mesa

Pierna derecha completamente estirada

FASE PREPARATORIA

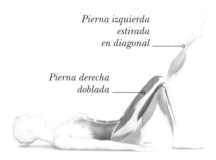

Pierna izquierda estirada en diagonal

Pierna derecha doblada

PRIMERA FASE

FASE PREPARATORIA
Échate sobre la espalda con la columna y la pelvis en posición neutra y los pies apoyados en el suelo. Lleva la pierna izquierda a la posición de mesa y alarga la derecha completamente sobre la esterilla.

PRIMERA FASE
Exhala y estira la pierna izquierda en diagonal, mientras doblas simultáneamente la derecha hacia ti, llevando el talón hacia las nalgas.

SEGUNDA FASE
Inhala para llevar la pierna izquierda de nuevo a mesa, y estira la derecha sobre la colchoneta. Repite de 6 a 8 veces, luego cambia y realiza la serie con la otra pierna.

! Precaución
No intentes realizar este ejercicio si te duele la espalda o el cuello, o no puedes estirar completamente los isquiotibiales, ya que esto puede hacer que bascule la pelvis y tensar la zona lumbar.

PUENTE DE HOMBROS

Este ejercicio trabaja casi todas las cadenas musculares y es apto para principiantes y practicantes avanzados. Moviliza la columna vértebra a vértebra y eso contribuye a fortalecer el *core.* Los glúteos aportan fuerza y resistencia.

INDICACIONES

El movimiento parte de la pelvis, que se levanta hasta una posición de puente neutro. Esta posición abre el pecho y las caderas y activa la parte posterior del cuerpo al completo. Evita extender en exceso la columna lumbar, ya que eso puede provocar tensión. Para evitar hacerse daño en el cuello, el peso debe descansar sobre los omóplatos. Coloca un bloque entre las rodillas para aumentar la estabilidad, o presiona las manos firmemente contra la esterilla para activar la espalda y obtener un apoyo adicional. Mueve los pies más hacia fuera para conseguir una mayor inclinación de los isquiotibiales.

Tren inferior
Los **isquiotibiales** se alargan para estabilizar la pierna que se eleva. Los **gemelos** se contraen para poner el pie en punta desde el tobillo. Los **cuádriceps** se activan para estabilizar la parte inferior de la pierna y los **aductores** trabajan para que los muslos estén paralelos. Los glúteos ayudan a mantener el puente.

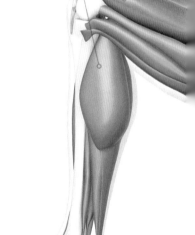

Sóleo
Peroneo largo
Tibial anterior
Gastrocnemio
Vasto lateral
Bíceps femoral, cabeza larga
Glúteo mayor
Recto femoral
Vasto medial
Gastrocnemio

El puente de hombros favorece el **fortalecimiento del core,** *lo que mejora la* **postura** *y minimiza el dolor lumbar.*

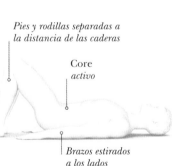

Pies y rodillas separadas a la distancia de las caderas

Core activo

Brazos estirados a los lados

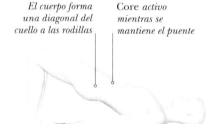

El cuerpo forma una diagonal del cuello a las rodillas

Core *activo mientras se mantiene el puente*

PRIMERA FASE PREPARATORIA
Échate con las rodillas y los pies separados a la anchura de las caderas y los brazos a los lados. Las palmas de las manos miran hacia abajo y la cabeza y el cuello se mantienen neutros. Activa suavemente el *core.*

SEGUNDA FASE PREPARATORIA
Exhala y ve despegando la columna de la colchoneta vértebra a vértebra, hasta que el peso recaiga sobre los omóplatos y el cuerpo forme una línea diagonal.

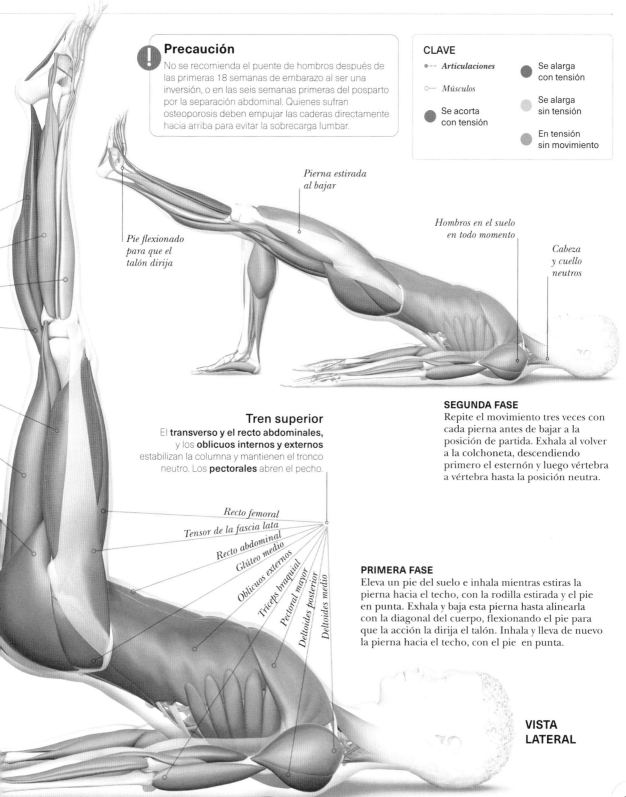

Precaución

No se recomienda el puente de hombros después de las primeras 18 semanas de embarazo al ser una inversión, o en las seis semanas primeras del posparto por la separación abdominal. Quienes sufran osteoporosis deben empujar las caderas directamente hacia arriba para evitar la sobrecarga lumbar.

CLAVE

- ● -- *Articulaciones*
- ○— *Músculos*
- ● Se acorta con tensión
- ● Se alarga con tensión
- ● Se alarga sin tensión
- ● En tensión sin movimiento

Pierna estirada al bajar

Pie flexionado para que el talón dirija

Hombros en el suelo en todo momento

Cabeza y cuello neutros

Tren superior

El **transverso y el recto abdominales,** y los **oblicuos internos y externos** estabilizan la columna y mantienen el tronco neutro. Los **pectorales** abren el pecho.

Recto femoral
Tensor de la fascia lata
Recto abdominal
Glúteo medio
Oblicuos externos
Tríceps braquial
Pectoral mayor
Deltoides posterior
Deltoides medio

SEGUNDA FASE

Repite el movimiento tres veces con cada pierna antes de bajar a la posición de partida. Exhala al volver a la colchoneta, descendiendo primero el esternón y luego vértebra a vértebra hasta la posición neutra.

PRIMERA FASE

Eleva un pie del suelo e inhala mientras estiras la pierna hacia el techo, con la rodilla estirada y el pie en punta. Exhala y baja esta pierna hasta alinearla con la diagonal del cuerpo, flexionando el pie para que la acción la dirija el talón. Inhala y lleva de nuevo la pierna hacia el techo, con el pie en punta.

VISTA LATERAL

» VARIACIONES

Estas variaciones permiten practicar el puente de hombros, desarrollar la resistencia, trabajar los glúteos laterales y progresar hasta las opciones con una sola pierna a una intensidad menor que el ejercicio principal. Estas modificaciones son clave en cualquier rutina de pilates ya que implican al *core,* los glúteos y las piernas.

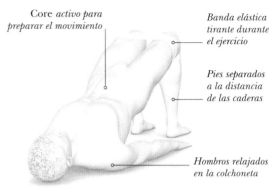

Core activo para preparar el movimiento

Banda elástica tirante durante el ejercicio

Pies separados a la distancia de las caderas

Hombros relajados en la colchoneta

PRIMERA FASE

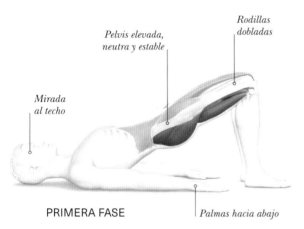

Pelvis elevada, neutra y estable

Rodillas dobladas

Mirada al techo

PRIMERA FASE

Palmas hacia abajo

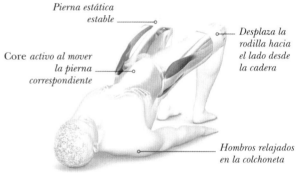

Pierna estática estable

Desplaza la rodilla hacia el lado desde la cadera

Core activo al mover la pierna correspondiente

Hombros relajados en la colchoneta

SEGUNDA FASE

PUENTE DE HOMBROS BÁSICO

Esta opción se centra en la movilidad de la columna y en dominar la secuencia en lugar de en el movimiento al completo. Imagina un velcro bajo tu columna e intenta despegarlo poco a poco, y vuelve luego a pegarlo vértebra a vértebra.

FASE PREPARATORIA
Empieza en la posición neutra, con las rodillas y los pies separados a la anchura de las caderas y los brazos a los lados. Asegúrate de que la cabeza y el cuello están neutros, y activa el *core* con suavidad.

PRIMERA FASE
Exhala mientras redondeas la espalda baja hacia la colchoneta y despegas vértebra a vértebra hasta que te apoyes sobre los omóplatos.

SEGUNDA FASE
Inhala y mantén la posición, luego exhala y baja vértebra a vértebra. Completa 6 repeticiones de la secuencia.

ABDUCCIONES DE CADERA

La banda elástica aumenta el trabajo de los rotadores laterales de la cadera en ambos lados. El motivo es que una pierna tiene que empujar la banda para abducir la cadera, mientras que la otra tiene que permanecer estática y evitar que la goma tire de ella.

FASE PREPARATORIA
Coloca una banda elástica alrededor de las piernas, justo por encima de las rodillas. Parte de una posición neutra, con las rodillas y los pies separados a la anchura de las caderas y los brazos estirados a ambos lados del cuerpo.

PRIMERA FASE
Despega las vértebras una a una hasta que el peso recaiga en los omóplatos, manteniendo la banda tirante. Inhala para mantener la postura.

SEGUNDA FASE
Exhala y lleva una rodilla hacia el lado, moviéndola desde la articulación de la cadera. Llévala lo más lejos que puedas, manteniendo el tronco y la pelvis estables. Inhala para llevar la pierna a la posición de partida, y alterna las piernas hasta realizar 6 repeticiones.

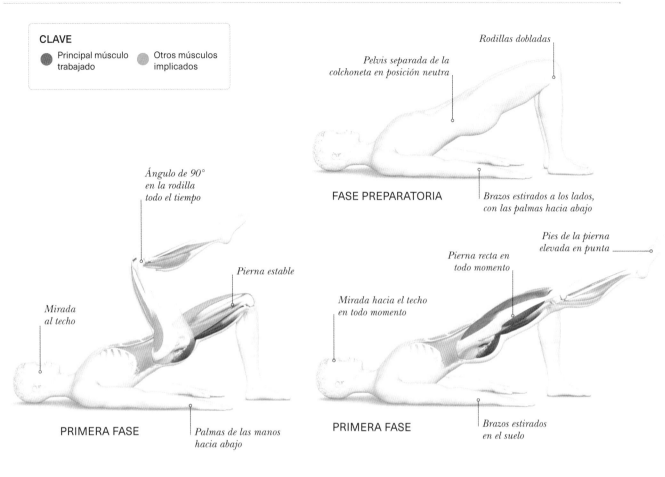

CLAVE
- ● Principal músculo trabajado
- ○ Otros músculos implicados

Rodillas dobladas

Pelvis separada de la colchoneta en posición neutra

FASE PREPARATORIA

Brazos estirados a los lados, con las palmas hacia abajo

Ángulo de 90° en la rodilla todo el tiempo

Pierna estable

Mirada al techo

PRIMERA FASE

Palmas de las manos hacia abajo

Pies de la pierna elevada en punta

Pierna recta en todo momento

Mirada hacia el techo en todo momento

PRIMERA FASE

Brazos estirados en el suelo

ELEVACIONES DE RODILLA

Este ejercicio introduce la elevación del pie de la colchoneta y requiere equilibrio y estabilidad. Encuentra el equilibrio, levanta el pie con cuidado y presiona hacia arriba con los glúteos de la pierna contraria para impedir que caiga la cadera de ese lado.

FASE PREPARATORIA
Partiendo de la posición neutra, coloca las rodillas y los pies separados a la anchura de las caderas y los brazos a ambos lados del cuerpo. Asegúrate de que la cabeza y el cuello estén en posición neutra y activa suavemente la faja abdominal.

PRIMERA FASE
Sube al puente de hombros con control, luego inhala y levanta una pierna de la colchoneta, llevando la cadera a 90° y manteniendo la rodilla doblada.

SEGUNDA FASE
Exhala y vuelve a llevar la pierna al suelo; repite con la pierna contraria. Continúa alternando hasta realizar 6 repeticiones con cada lado.

EXTENSIONES DE PIERNA

La pierna extendida pone aún más a prueba la faja abdominal y los glúteos ya que el tronco debe permanecer neutro y estable mientras se estira la pierna. Para ayudarte, puedes intentar colocar un cojín entre las rodillas y apretarlo para una mayor activación.

FASE PREPARATORIA
Desde la posición neutra, separa las rodillas y los pies a la distancia de las caderas y coloca los brazos a ambos lados del cuerpo. Sube al puente de hombros vértebra a vértebra.

PRIMERA FASE
Inhala, levanta un pie del suelo y estira la pierna hacia delante para que los muslos estén paralelos y la rodilla recta. Mantén estable la rodilla de la pierna que permanece estática y el pie en la colchoneta.

SEGUNDA FASE
Exhala y dobla la rodilla de la pierna estirada, llevándola de nuevo al suelo. Repite con la otra pierna. Continúa alternando las piernas y realiza hasta 6 repeticiones.

NATACIÓN

Este ejercicio trabaja la extensión de la columna, fomentando la simetría y la coordinación de la parte superior e inferior del cuerpo mediante la oposición y la estabilidad de la columna. Abre el pecho y las caderas y fortalece la parte superior de la espalda y los glúteos. El fortalecimiento de la cadena posterior y los beneficios de la estabilidad pélvica lo hacen ideal para todos.

INDICACIONES

Alarga la columna vertebral alejando la coronilla del coxis. Intenta alargar los brazos y las piernas cuando los levantes para una mayor elongación. Procura mantener la pelvis neutra y evita inclinarte para mejorar la estabilidad pélvica. La natación es un ejercicio estupendo para contrarrestar los ejercicios de flexión, como el estiramiento de una pierna (p. 60) y el de rodar hacia arriba (p. 122), por lo que conviene realizarlo después de estos.

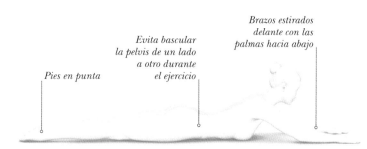

Brazos estirados delante con las palmas hacia abajo

Evita bascular la pelvis de un lado a otro durante el ejercicio

Pies en punta

FASE PREPARATORIA
Túmbate boca abajo con las piernas estiradas y separadas a la distancia de las caderas. Estira los brazos delante y sepáralos a la distancia de los hombros, con las palmas hacia abajo y apoyadas en la colchoneta. La cabeza y el pecho se elevan ligeramente y la mirada va hacia delante, con el cuello estirado.

Tren inferior

Los **extensores de la cadera** elevan los muslos; los **flexores de la cadera** se alargan. Los **cuádriceps** estiran las rodillas. El **gastrocnemio** y el **sóleo** doblan los tobillos; el **tibial anterior** y los **dorsiflexores** del tobillo se estiran.

PRIMERA FASE
Exhala y eleva un brazo y la pierna contraria, activando la escápula y los glúteos. Al bajarlos, levanta el brazo y la pierna contraria. Continúa alternándolos en un movimiento rápido similar al de la natación, evitando tocar la colchoneta. Inhala en 5 movimientos y exhala en 5, hasta completar de 8 a 10 repeticiones.

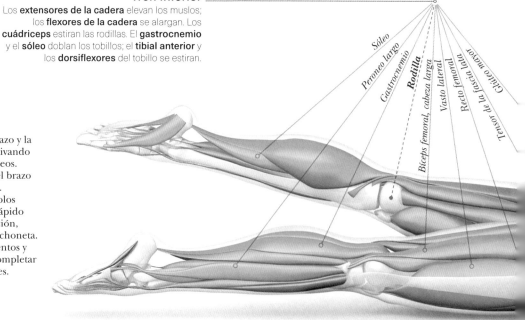

Sóleo

Peroneo largo

Gastrocnemio

Rodilla

Biceps femoral, cabeza larga

Vasto lateral

Recto femoral

Tensor de la fascia lata

Glúteo mayor

*Casi todas las **actividades cotidianas se benefician** del ejercicio de la natación.*

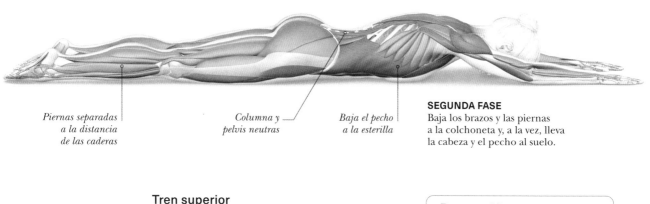

Piernas separadas
a la distancia
de las caderas

Columna y
pelvis neutras

Baja el pecho
a la esterilla

SEGUNDA FASE
Baja los brazos y las piernas
a la colchoneta y, a la vez, lleva
la cabeza y el pecho al suelo.

Tren superior

Los **extensores del cuello** y los **flexores del cuello**
mantienen la cabeza arriba. El **trapecio medio** e
inferior y el **romboides** retraen la escápula. Los
extensores de la columna y el **dorsal ancho** se
activan, mientras que los **abdominales** se alargan.

! Precaución

Hay que realizar este ejercicio con
cuidado cuando hay inestabilidad de
la articulación del hombro o problemas
lumbares. Colocar un bloque bajo la
pelvis puede ayudar si los flexores de
la cadera están rígidos, o si se tiene
lordosis (curvatura lumbar).

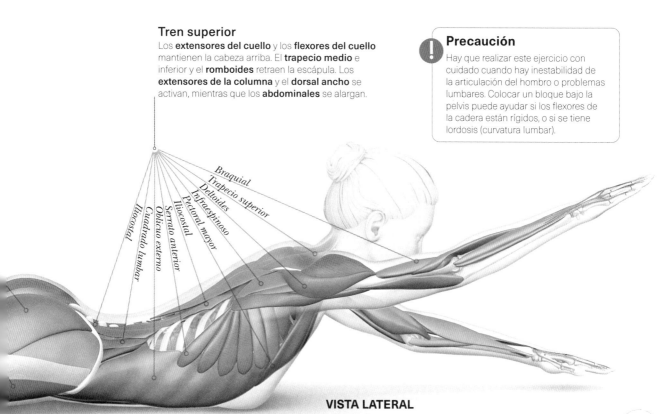

Braquial
Trapecio superior
Deltoides
Infraespinoso
Iliocostal
Pectoral mayor
Serrato anterior
Oblicuo externo
Cuadrado lumbar
Iliocostal

VISTA LATERAL

»VARIACIONES

Apoyar la frente al llevar a cabo este ejercicio puede resultar incómodo para algunas personas. Coloca un pequeño cojín debajo de la pelvis si sufres cualquier dolor en el hueso del pubis. Para ambos ejercicios, alarga los brazos y las piernas a medida que elevas y activas el *core* para estabilizar la columna.

OPCIÓN MÁS LENTA (FRENTE APOYADA)

El movimiento es el mismo que en el ejercicio principal, pero la cabeza descansa sobre un cojín para reducir la tensión en el cuello. Además, las extremidades se mueven mucho más lentas y se hace una pausa al cambiar de lado para facilitar el control del tronco.

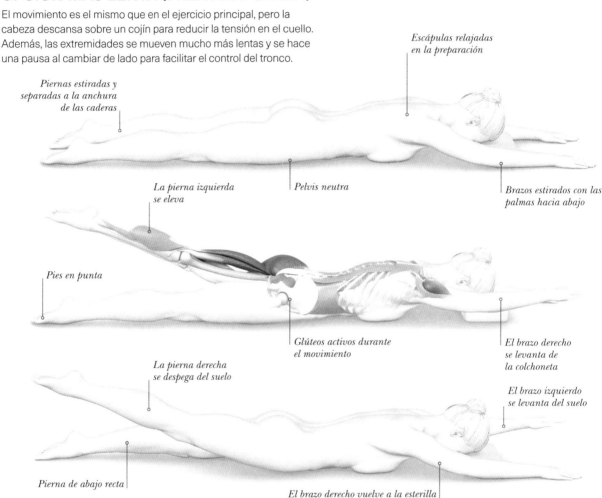

Escápulas relajadas en la preparación

Piernas estiradas y separadas a la anchura de las caderas

La pierna izquierda se eleva

Pelvis neutra

Brazos estirados con las palmas hacia abajo

Pies en punta

Glúteos activos durante el movimiento

El brazo derecho se levanta de la colchoneta

La pierna derecha se despega del suelo

El brazo izquierdo se levanta del suelo

Pierna de abajo recta

El brazo derecho vuelve a la esterilla

FASE PREPARATORIA
Túmbate boca abajo con las piernas separadas a la anchura de las caderas. Estira los brazos frente a ti a la distancia de los hombros con las palmas de las manos apoyadas en la colchoneta. La frente se apoya en un cojín y el cuello se mantiene estirado, con las escápulas relajadas.

PRIMERA FASE
Exhala y levanta un brazo y la pierna contraria mediante la activación de los músculos de la escápula y los glúteos. Inhala para bajar el brazo y la pierna al suelo.

SEGUNDA FASE
Repite con el brazo y la pierna contrarias, alternándolos de 8 a 10 veces.

A CUATRO PATAS

Este ejercicio tiene una base de apoyo mucho menor y exige más equilibrio al levantar el brazo y la pierna contraria. Asegúrate de mantener la altura del pecho presionando la colchoneta y dejando la columna neutra en todo momento.

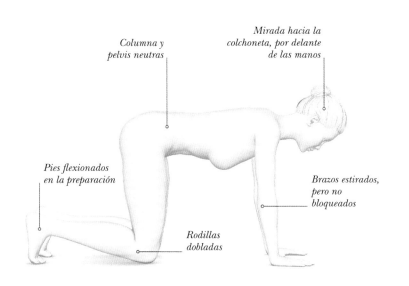

Columna y pelvis neutras

Mirada hacia la colchoneta, por delante de las manos

Pies flexionados en la preparación

Brazos estirados, pero no bloqueados

Rodillas dobladas

FASE PREPARATORIA

Colócate a cuatro patas y reparte el peso por igual entre manos y rodillas. Asegúrate de que la columna y la pelvis están neutras y el cuello estirado, con la mirada hacia abajo, un poco por delante de las manos. Inhala para prepararte.

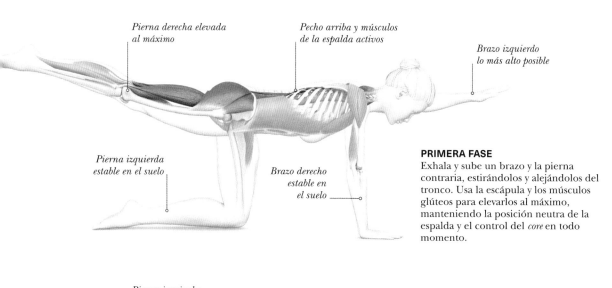

Pierna derecha elevada al máximo

Pecho arriba y músculos de la espalda activos

Brazo izquierdo lo más alto posible

Pierna izquierda estable en el suelo

Brazo derecho estable en el suelo

PRIMERA FASE

Exhala y sube un brazo y la pierna contraria, estirándolos y alejándolos del tronco. Usa la escápula y los músculos glúteos para elevarlos al máximo, manteniendo la posición neutra de la espalda y el control del *core* en todo momento.

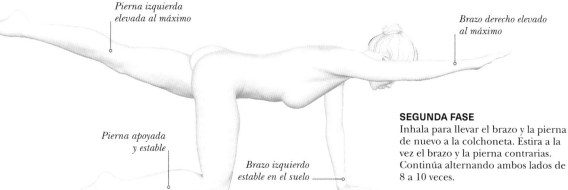

Pierna izquierda elevada al máximo

Brazo derecho elevado al máximo

Pierna apoyada y estable

Brazo izquierdo estable en el suelo

SEGUNDA FASE

Inhala para llevar el brazo y la pierna de nuevo a la colchoneta. Estira a la vez el brazo y la pierna contrarias. Continúa alternando ambos lados de 8 a 10 veces.

LA FOCA

La foca pone a prueba la estabilidad de la columna con un balanceo que obliga a flexionar la espina dorsal. Favorece la simetría y refuerza el *core* para mantener la curva en C que se forma al rodar.

INDICACIONES

Una vez que se adopta la posición preparatoria, no es necesario realizar más ajustes a la curvatura de la columna vertebral al rodar. Concéntrate en conseguir una forma estática para todo el cuerpo y en activar la faja abdominal. La velocidad debe ser la misma en ambas direcciones, con una pausa en la parte superior para equilibrarte sobre los isquiones. Junta los pies, manteniendo el tronco hacia arriba.

CLAVE

- ●--- *Articulaciones*
- ○--- *Músculos*
- ● Se acorta con tensión
- ● Se alarga con tensión
- ○ Se alarga sin tensión
- ● En tensión sin movimiento

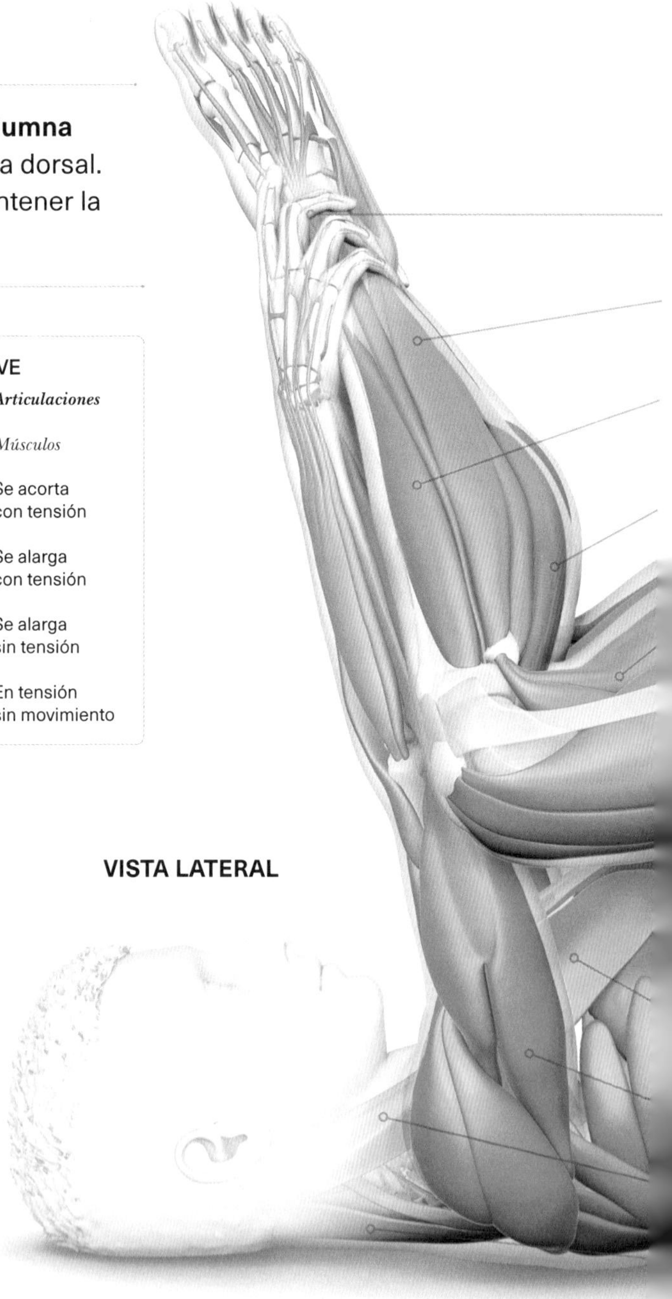

Mirada al frente

Agarre suave de la parte exterior de los tobillos

Core *activo en equilibrio*

Piernas rotadas hacia fuera

VISTA LATERAL

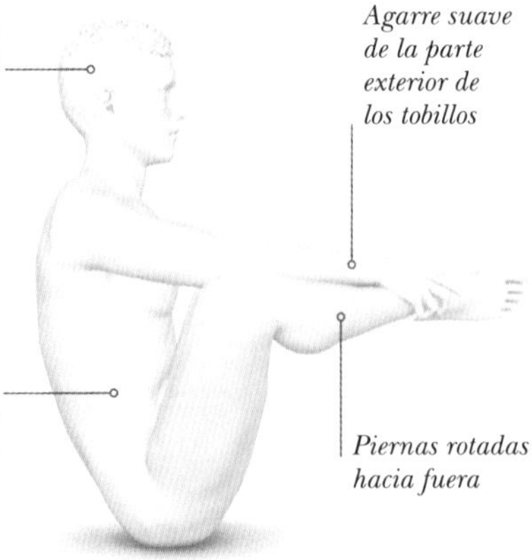

FASE PREPARATORIA

En posición sentada con la pelvis levemente inclinada hacia atrás, flexiona las caderas y las rodillas y elévalas, rotándolas hacia fuera desde las caderas. Junta las plantas de los pies y estira los brazos hacia delante.

PRIMERA FASE

Exhala y curva la espalda en C. Rueda con suavidad hacia atrás sobre la pelvis y la columna y deja que las piernas vayan también hacia atrás. Mantén la curva en C hasta que descanses sobre la parte superior del tronco, con los codos por dentro de las rodillas.

Piernas

Los **flexores de la cadera** se activan durante todo el movimiento, mientras que los **rotadores pequeños de la cadera** rotan de forma externa para separar las rodillas. Los **cuádriceps** se estiran, mientras que los **isquiotibiales** y los **gemelos** se activan para mantener el ángulo de flexión de la rodilla.

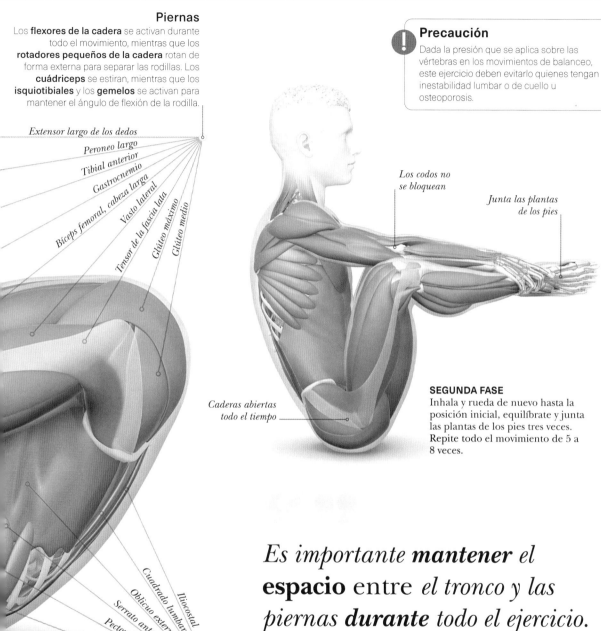

Extensor largo de los dedos

Peroneo largo

Tibial anterior

Gastrocnemio

Bíceps femoral, cabeza larga

Vasto lateral

Tensor de la fascia lata

Glúteo máximo

Glúteo medio

Caderas abiertas todo el tiempo

Iliocostal

Cuadrado lumbar

Oblicuo externo

Serrato anterior

Pectoral mayor

Tríceps

Esternocleidomastoideo

Semiespinoso del cuello

Precaución

Dada la presión que se aplica sobre las vértebras en los movimientos de balanceo, este ejercicio deben evitarlo quienes tengan inestabilidad lumbar o de cuello u osteoporosis.

Los codos no se bloquean

Junta las plantas de los pies

SEGUNDA FASE

Inhala y rueda de nuevo hasta la posición inicial, equilíbrate y junta las plantas de los pies tres veces. Repite todo el movimiento de 5 a 8 veces.

*Es importante **mantener** el **espacio** entre el tronco y las piernas **durante** todo el ejercicio.*

Tronco y cuello

Los **extensores de la columna y el cuello** se estiran, mientras que los **flexores del cuello** trabajan para impedir que la cabeza vaya hacia atrás al incorporarte. El **pectoral mayor** se activa mientras que los brazos realizan un movimiento de aducción para alcanzar los tobillos.

EJERCICIOS DE ROTACIÓN

Los ejercicios de este capítulo estabilizan las articulaciones mediante la rotación y mejoran su función al centrarse en grupos musculares. Aumentan el rango de movimiento de la región articular a la vez que fortalecen los músculos asociados. La fuerza rotatoria es especialmente importante en la pelvis y las caderas, una zona que controla las extremidades inferiores y nuestra estabilidad lateral, así como la transferencia de energía hacia y desde el tronco.

CÍRCULOS CON UNA PIERNA

Este ejercicio es a la vez un desafío multidireccional y de resistencia para la estabilidad pélvica y del *core*, lo que le confiere un lugar único en el repertorio del método Pilates. Estira también los isquiotibiales por detrás y trabaja los flexores de la cadera por delante. Puede ser un excelente ejercicio de rehabilitación para las lesiones de aductores o para volver a practicar deportes que requieran cambios de dirección.

Pierna derecha hacia el techo, con los pies en punta

Pierna izquierda estable en el suelo

FASE PREPARATORIA

Échate boca arriba con las piernas estiradas y separadas a la anchura de las caderas; la columna y la pelvis están neutras. Coloca los brazos a ambos lados del cuerpo con las palmas de las manos hacia abajo. Estira una pierna directamente hacia el techo, con los pies en punta.

Piernas

Los **flexores de la cadera** mantienen la cadera flexionada en todo momento. Los **cuádriceps** se activan para estirar las rodillas, mientras que los **isquiotibiales** se alargan. A medida que la pierna hace círculos hacia fuera, se implican también los **glúteos** y el **tensor de la fascia lata**. Los **aductores,** el **grácil** y el **pectíneo** llevan la pierna al otro lado de la línea media.

INDICACIONES

Empieza formando pequeños círculos y amplíalos gradualmente cuando seas capaz de mantener el control del tronco. Presiona el suelo con los brazos para darte más estabilidad y activa los músculos de la espalda y el *core* para ganar apoyo. Al hacer círculos con la pierna hacia un lado, visualiza la activación de la cadera contraria y el *core* para anclar la pelvis e impedir que el tronco se desvíe para seguir a la pierna.

CLAVE

- - - *Articulaciones*

○— *Músculos*

● Se acorta con tensión

● Se alarga con tensión

● Se alarga sin tensión

● En tensión sin movimiento

Los músculos abdominales ***trabajan*** *de* **forma intensa** *para mantener el torso estable al hacer círculos con la pierna.*

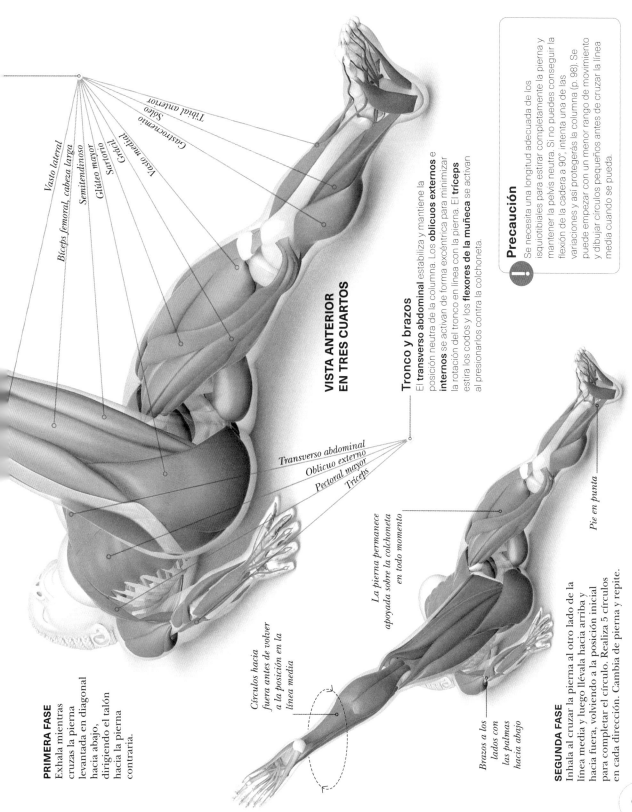

PRIMERA FASE
Exhala mientras cruzas la pierna levantada en diagonal hacia abajo, dirigiendo el talón hacia la pierna contraria.

Vasto lateral
Bíceps femoral, cabeza larga
Semitendinoso
Glúteo mayor
Sartorio
Grácil
Vasto medial
Gastrocnemio
Sóleo
Tibial anterior

VISTA ANTERIOR EN TRES CUARTOS

Tronco y brazos

El **transverso abdominal** estabiliza y mantiene la posición neutra de la columna. Los **oblicuos externos** e **internos** se activan de forma excéntrica para minimizar la rotación del tronco en línea con la pierna. El **tríceps** estira los codos y los **flexores de la muñeca** se activan al presionarlos contra la colchoneta.

Transverso abdominal
Oblicuo externo
Pectoral mayor
Tríceps

! Precaución

Se necesita una longitud adecuada de los isquiotibiales para estirar completamente la pierna y mantener la pelvis neutra. Si no puedes conseguir la flexión de la cadera a 90°, intenta una de las variaciones y así protegerás la columna (p. 98). Se puede empezar con un menor rango de movimiento y dibujar círculos pequeños antes de cruzar la línea media cuando se pueda.

La pierna permanece apoyada sobre la colchoneta en todo momento

Pie en punta

Círculos hacia fuera antes de volver a la posición en la línea media

Brazos a los lados con las palmas hacia abajo

SEGUNDA FASE
Inhala al cruzar la pierna al otro lado de la línea media y luego llévala hacia arriba y hacia fuera, volviendo a la posición inicial. Realiza 5 círculos para completar el círculo. Cambia de pierna y repite. en cada dirección. Cambia de pierna y repite.

❯❯ VARIACIONES

En estas variaciones, la pierna de apoyo permanece doblada, con el pie apoyado en la colchoneta, para dar más estabilidad a la pelvis. Presiona con esta pierna el suelo para mantener la postura al llevar la pierna hacia el lado. Aprende a mantener la pelvis estable antes de pasar a los círculos con una pierna clásicos.

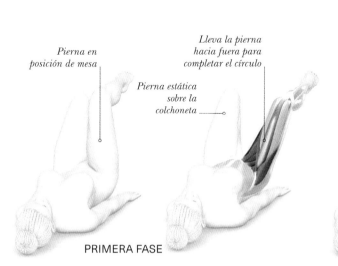

Pierna en posición de mesa

Pierna estática sobre la colchoneta

Lleva la pierna hacia fuera para completar el círculo

PRIMERA FASE

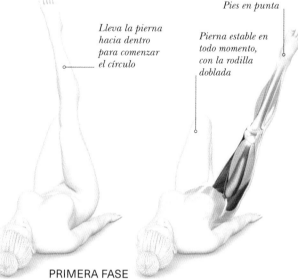

Lleva la pierna hacia dentro para comenzar el círculo

Pies en punta

Pierna estable en todo momento, con la rodilla doblada

PRIMERA FASE

PIERNAS DOBLADAS

Esta palanca corta de pierna permite concentrarse en mantener la pelvis estable y activar el *core* mientras la pierna rota. El movimiento de rotación parte de la articulación de la cadera y la rodilla, y la parte inferior de la pierna va detrás.

FASE PREPARATORIA
Échate boca arriba, con las piernas separadas a la anchura de las caderas y estas y las rodillas dobladas; los pies se apoyan en la colchoneta. Mantén la columna y la pelvis neutras con los brazos a los lados y las palmas apuntando hacia abajo. Asegúrate de que la cabeza y el cuello están en posición neutra.

PRIMERA FASE
Eleva una pierna a la posición de mesa y empieza a hacer círculos con la pierna, moviéndola desde la articulación de la cadera. Exhala y lleva la pierna hacia dentro, para realizar la primera parte del círculo, e inhala y llévala hacia fuera para completar el círculo. Repite de 5 a 8 veces en cada dirección.

SEGUNDA FASE
Cambia y completa la secuencia del círculo con la otra pierna.

CON UNA PIERNA ESTIRADA

En esta modificación del ejercicio, la pierna se estira por completo. Empieza con círculos pequeños arriba y ve ampliándolos y bajando la pierna a medida que ganes confianza y puedas mantener la pelvis estable.

FASE PREPARATORIA
Boca arriba, con las piernas a la anchura de las caderas, dobla estas y las rodillas y apoya la planta de los pies en la esterilla. Mantén la columna y la pelvis en posición neutra, con los brazos apoyados a ambos lados del cuerpo y las palmas mirando hacia abajo. La cabeza y el cuello están en posición neutra.

PRIMERA FASE
Estira una pierna hacia el techo, con los pies en punta, y comienza a hacer círculos con la pierna, moviéndola desde la articulación de la cadera. Exhala y lleva la pierna hacia la línea media del cuerpo para formar la primera mitad del círculo e inhala y vuelve hacia fuera para completarlo. Repite de 5 a 8 veces en cada dirección.

SEGUNDA FASE
Cambia y completa la serie con la otra pierna.

CON BANDA ELÁSTICA

Una goma te permite un mayor rango de movimiento y formar círculos de mayor tamaño. Mantén los codos apoyados en el suelo para tener más apoyo y deja que la pierna vaya tan lejos como permita la banda elástica.

CLAVE
● Principal músculo trabajado
● Otros músculos implicados

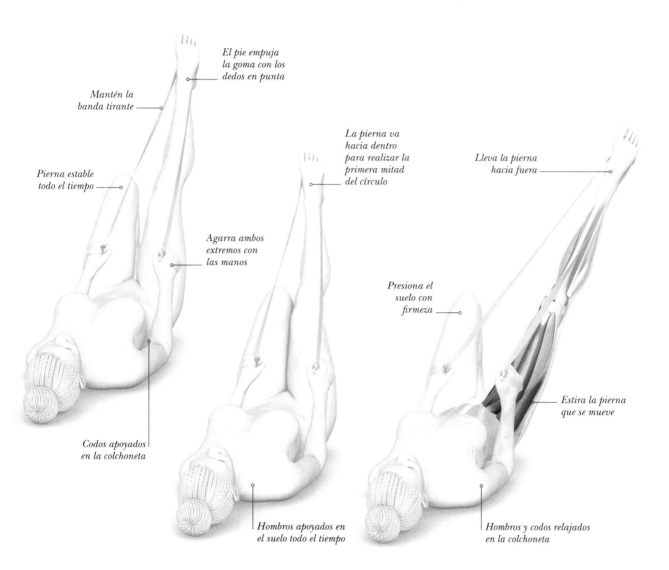

El pie empuja la goma con los dedos en punta

Mantén la banda tirante

Pierna estable todo el tiempo

Agarra ambos extremos con las manos

Codos apoyados en la colchoneta

La pierna va hacia dentro para realizar la primera mitad del círculo

Presiona el suelo con firmeza

Hombros apoyados en el suelo todo el tiempo

Lleva la pierna hacia fuera

Estira la pierna que se mueve

Hombros y codos relajados en la colchoneta

FASE PREPARATORIA
Túmbate boca arriba, con las piernas separadas a la distancia de las caderas, y estas y las rodillas dobladas. Los pies están apoyados en el suelo. Coloca la banda elástica alrededor del pie y estira esa pierna hacia el techo, con los pies en punta.

PRIMERA FASE
Comienza a hacer un círculo con la pierna desde la articulación de la cadera. Exhala al llevar la pierna hacia dentro para empezar el círculo e inhala para desplazarla hacia fuera y completarlo. Repite de 5 a 8 veces en cada dirección.

SEGUNDA FASE
Cambia de lado y repite la serie del círculo con la otra pierna.

PATADA LATERAL

Este es un gran ejercicio para trabajar la estabilidad de la pelvis en rotación, con un gran enfoque en la fuerza y resistencia de los glúteos. También actúa sobre el equilibrio en decúbito lateral y fortalece los músculos abdominales oblicuos, ya que resisten la movilidad del tronco al desplazarse las piernas.

Flexiona el pie y dirige el movimiento con el talón

INDICACIONES

En la patada lateral, el reto es mantener la pierna de arriba a la altura de la cadera para lograr una alineación correcta y activar los músculos. En la patada hacia delante, el pie se aleja para tener un mayor alcance. En la vuelta, flexiona el tobillo y alarga el talón para estirar los isquiotibiales. Reduce la amplitud del movimiento de la pierna al principio y ve aumentándolo a medida que te acostumbres.

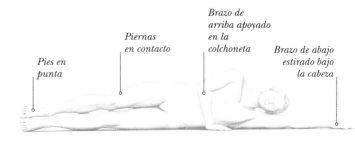

Pies en punta

Piernas en contacto

Brazo de arriba apoyado en la colchoneta

Brazo de abajo estirado bajo la cabeza

FASE PREPARATORIA
Échate sobre un lado, con la columna y la pelvis en posición neutra y las piernas estiradas y ligeramente flexionadas hacia delante por las caderas. Los hombros están en línea, al igual que las caderas y los tobillos. Alarga el brazo de abajo y apoya la oreja en la parte superior del hombro. Dobla el brazo de arriba y apoya la mano en la colchoneta.

Tren inferior
Los **aductores** estabilizan la pierna de abajo junto con los **glúteos** y los **isquiotibiales**. Los **flexores de la cadera** llevan la pierna de arriba hacia delante; los **glúteos** y los **isquiotibiales** la llevan hacia atrás. Los **cuádriceps** se implican de forma bilateral.

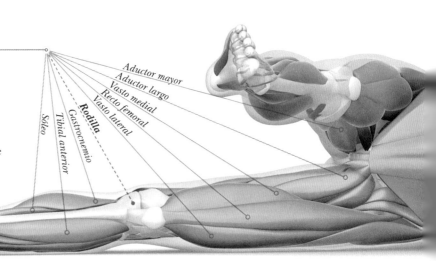

Aductor mayor
Aductor largo
Vasto medial
Recto femoral
Vasto lateral
Rodilla
Gastrocnemio
Tibial anterior
Sóleo

PRIMERA FASE
Exhala y eleva la pierna de arriba a la altura de la cadera y en paralelo con la de abajo; los pies están en punta. Llévala hacia delante lo más lejos que puedas. Mantén el tronco y la pelvis estables.

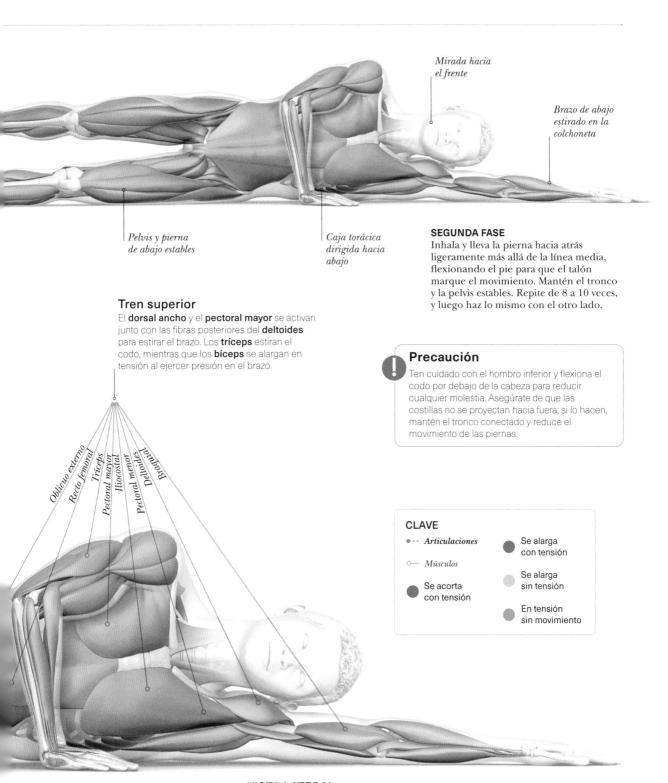

*Mirada hacia
el frente*

*Brazo de abajo
estirado en la
colchoneta*

*Pelvis y pierna
de abajo estables*

*Caja torácica
dirigida hacia
abajo*

SEGUNDA FASE
Inhala y lleva la pierna hacia atrás
ligeramente más allá de la línea media,
flexionando el pie para que el talón
marque el movimiento. Mantén el tronco
y la pelvis estables. Repite de 8 a 10 veces,
y luego haz lo mismo con el otro lado.

Tren superior

El **dorsal ancho** y el **pectoral mayor** se activan
junto con las fibras posteriores del **deltoides**
para estirar el brazo. Los **tríceps** estiran el
codo, mientras que los **bíceps** se alargan en
tensión al ejercer presión en el brazo.

Precaución

Ten cuidado con el hombro inferior y flexiona el
codo por debajo de la cabeza para reducir
cualquier molestia. Asegúrate de que las
costillas no se proyecten hacia fuera; si lo hacen,
mantén el tronco conectado y reduce el
movimiento de las piernas.

Oblicuo externo
Recto femoral
Tríceps
Pectoral mayor
Iliocostal
Pectoral menor
Deltoides
Braquial

CLAVE

- •-- *Articulaciones*
- ○— *Músculos*
- ● Se acorta con tensión
- ● Se alarga con tensión
- ● Se alarga sin tensión
- ● En tensión sin movimiento

VISTA LATERAL

›› VARIACIONES

La patada lateral es un movimiento cotidiano de flexión y extensión de cadera que realizamos incluso al caminar. Estas variaciones permiten al principiante (con las rodillas flexionadas) y al más experimentado (los otros dos ejercicios) fortalecer aún más los oblicuos y los glúteos. La última variación es avanzada y añade también un reto para la parte superior del cuerpo.

CON RODILLAS FLEXIONADAS

Esta modificación, con la palanca más corta, desarrolla la resistencia más fácilmente. Intenta mantener la pierna entera a la misma altura mientras la mueves hacia delante y hacia atrás. Coloca una pelota blanda de pilates detrás de la rodilla para activar más los glúteos y los isquiotibiales.

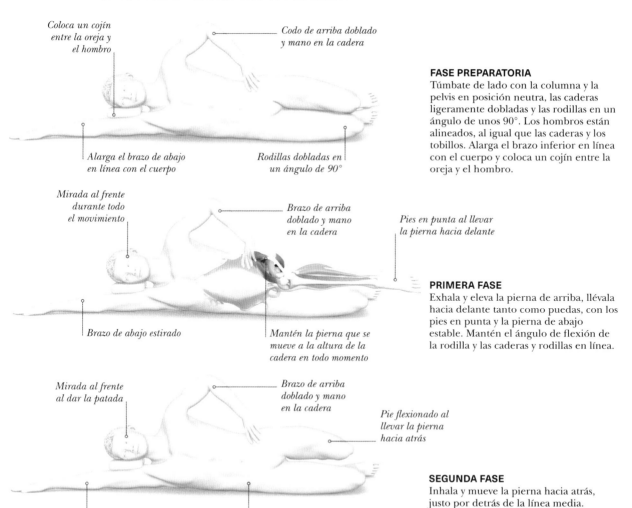

Coloca un cojín entre la oreja y el hombro

Codo de arriba doblado y mano en la cadera

Alarga el brazo de abajo en línea con el cuerpo

Rodillas dobladas en un ángulo de 90°

Mirada al frente durante todo el movimiento

Brazo de arriba doblado y mano en la cadera

Pies en punta al llevar la pierna hacia delante

Brazo de abajo estirado

Mantén la pierna que se mueve a la altura de la cadera en todo momento

Mirada al frente al dar la patada

Brazo de arriba doblado y mano en la cadera

Pie flexionado al llevar la pierna hacia atrás

Brazo de abajo estirado en línea con el cuerpo

Mantén el tronco neutro y estable

CLAVE

● Principal músculo trabajado

● Otros músculos implicados

FASE PREPARATORIA

Túmbate de lado con la columna y la pelvis en posición neutra, las caderas ligeramente dobladas y las rodillas en un ángulo de unos 90°. Los hombros están alineados, al igual que las caderas y los tobillos. Alarga el brazo inferior en línea con el cuerpo y coloca un cojín entre la oreja y el hombro.

PRIMERA FASE

Exhala y eleva la pierna de arriba, llévala hacia delante tanto como puedas, con los pies en punta y la pierna de abajo estable. Mantén el ángulo de flexión de la rodilla y las caderas y rodillas en línea.

SEGUNDA FASE

Inhala y mueve la pierna hacia atrás, justo por detrás de la línea media. Repite de 5 a 8 veces, cambia de lado y repite la serie con la otra pierna.

CON LAS PIERNAS ELEVADAS

Incluye el movimiento de patada lateral al tiempo que añade el elemento del equilibrio sobre un lado sin apoyar las piernas en la colchoneta. Requiere mayor fuerza oblicua y de los glúteos para sostenerse. Asegúrate de que no te duele la parte lateral de la cadera al realizar esta variante.

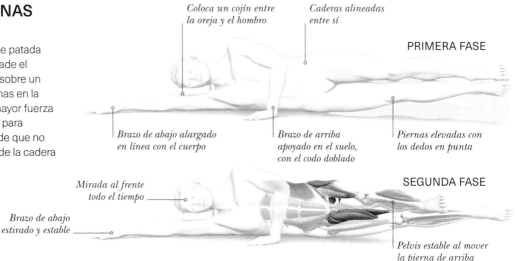

Coloca un cojín entre la oreja y el hombro

Caderas alineadas entre sí

PRIMERA FASE

Brazo de abajo alargado en línea con el cuerpo

Brazo de arriba apoyado en el suelo, con el codo doblado

Piernas elevadas con los dedos en punta

SEGUNDA FASE

Mirada al frente todo el tiempo

Brazo de abajo estirado y estable

Pelvis estable al mover la pierna de arriba

FASE PREPARATORIA
Recuéstate sobre un lado, con la columna y la pelvis en posición neutra, y las piernas estiradas lejos y ligeramente flexionadas hacia delante por las caderas. Los hombros están alineados, al igual que las caderas y los tobillos. Alarga el brazo de abajo en línea con el cuerpo.

PRIMERA FASE
Eleva la pierna de arriba a la altura de la cadera y levanta la izquierda de tal manera que queden juntas en el aire. Ambas permanecerán arriba durante todo el ejercicio.

SEGUNDA FASE
Exhala y desplaza la pierna de arriba hacia delante tanto como puedas, dirigiendo el movimiento desde el talón. Inhala y lleva de nuevo la pierna hacia atrás. Repite de 5 a 8 veces y completa luego la serie con el otro lado.

SOBRE LOS CODOS CON LAS PIERNAS ELEVADAS

Esta variante requiere buena estabilidad de los hombros. Lleva suavemente los omóplatos hacia atrás para activar los músculos escapulares y mantén el hombro de abajo alejado. Relaja el cuello.

FASE PREPARATORIA
Túmbate de lado con la columna y la pelvis en posición neutra; lleva las piernas lejos y flexiónalas ligeramente hacia delante por las caderas. Las caderas están alineadas, al igual que los tobillos. Apoya el antebrazo de abajo en la esterilla con el codo en línea con el hombro y levanta la cintura para alargar el tronco. Apoya la mano de arriba en la cadera durante todo el ejercicio.

PRIMERA FASE
Exhala y levanta la pierna de arriba a la altura de la cadera; eleva después la de abajo para juntar ambas extremidades en el aire.

SEGUNDA FASE
Exhala y lleva la pierna de arriba hacia delante, lo más lejos que puedas, manteniendo el tronco y la pelvis estable. Inhala y lleva la pierna hacia atrás, un poco por detrás de la línea media, flexionando el pie para que el movimiento lo marque el talón. Repite de 8 a 10 veces y completa la secuencia con el otro lado.

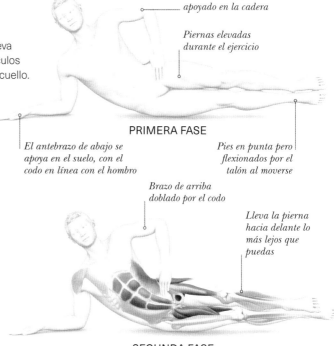

Brazo de arriba apoyado en la cadera

Piernas elevadas durante el ejercicio

PRIMERA FASE

El antebrazo de abajo se apoya en el suelo, con el codo en línea con el hombro

Pies en punta pero flexionados por el talón al moverse

Brazo de arriba doblado por el codo

Lleva la pierna hacia delante lo más lejos que puedas

SEGUNDA FASE

CÍRCULOS CON LA CADERA

Este ejercicio avanzado desarrolla el control de la rotación de la pelvis, así como la fuerza de los músculos abdominales oblicuos para controlar las piernas y la movilidad de la columna en las variaciones (p. 106). Es una combinación de varios elementos de la uve (p. 136) y el sacacorchos (p. 128).

INDICACIONES

El peso recae en las manos, con el pecho abierto y elevado y la caja torácica apuntando hacia abajo. Mantén el *core* activo y el tronco firme estirado desde los lados de la cintura. Los movimientos de las piernas parten de las caderas y deben controlarse con el tronco, pero a un ritmo dinámico acompasado con la respiración. Si necesitas más apoyo, prueba a doblar los codos para apoyarte en los antebrazos o practica primero las variaciones.

> **! Precaución**
> Ten cuidado con la articulación de la sínfisis púbica, la articulación sacroilíaca o dolor en el aductor, ya que los movimientos de rotación pueden agravar cualquier dolencia.

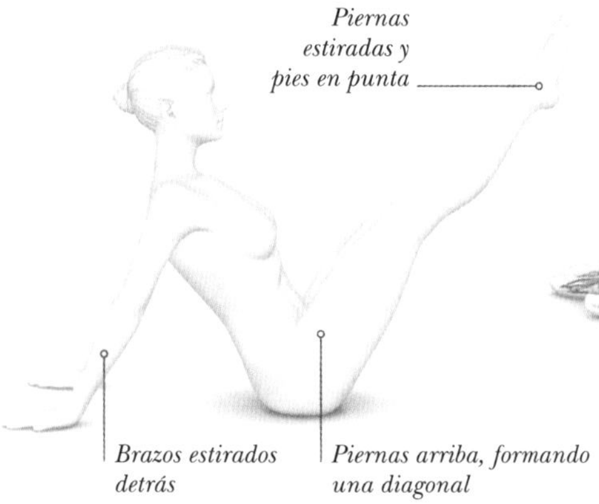

Piernas estiradas y pies en punta

Brazos estirados detrás

Piernas arriba, formando una diagonal

FASE PREPARATORIA
Siéntate con ambas piernas estiradas y juntas en el suelo. Coloca los brazos detrás, con las palmas hacia atrás. Exhala y eleva ambas piernas para formar una uve con el cuerpo.

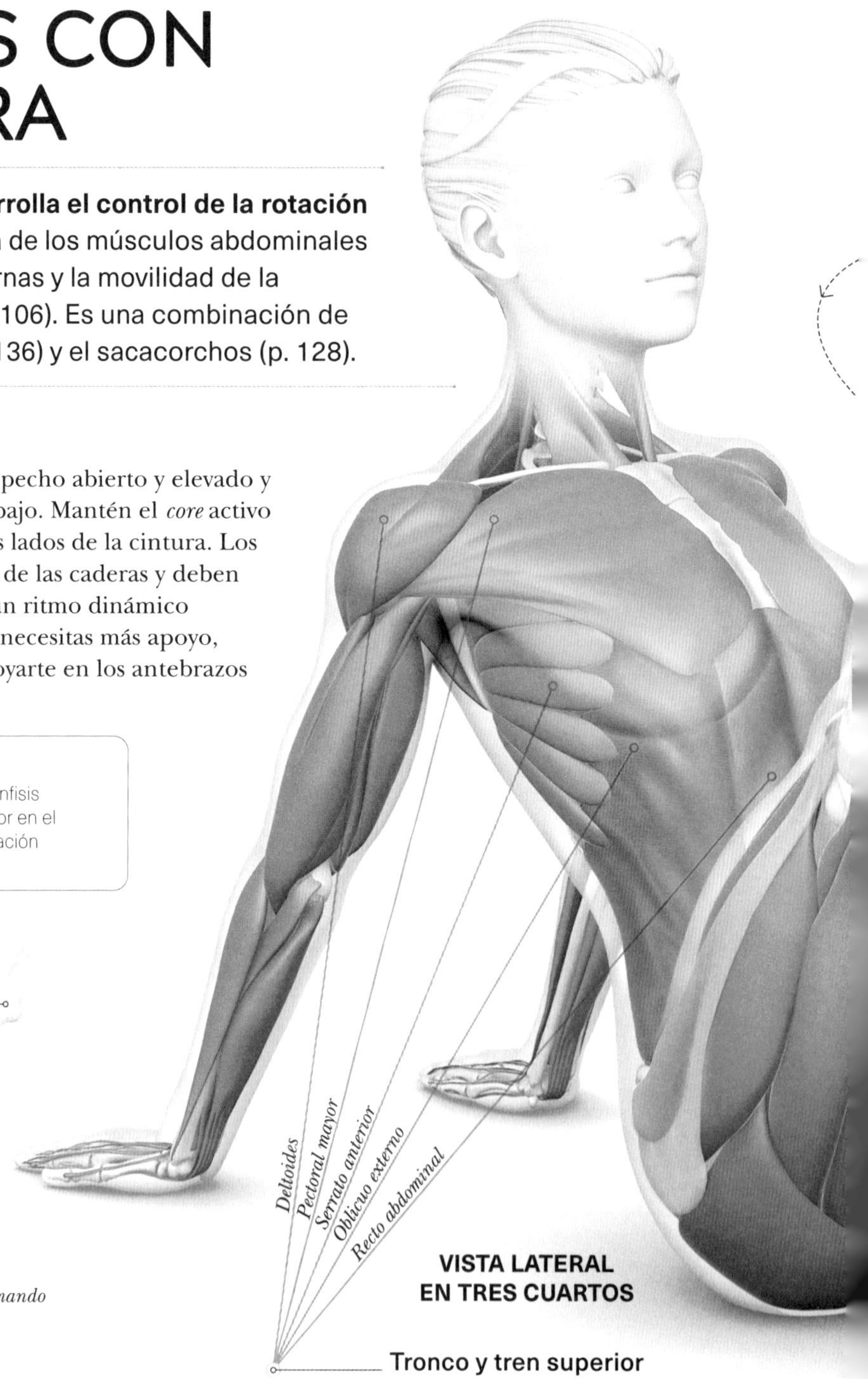

Deltoides

Pectoral mayor

Serrato anterior

Oblicuo externo

Recto abdominal

VISTA LATERAL EN TRES CUARTOS

Tronco y tren superior
Los **extensores de la muñeca** se activan y los **bíceps** y **tríceps** se contraen al alejar el tronco del suelo. El **pectoral mayor** se estira y abre el pecho. Los **abdominales** y **oblicuos** controlan el tronco.

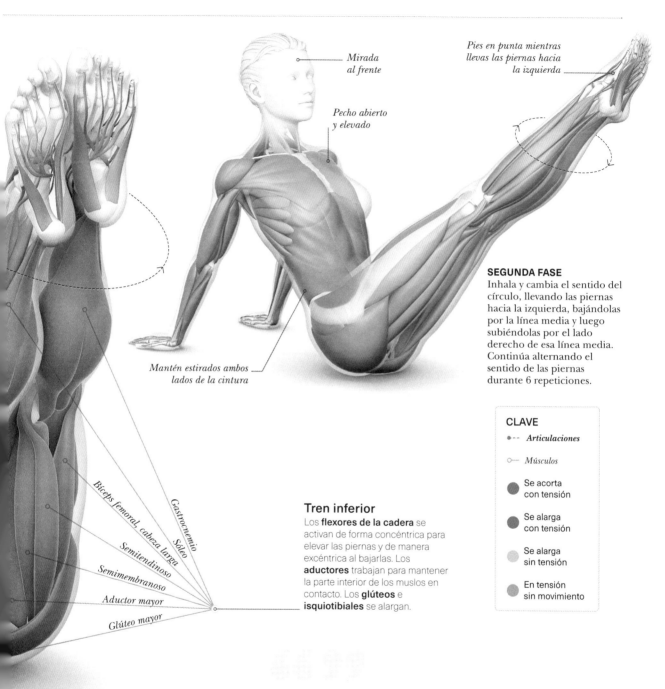

Mirada
al frente

Pecho abierto
y elevado

Pies en punta mientras
llevas las piernas hacia
la izquierda

Mantén estirados ambos
lados de la cintura

Bíceps femoral, cabeza larga

Gastrocnemio

Sóleo

Semitendinoso

Semimembranoso

Aductor mayor

Glúteo mayor

SEGUNDA FASE

Inhala y cambia el sentido del
círculo, llevando las piernas
hacia la izquierda, bajándolas
por la línea media y luego
subiéndolas por el lado
derecho de esa línea media.
Continúa alternando el
sentido de las piernas
durante 6 repeticiones.

Tren inferior

Los **flexores de la cadera** se
activan de forma concéntrica para
elevar las piernas y de manera
excéntrica al bajarlas. Los
aductores trabajan para mantener
la parte interior de los muslos en
contacto. Los **glúteos** e
isquiotibiales se alargan.

CLAVE

●-- *Articulaciones*

○— *Músculos*

● Se acorta
con tensión

● Se alarga
con tensión

● Se alarga
sin tensión

● En tensión
sin movimiento

PRIMERA FASE

Exhala y lleva las piernas hacia el lado derecho,
permitiendo que la pelvis se desplace contigo y
con el tronco estable. Continúa formando un
círculo, bajando las piernas hasta la línea
media, y luego cerrando el círculo por el lado
izquierdo y hasta arriba hasta volver a la fase
preparatoria.

Los **círculos con la cadera**
deberían tener el **mismo tamaño y**
velocidad *en ambas direcciones.*

» VARIACIONES

Estas variaciones prescinden de la necesidad de equilibrarte sobre los codos del movimiento principal de los círculos con la cadera. Eso permite concentrarse en la estabilidad de la pelvis y en la pierna. Las modificaciones también permiten que las piernas estén dobladas, lo que reduce la carga para el *core* y el riesgo de molestias en la parte lumbar.

CON UNA PIERNA

El ejercicio al completo es un reto para la estabilidad de la pelvis. Los glúteos laterales y los oblicuos se activan al desplazar la pierna hacia fuera, estirando los aductores, mientras que estos trabajan para que la pierna vuelva a la posición de partida. La mitad superior del cuerpo está relajada.

*Mantén los **hombros** relajados, el pecho abierto y las manos ligeras para evitar usar la **parte superior del tronco** y el cuello.*

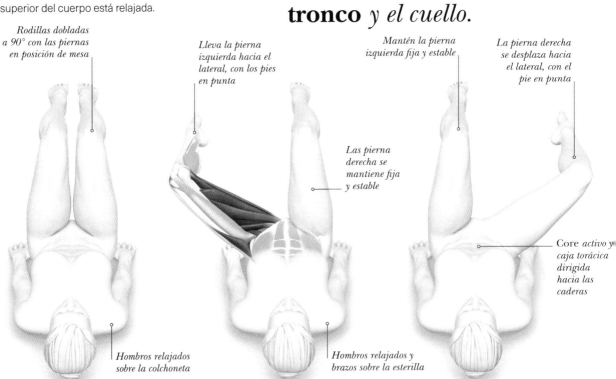

Rodillas dobladas a 90° con las piernas en posición de mesa

Lleva la pierna izquierda hacia el lateral, con los pies en punta

Mantén la pierna izquierda fija y estable

La pierna derecha se desplaza hacia el lateral, con el pie en punta

Las pierna derecha se mantiene fija y estable

Core *activo y caja torácica dirigida hacia las caderas*

Hombros relajados sobre la colchoneta

Hombros relajados y brazos sobre la esterilla

FASE PREPARATORIA

Échate sobre la espalda con la columna y la pelvis en posición neutra y las caderas y las rodillas dobladas a 90°, en posición de mesa. Estira los brazos a los lados del cuerpo, con las palmas de las manos mirando hacia abajo.

PRIMERA FASE

Exhala y desplaza la pierna hacia el lado izquierdo, tan lejos como puedas, al tiempo que mantienes la columna neutra y la pelvis estable. Inhala y lleva de nuevo la pierna izquierda a la posición de partida.

SEGUNDA FASE

Exhala y lleva la pierna derecha hacia fuera, tan lejos como te sea posible. Completa 6 repeticiones con cada lado, una vez con cada pierna.

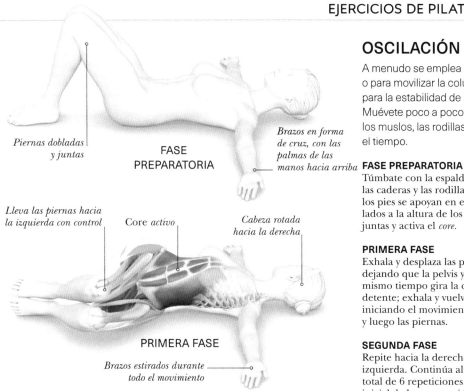

Piernas dobladas y juntas

FASE PREPARATORIA

Brazos en forma de cruz, con las palmas de las manos hacia arriba

Lleva las piernas hacia la izquierda con control

Core *activo*

Cabeza rotada hacia la derecha

PRIMERA FASE

Brazos estirados durante todo el movimiento

OSCILACIÓN DE PIERNAS

A menudo se emplea como ejercicio de relajación o para movilizar la columna, pero también es un reto para la estabilidad de la pelvis y para los oblicuos. Muévete poco a poco y mantén la parte interior de los muslos, las rodillas y los tobillos conectados todo el tiempo.

FASE PREPARATORIA

Túmbate con la espalda y la pelvis en posición neutra; las caderas y las rodillas están dobladas y las plantas de los pies se apoyan en el suelo. Estira los brazos a los lados a la altura de los hombros. Mantén las piernas juntas y activa el *core*.

PRIMERA FASE

Exhala y desplaza las piernas hacia la izquierda, dejando que la pelvis y la columna roten contigo; al mismo tiempo gira la cabeza hacia la derecha. Inhala y detente; exhala y vuelve a la posición de partida, iniciando el movimiento desde la zona lumbar, la pelvis y luego las piernas.

SEGUNDA FASE

Repite hacia la derecha, girando la cabeza hacia la izquierda. Continúa alternando los lados y realiza un total de 6 repeticiones. Para acabar, vuelve a la posición inicial de la preparación.

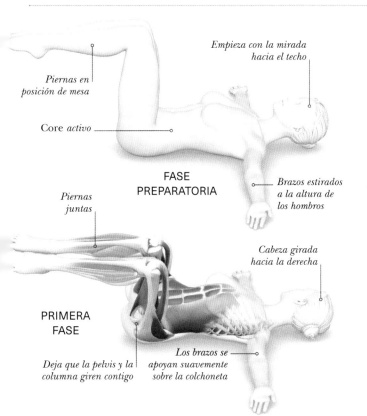

Piernas en posición de mesa

Empieza con la mirada hacia el techo

Core *activo*

FASE PREPARATORIA

Piernas juntas

Brazos estirados a la altura de los hombros

Cabeza girada hacia la derecha

PRIMERA FASE

Deja que la pelvis y la columna giren contigo

Los brazos se apoyan suavemente sobre la colchoneta

OSCILACIÓN CON PIERNAS A 90°

Este ejercicio es una versión más avanzada del anterior. Proporciona los mismos beneficios pero es más difícil al carecer las piernas de apoyo. Exige más fuerza abdominal para controlar y sostener las piernas.

FASE PREPARATORIA

Túmbate con la columna y la pelvis en posición neutra y las rodillas y las caderas dobladas ambas a 90°, en la posición de mesa. Estira los brazos a la altura de los hombros, con las palmas hacia arriba. Junta las piernas.

PRIMERA FASE

Exhala y lleva las piernas hacia la izquierda, tan lejos como puedas, dejando que la pelvis y la columna roten contigo, y al mismo tiempo gira la cabeza hacia la derecha. Inhala y haz una pausa; exhala para volver a la posición preparatoria, desplazándote desde la columna, la pelvis y, finalmente, las piernas. Completa 6 repeticiones.

SEGUNDA FASE

Cambia de lado, lleva las piernas hacia la derecha, y rota la cabeza hacia la izquierda. Completa 6 repeticiones y vuelve a la posición inicial de preparación.

PATADA LATERAL DE RODILLAS

Los glúteos y los oblicuos se fortalecen con esta versión avanzada de la patada lateral (p. 100). Los hombros hacen de pequeña base, por lo que es necesario que proporcionen una buena estabilidad. El tronco tiene que resistir la larga palanca de la pierna hacia delante y hacia atrás.

INDICACIONES

Este ejercicio exige aislar los movimientos de la cadera que queda arriba. El tronco ha de permanecer estable y evitar la rotación hacia el suelo. A ello ayuda mantener el pecho abierto y los hombros y las caderas alineados. Se puede colocar un bloque debajo de la mano de apoyo para mantener la posición de la cadera, o bajar la pierna para facilitar el ejercicio al principio, llevando la postura a la perpendicular del suelo cuando se pueda. Aumenta la dificultad haciendo círculos o rebotes.

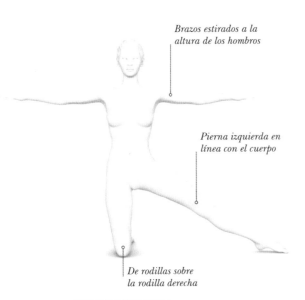

Brazos estirados a la altura de los hombros

Pierna izquierda en línea con el cuerpo

De rodillas sobre la rodilla derecha

FASE PREPARATORIA
De rodillas, sube los brazos a la altura de los hombros, con las palmas hacia abajo. Estira la pierna izquierda hacia el lado, con los pies en punta.

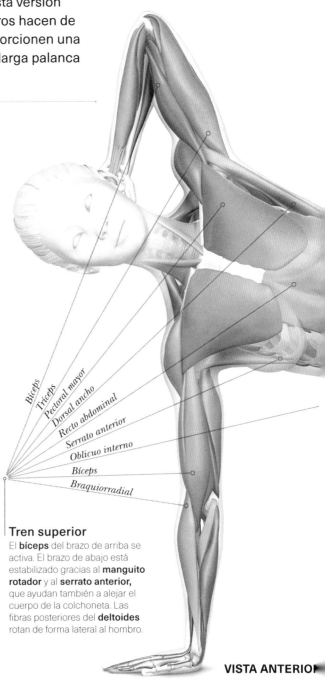

Bíceps
Tríceps
Pectoral mayor
Dorsal ancho
Recto abdominal
Serrato anterior
Oblicuo interno
Bíceps
Braquiorradial

Tren superior
El **bíceps** del brazo de arriba se activa. El brazo de abajo está estabilizado gracias al **manguito rotador** y al **serrato anterior**, que ayudan también a alejar el cuerpo de la colchoneta. Las fibras posteriores del **deltoides** rotan de forma lateral al hombro.

VISTA ANTERIOR

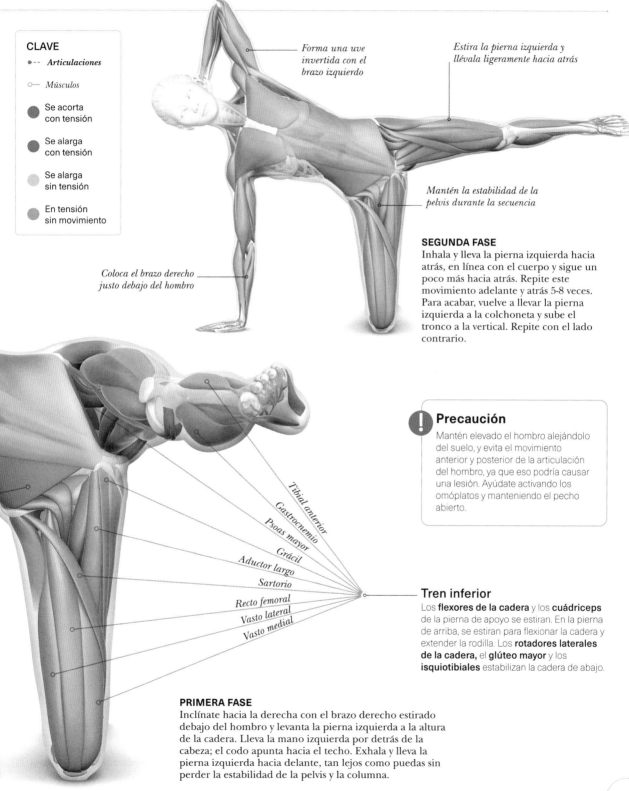

CLAVE

• -- *Articulaciones*

○— *Músculos*

● Se acorta
con tensión

● Se alarga
con tensión

● Se alarga
sin tensión

● En tensión
sin movimiento

Forma una uve
invertida con el
brazo izquierdo

Estira la pierna izquierda y
llévala ligeramente hacia atrás

Mantén la estabilidad de la
pelvis durante la secuencia

Coloca el brazo derecho
justo debajo del hombro

SEGUNDA FASE
Inhala y lleva la pierna izquierda hacia
atrás, en línea con el cuerpo y sigue un
poco más hacia atrás. Repite este
movimiento adelante y atrás 5-8 veces.
Para acabar, vuelve a llevar la pierna
izquierda a la colchoneta y sube el
tronco a la vertical. Repite con el lado
contrario.

! Precaución
Mantén elevado el hombro alejándolo
del suelo, y evita el movimiento
anterior y posterior de la articulación
del hombro, ya que eso podría causar
una lesión. Ayúdate activando los
omóplatos y manteniendo el pecho
abierto.

Tibial anterior

Gastrocnemio

Psoas mayor

Grácil

Aductor largo

Sartorio

Recto femoral

Vasto lateral

Vasto medial

Tren inferior
Los **flexores de la cadera** y los **cuádriceps**
de la pierna de apoyo se estiran. En la pierna
de arriba, se estiran para flexionar la cadera y
extender la rodilla. Los **rotadores laterales
de la cadera,** el **glúteo mayor** y los
isquiotibiales estabilizan la cadera de abajo.

PRIMERA FASE
Inclínate hacia la derecha con el brazo derecho estirado
debajo del hombro y levanta la pierna izquierda a la altura
de la cadera. Lleva la mano izquierda por detrás de la
cabeza; el codo apunta hacia el techo. Exhala y lleva la
pierna izquierda hacia delante, tan lejos como puedas sin
perder la estabilidad de la pelvis y la columna.

PLANCHA LATERAL

Este ejercicio avanzado mejora el equilibrio y la coordinación, además de fortalecer los oblicuos. Junto con los oblicuos de la parte superior del cuerpo también se estira el dorsal ancho. Es un ejercicio difícil para el tren superior y exige una buena estabilidad de hombro. Se requiere concentración en la técnica, una buena resistencia muscular y consciencia corporal.

INDICACIONES

El movimiento no parte del brazo de arriba, sino de las caderas y la columna. Las escápulas van ligeramente hacia atrás todo el tiempo. Presta especial atención a mantener estable la articulación del hombro de abajo. Evita bloquear las articulaciones del codo o la rodilla. Los principiantes pueden modificar este ejercicio juntando la rodilla izquierda con derecha en la fase preparatoria, y luego subir con las rodillas dobladas.

Realiza 3 repeticiones y luego cambia para hacer el mismo ejercicio con el otro lado.

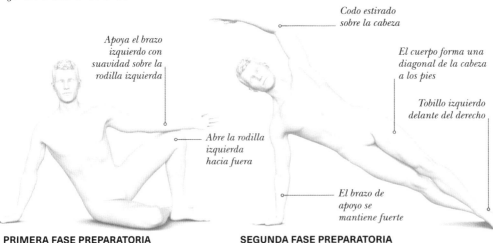

Apoya el brazo izquierdo con suavidad sobre la rodilla izquierda

Abre la rodilla izquierda hacia fuera

Codo estirado sobre la cabeza

El cuerpo forma una diagonal de la cabeza a los pies

Tobillo izquierdo delante del derecho

El brazo de apoyo se mantiene fuerte

PRIMERA FASE PREPARATORIA
Siéntate sobre la cadera derecha, con la pierna derecha doblada y los hombros y la pelvis mirando hacia delante. Cruza el tobillo izquierdo sobre la pierna derecha; mantén el pie izquierdo apoyado en el suelo. Apóyate en el brazo derecho. Inhala y activa el *core* y los músculos del glúteo.

SEGUNDA FASE PREPARATORIA
Exhala y haz presión con los pies para levantar la pelvis. Estira las piernas, con los muslos interiores en contacto, para levantar el cuerpo en horizontal, y el hombro derecho en línea con la muñeca. Estira el brazo de arriba por encima de la cabeza. Inhala para mantener la postura.

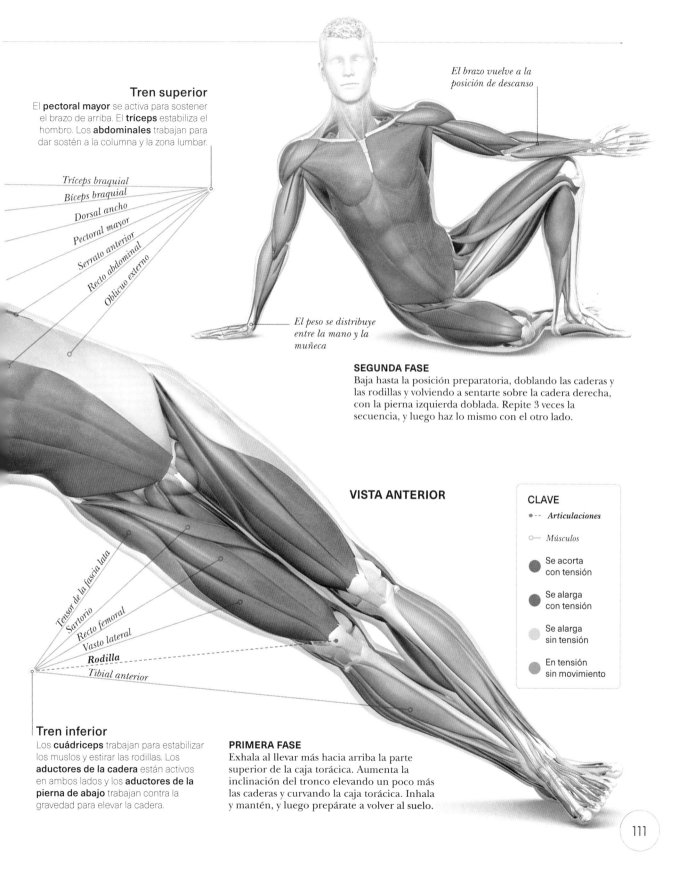

Tren superior

El **pectoral mayor** se activa para sostener el brazo de arriba. El **tríceps** estabiliza el hombro. Los **abdominales** trabajan para dar sostén a la columna y la zona lumbar.

El brazo vuelve a la posición de descanso

Tríceps braquial
Bíceps braquial
Dorsal ancho
Pectoral mayor
Serrato anterior
Recto abdominal
Oblicuo externo

El peso se distribuye entre la mano y la muñeca

SEGUNDA FASE

Baja hasta la posición preparatoria, doblando las caderas y las rodillas y volviendo a sentarte sobre la cadera derecha, con la pierna izquierda doblada. Repite 3 veces la secuencia, y luego haz lo mismo con el otro lado.

VISTA ANTERIOR

Tensor de la fascia lata
Sartorio
Recto femoral
Vasto lateral
Rodilla
Tibial anterior

Tren inferior

Los **cuádriceps** trabajan para estabilizar los muslos y estirar las rodillas. Los **aductores de la cadera** están activos en ambos lados y los **aductores de la pierna de abajo** trabajan contra la gravedad para elevar la cadera.

PRIMERA FASE

Exhala al llevar más hacia arriba la parte superior de la caja torácica. Aumenta la inclinación del tronco elevando un poco más las caderas y curvando la caja torácica. Inhala y mantén, y luego prepárate a volver al suelo.

›› VARIACIONES

A diferencia de la plancha lateral, estas variaciones reducen la dificultad en la parte superior del cuerpo y permiten fortalecer el hombro y el *core*. La última modificación favorece la resistencia del *core* y el glúteo al mantener la posición y trabaja más el *core* al añadirle las palancas de brazo y pierna.

> **CLAVE**
> ● Principal músculo trabajado   ● Otros músculos implicados

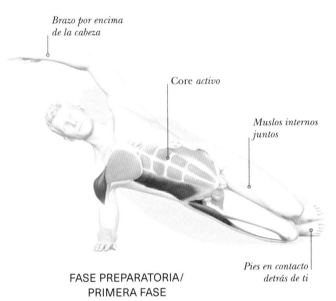

Brazo por encima de la cabeza

Core activo

Muslos internos juntos

Pies en contacto detrás de ti

FASE PREPARATORIA/
PRIMERA FASE

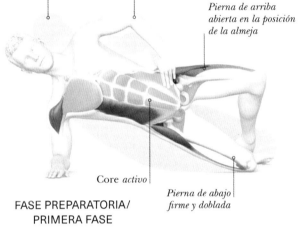

Cabeza más elevada durante la preparación

Brazo de arriba doblado y apoyado en la cadera

Pierna de arriba abierta en la posición de la almeja

Core activo

Pierna de abajo firme y doblada

FASE PREPARATORIA/
PRIMERA FASE

MEDIA PLANCHA LATERAL

Mantén la parte interior de los muslos en contacto y céntrate en conectar la caja torácica con el *core*. El hueso del pubis debe dirigirse hacia delante y los glúteos deben estar activos. Aleja la parte superior del tronco del hombro de abajo.

FASE PREPARATORIA
Siéntate sobre la cadera derecha, apoya luego el antebrazo derecho en el suelo con el hombro en línea con el codo y la palma mirando hacia abajo. Dobla las rodillas y mantén las piernas en contacto.

PRIMERA FASE
Exhala mientras levantas el cuerpo de la colchoneta de forma lateral, subiendo las caderas hasta formar una diagonal de la cabeza a las rodillas. Al mismo tiempo, lleva el brazo de arriba por encima de la cabeza. Inhala para aumentar la inclinación elevando la parte superior de la caja torácica.

SEGUNDA FASE
Exhala para volver al suelo. Repite de 4 a 6 veces y luego cambia de lado.

MEDIA PLANCHA LATERAL CON ALMEJA

La incorporación del ejercicio de la almeja (p. 116) añade una dificultad a la estabilidad pélvica al tiempo que se fortalecen los glúteos de la pierna de arriba. Es una forma excelente de combinar estos dos ejercicios para añadir intensidad. El progreso es mayor si se mantiene la postura y se hacen rebotes con la pierna de arriba.

FASE PREPARATORIA
Empieza sentándote sobre la cadera derecha y apoya el antebrazo derecho en el suelo, con el hombro en línea con el codo y la palma de la mano hacia abajo. Dobla las rodillas y aprieta una pierna contra otra. La mano de arriba descansa en la cadera.

PRIMERA FASE
Separa el cuerpo de la colchoneta y exhala mientras llevas las caderas hacia arriba para formar una diagonal de la cabeza a las rodillas. Abre la cadera y la rodilla de arriba en la postura de la almeja.

SEGUNDA FASE
Exhala y vuelve a la colchoneta. Repite de 4 a 5 veces y cambia de lado.

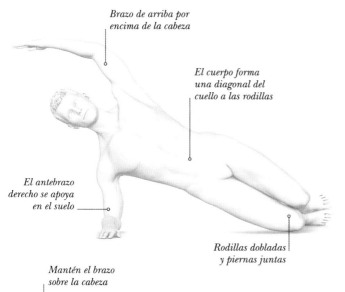

Brazo de arriba por
encima de la cabeza

El cuerpo forma
una diagonal del
cuello a las rodillas

El antebrazo
derecho se apoya
en el suelo

Rodillas dobladas
y piernas juntas

PLANCHA LATERAL
CON CODO A RODILLA

Mantén la columna neutra y el tronco elevado
mientras alejas el brazo y la pierna de arriba. Siente el
alargamiento de los lados de la cadera e intenta
mantenerlo al tiempo que tocas la rodilla con el codo.

FASE PREPARATORIA

Siéntate sobre la cadera derecha, con el
antebrazo derecho apoyado en el suelo.
Dobla las rodillas y mantén las piernas
juntas. Exhala y aleja el cuerpo de la
colchoneta, elevando las caderas y llevando
el brazo de arriba por encima de la cabeza.

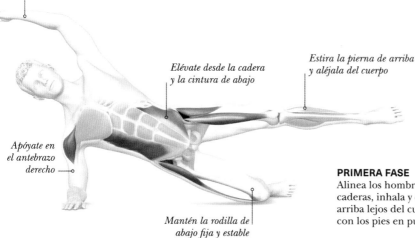

Mantén el brazo
sobre la cabeza

Elévate desde la cadera
y la cintura de abajo

Estira la pierna de arriba
y aléjala del cuerpo

Apóyate en
el antebrazo
derecho

Mantén la rodilla de
abajo fija y estable

PRIMERA FASE

Alinea los hombros y después las
caderas, inhala y estira la pierna de
arriba lejos del cuerpo, en línea recta y
con los pies en punta.

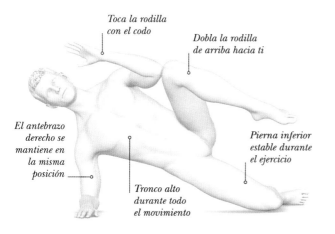

Toca la rodilla
con el codo

Dobla la rodilla
de arriba hacia ti

El antebrazo
derecho se
mantiene en
la misma
posición

Pierna inferior
estable durante
el ejercicio

Tronco alto
durante todo
el movimiento

SEGUNDA FASE

Exhala y lleva la rodilla hacia ti al tiempo
que doblas el codo para que toque la
rodilla. Inhala mientras vuelves a estirar
el brazo por encima de la cabeza y alargas
de nuevo la pierna. Repite de 4 a 6 veces
y cambia de lado.

113

PLANCHA LATERAL CON GIRO

Esta difícil progresión desde la plancha lateral (p. 110) moviliza la columna vertebral mediante la rotación, al tiempo que exige un alto nivel de estabilidad pélvica, fuerza del *core* y de los hombros. Se trata de un ejercicio difícil para la mayoría y especialmente útil en deportes como la gimnasia y las artes marciales, que requieren un nivel avanzado de rotación y control.

INDICACIONES

Partiendo de la segunda fase preparatoria, sube la pelvis y rota activando para ello el *core*. El brazo de arriba debería seguir a la columna al pasar por debajo del tronco, con control para que el brazo no baje. Sigue manteniéndote lejos del brazo de apoyo para ganar altura y mayor estabilidad del hombro; las piernas permanecen juntas durante todo el movimiento para que la transición sea suave.

PRIMERA FASE
Exhala y eleva la pelvis; rota el tronco hacia la colchoneta, pasando el brazo de arriba por debajo del tronco, al tiempo que sigues apoyado sobre el brazo de abajo. Inhala para volver a la segunda fase

Estira el codo por encima de la cabeza

Junta los muslos en esta posición

El brazo de apoyo se mantiene fuerte

PRIMERA FASE PREPARATORIA
Siéntate sobre la cadera derecha con la pierna derecha doblada y los hombros y la pelvis hacia delante. Cruza el tobillo izquierdo sobre la pierna derecha y apóyate en el brazo derecho. Inhala y activa el *core*.

SEGUNDA FASE PREPARATORIA
Exhala y eleva la pelvis. Estira las piernas y conecta la parte interior de los muslos para desplazar el cuerpo en horizontal y formar una diagonal con él. Lleva el brazo de arriba por encima de la cabeza e inhala.

Tren inferior
Los **flexores de la cadera** trabajan para doblar las caderas. Los **cuádriceps** se activan para estirar las rodillas y los **aductores** estabilizan las caderas y las piernas. Los **glúteos**, los **isquiotibiales** y los **gemelos** se alargan.

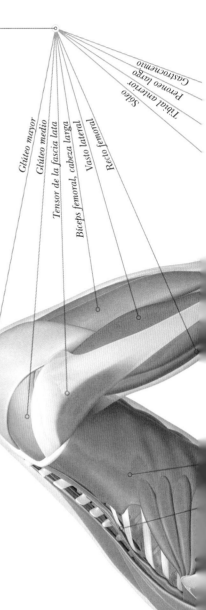

Glúteo mayor
Glúteo medio
Tensor de la fascia lata
Bíceps femoral, cabeza larga
Vasto lateral
Recto femoral

Tibial anterior
Peroneo largo
Gastrocnemio
Sóleo

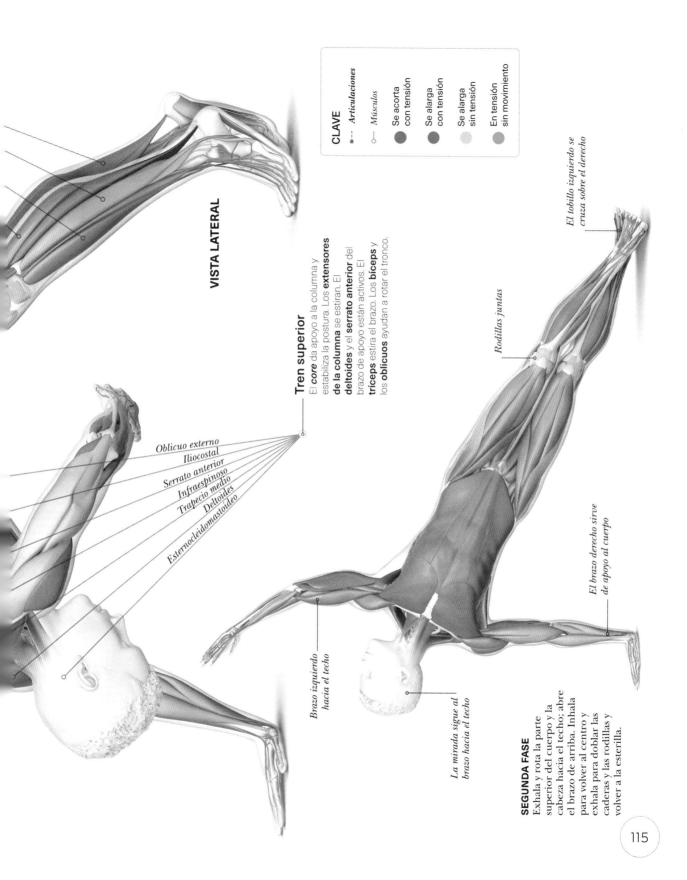

VISTA LATERAL

Tren superior

El **core** da apoyo a la columna y estabiliza la postura. Los **extensores de la columna** se estiran. El **deltoides** y el **serrato anterior** del brazo de apoyo están activos. El **tríceps** estira el brazo. Los **bíceps** y los **oblicuos** ayudan a rotar el tronco.

Oblicuo externo
Iliocostal
Serrato anterior
Infraespinoso
Trapecio medio
Deltoides
Esternocleidomastoideo

CLAVE

--- *Articulaciones*
○— *Músculos*

● Se acorta con tensión
● Se alarga con tensión
● Se alarga sin tensión
● En tensión sin movimiento

El tobillo izquierdo se cruza sobre el derecho

Rodillas juntas

El brazo derecho sirve de apoyo al cuerpo

Brazo izquierdo hacia el techo

La mirada sigue al brazo hacia el techo

SEGUNDA FASE

Exhala y rota la parte superior del cuerpo y la cabeza hacia el techo; abre el brazo de arriba. Inhala para volver al centro y exhala para doblar las caderas y las rodillas y volver a la esterilla.

LA ALMEJA

Este ejercicio activa y fortalece los glúteos y da estabilidad al *core* mediante la rotación de la cadera. Puedes elegir mantener la posición final o hacer rebotes cuando llegas a ella para desarrollar más la resistencia del glúteo. Esta combinación de fuerza y resistencia muscular crea el sostén para fortalecer la cadera.

! Precaución

Puede que este ejercicio no sea adecuado para quienes sufren cualquier patología de la cadera lateral ya que la presión al echarse de lado puede ser desagradable. Deberían evitarla también las personas a las que les duele el músculo piriforme (situado en las nalgas). Si el dolor limita el rango de movimiento de la cadera, prueba la almeja isométrica colocando una banda elástica alrededor de las rodillas para impedir el movimiento y empuja la rodilla de arriba contra la banda 5 veces con cada lado.

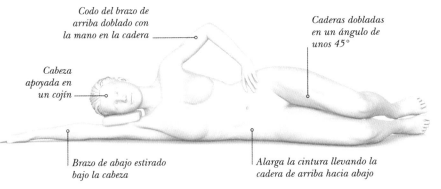

Codo del brazo de arriba doblado con la mano en la cadera

Caderas dobladas en un ángulo de unos 45°

Cabeza apoyada en un cojín

Brazo de abajo estirado bajo la cabeza

Alarga la cintura llevando la cadera de arriba hacia abajo

FASE PREPARATORIA

De lado, alinea las caderas y después los hombros; la columna y la pelvis permanecen neutras. Dobla las rodillas para que los pies estén en línea con la columna y alarga el brazo en el suelo debajo de la cabeza. Coloca un cojín entre la oreja y el hombro. La mano de arriba descansa sobre la cadera y las escápulas están en posición neutra.

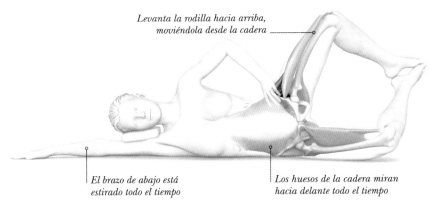

Levanta la rodilla hacia arriba, moviéndola desde la cadera

El brazo de abajo está estirado todo el tiempo

Los huesos de la cadera miran hacia delante todo el tiempo

PRIMERA FASE

Lleva los pies a la altura de la cadera, manteniéndolos conectados y el tronco, neutro. Inhala para alargar el cuerpo. Exhala y lleva la rodilla de arriba hacia fuera, desplazándola desde la articulación de la cadera. Levántala tanto como puedas, pero mantén la pelvis y la columna neutras.

Codo del brazo de arriba doblado, con la mano en la cadera

Pies alejados de la colchoneta

Mirada al frente

Junta las rodillas y la parte interna de los muslos

SEGUNDA FASE

Inhala para llevar de nuevo la rodilla a la posición de partida, juntando las rodillas y la parte interior de los muslos y manteniendo los pies en el aire. Realiza el ejercicio de 8 a 10 veces y repite la secuencia con el otro lado.

ELEVACIÓN Y DESCENSO DE LA PIERNA

Sencillo ejercicio de cadera que fortalece los glúteos y estabiliza la cadera con movimientos rotatorios. Es un ejercicio de inicio ideal para desarrollar el equilibrio y la estabilidad en decúbito lateral, y puede emplearse como precursor de la patada lateral (p. 100) y la elevación de ambas piernas (p. 118).

CLAVE
- Principal músculo trabajado
- Otros músculos implicados

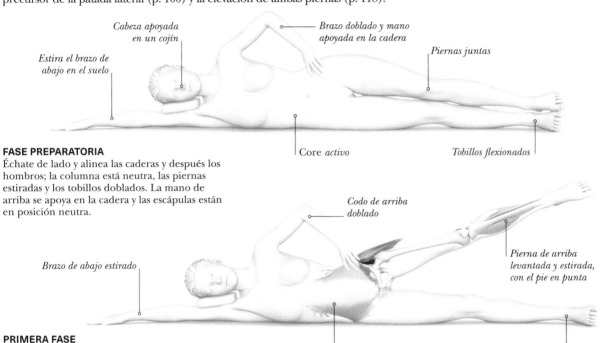

Cabeza apoyada en un cojín

Brazo doblado y mano apoyada en la cadera

Estira el brazo de abajo en el suelo

Piernas juntas

Core activo

Tobillos flexionados

FASE PREPARATORIA
Échate de lado y alinea las caderas y después los hombros; la columna está neutra, las piernas estiradas y los tobillos doblados. La mano de arriba se apoya en la cadera y las escápulas están en posición neutra.

Codo de arriba doblado

Brazo de abajo estirado

Pierna de arriba levantada y estirada, con el pie en punta

PRIMERA FASE
Exhala y alarga y eleva la pierna de arriba con el pie en punta. Levanta la pierna tanto como puedas, sin perder la posición neutra de la columna y la pelvis. Inhala y flexiona el pie para llevar de nuevo la pierna a la posición de partida. Hazlo diez veces y repite con el otro lado.

Los huesos de la cadera miran hacia delante

El tobillo de la pierna de abajo está flexionado

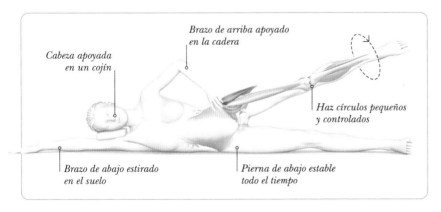

Cabeza apoyada en un cojín

Brazo de arriba apoyado en la cadera

Haz círculos pequeños y controlados

Brazo de abajo estirado en el suelo

Pierna de abajo estable todo el tiempo

VARIACIÓN
Partiendo de la fase preparatoria, eleva la pierna de arriba a la altura de la cadera, manteniendo la pierna paralela a la de abajo, y con los pies en punta. Inhala y alarga la pierna y el tronco. Exhala y mueve la pierna formando un círculo. Inhala en el siguiente círculo y continúa alternando la respiración con cada círculo. Repite 10 veces y dibuja luego el círculo otras diez veces antes de cambiar de sentido. Cambia de lado y repite la secuencia con la otra pierna.

ELEVACIÓN DE AMBAS PIERNAS

Se trata de un ejercicio exigente que fortalece los glúteos, desarrolla la estabilidad rotatoria de la cadera y al mismo tiempo mejora el equilibrio y la coordinación en la postura decúbito lateral. Es útil dominarlo antes de intentar la patada lateral (p. 100) y puede ser un buen ejercicio básico para la activación y rehabilitación de los aductores y las ingles. Puedes realizarlo con ambas rodillas flexionadas para reducir la carga sobre el *core* y los aductores como precursor de la fase 1.

> ## ! Precaución
>
> Mantén la longitud del tronco para evitar derrumbar la zona lumbar. Si hay dolor, o existe ya un dolor agudo de espalda, es mejor evitarlo ya que para levantar el peso de las piernas es necesario contar con el apoyo del *core*.

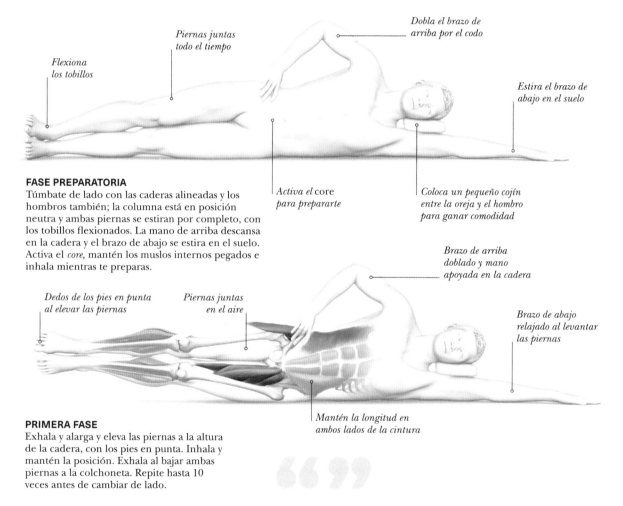

Flexiona los tobillos

Piernas juntas todo el tiempo

Dobla el brazo de arriba por el codo

Estira el brazo de abajo en el suelo

FASE PREPARATORIA
Túmbate de lado con las caderas alineadas y los hombros también; la columna está en posición neutra y ambas piernas se estiran por completo, con los tobillos flexionados. La mano de arriba descansa en la cadera y el brazo de abajo se estira en el suelo. Activa el *core,* mantén los muslos internos pegados e inhala mientras te preparas.

Activa el core *para prepararte*

Coloca un pequeño cojín entre la oreja y el hombro para ganar comodidad

Dedos de los pies en punta al elevar las piernas

Piernas juntas en el aire

Brazo de arriba doblado y mano apoyada en la cadera

Brazo de abajo relajado al levantar las piernas

PRIMERA FASE
Exhala y alarga y eleva las piernas a la altura de la cadera, con los pies en punta. Inhala y mantén la posición. Exhala al bajar ambas piernas a la colchoneta. Repite hasta 10 veces antes de cambiar de lado.

Mantén la longitud en ambos lados de la cintura

CLAVE

● Principal músculo trabajado

● Otros músculos implicados

❝❞

*Mantén **ambas piernas** arriba más tiempo para **añadir dificultad** a la resistencia de glúteos y oblicuos.*

ELEVACIÓN DE UNA PIERNA

Este ejercicio puede realizarse antes de la elevación de ambas piernas ya que permite practicar el equilibrio lateral subiendo las piernas en fases. También favorece la resistencia y el control.

Codo de arriba doblado

Mirada al frente

Pies flexionados por los tobillos

Brazo de abajo estirado

Core activo para prepararte

FASE PREPARATORIA
Adopta la posición preparatoria de la elevación de ambas piernas, de lado con las caderas alineadas y los hombros también; la columna está neutra y ambas piernas completamente estiradas. La cabeza se apoya en un pequeño cojín.

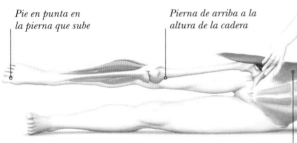

Pie en punta en la pierna que sube

Pierna de arriba a la altura de la cadera

Mirada al frente

Brazo de abajo relajado

Mantén la longitud de ambos lados de la cintura

PRIMERA FASE
Exhala y eleva la pierna de arriba a la altura de la cadera, con el pie en punta. Estira ambas piernas lejos del tronco.

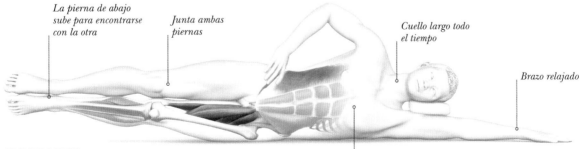

La pierna de abajo sube para encontrarse con la otra

Junta ambas piernas

Cuello largo todo el tiempo

Brazo relajado

SEGUNDA FASE
Inhala y lleva la pierna de abajo a encontrarse y juntarse con la de arriba. Exhala y mantén la posición. Inhala, baja las piernas a la colchoneta juntas. Repite 10 veces y cambia de lado.

Caja torácica neutra y dirigida hacia las caderas

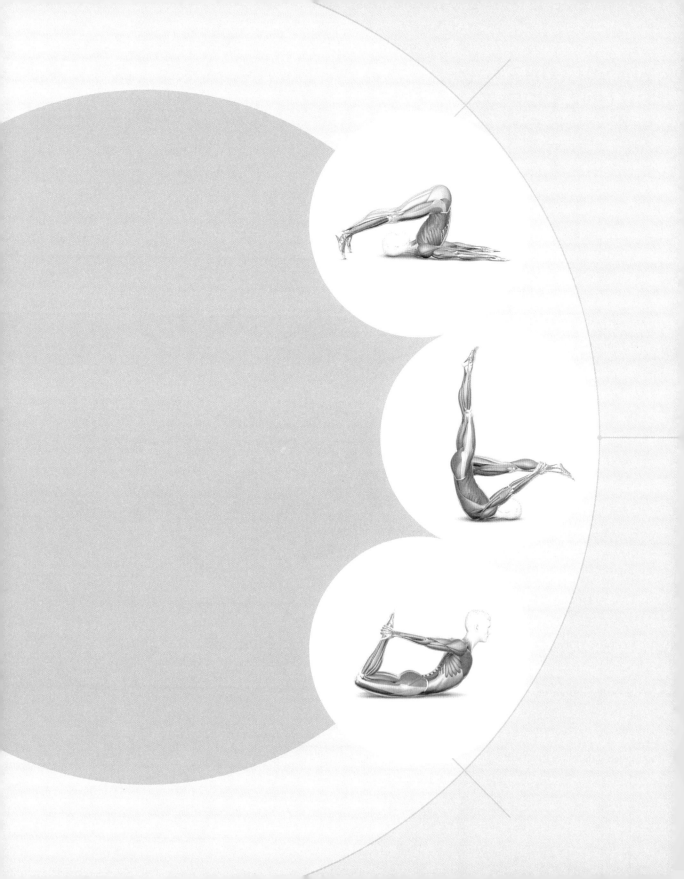

EJERCICIOS DE FUERZA

Los ejercicios de este capítulo se basan en los de estabilidad, utilizan la musculatura global y otras capas externas para mejorar el movimiento y son la base de las actividades cotidianas y del rendimiento. Estos movimientos se centran en generar fuerza adicional mediante la implicación de más grupos musculares o de cadenas más grandes y suponen un desafío mayor para el cuerpo.

RODAR HACIA ARRIBA

El perfeccionamiento de este ejercicio supone una clase magistral sobre cómo movilizar la columna y fortalecer los músculos abdominales con el máximo control del movimiento. Con él se aprende a coordinar la columna, la pelvis y la caja torácica y exige fuerza y control para evitar caerse hacia atrás en el descenso.

INDICACIONES

La respiración guía el movimiento: inhala al subir los brazos y la cabeza y exhala mientras continúas hacia arriba y hacia delante, con el *core* activo y estirando la columna. Presiona el suelo con las piernas y mantenlas juntas para anclar el cuerpo y aislar el movimiento en el *core*. Mantén la correcta elevación de la columna y el pecho para evitar que la parte superior del cuerpo se derrumbe.

Brazos estirados por encima de la cabeza, con las palmas hacia arriba

Caja torácica hacia abajo para conectar el core

Pies juntos y dedos dirigidos hacia ti

FASE PREPARATORIA

Túmbate boca arriba con las piernas estiradas y juntas. La columna está neutra y los pies están flexionados hacia ti. Los brazos están apoyados en el suelo.

Precaución

Este ejercicio no es adecuado para quienes sufren dolor de espalda agudo, ya que el amplio rango de movimiento de la columna y la carga que soporta pueden agravar estas dolencias.

PRIMERA FASE

Inhala y sube los brazos por encima de los hombros, con las palmas hacia delante. Flexiónate y lleva hacia delante la cabeza, el cuello y la parte superior del tronco; la barbilla va hacia el pecho. Exhala lentamente mientras continúas subiendo vértebra a vértebra y dirigiendo los brazos hacia los dedos de los pies. Mantén la altura en la pelvis a medida que vas formando una postura en forma de C.

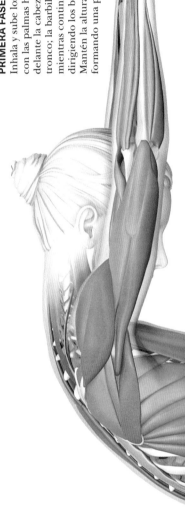

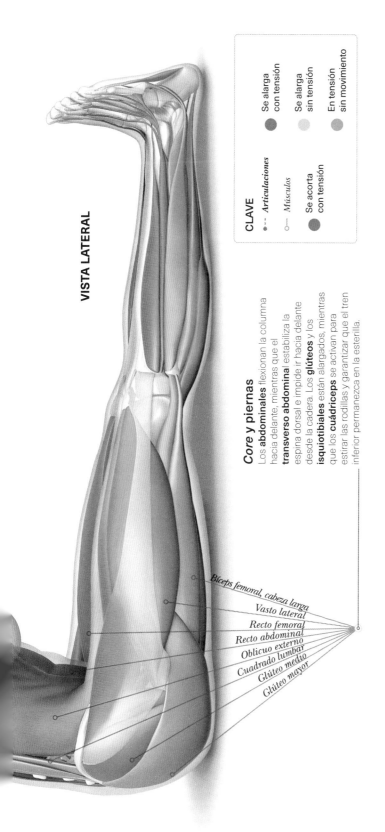

VISTA LATERAL

Bíceps femoral, cabeza larga
Vasto lateral
Recto femoral
Recto abdominal
Oblicuo externo
Cuadrado lumbar
Glúteo medio
Glúteo mayor

Core y piernas
Los **abdominales** flexionan la columna hacia delante, mientras que el **transverso abdominal** estabiliza la espina dorsal e impide ir hacia delante desde la cadera. Los **glúteos** y los **isquiotibiales** están alargados, mientras que los **cuádriceps** se activan para estirar las rodillas y garantizar que el tren inferior permanezca en la esterilla.

Articula *cada segmento de la columna* en orden *al subir y al bajar*

Pies dirigidos hacia ti durante todo el ejercicio

SEGUNDA FASE
Inhala despacio para volver a la colchoneta con el mismo control de la columna y los abdominales, hasta que estés de nuevo en la posición de partida y te dispongas a comenzar de nuevo. Repite el ejercicio de 3 a 5 veces.

Brazos en diagonal al bajar

Cuidado con no proyectar los abdominales hacia fuera

Mirada al frente mientras bajas

›› VARIACIONES

Estas modificaciones son considerablemente distintas al ejercicio clásico de rodar hacia arriba, pero trabajan la misma fuerza abdominal y el control durante todo el movimiento. Puedes integrar estas variantes en tu día a día (sobre una silla), como una transición al suelo (sobre una esterilla) o con equipamiento de pilates (con ayuda de una banda elástica).

CLAVE
● Principal músculo trabajado
○ Otros músculos implicados

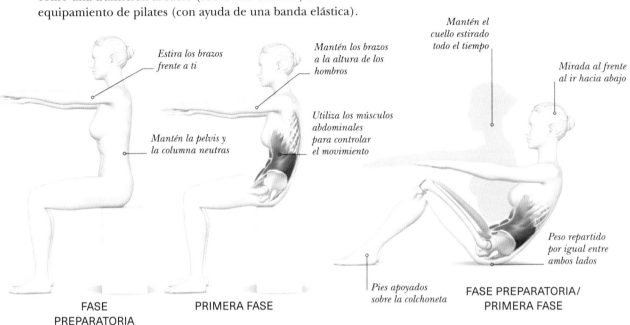

Estira los brazos frente a ti

Mantén la pelvis y la columna neutras

FASE PREPARATORIA

Mantén los brazos a la altura de los hombros

Utiliza los músculos abdominales para controlar el movimiento

PRIMERA FASE

Mantén el cuello estirado todo el tiempo

Mirada al frente al ir hacia abajo

Peso repartido por igual entre ambos lados

Pies apoyados sobre la colchoneta

FASE PREPARATORIA/ PRIMERA FASE

EN UNA SILLA

Siéntate al borde de una silla con la planta de los pies apoyada en el suelo. Cuidado con que no se te hunda la parte superior del cuerpo al rodar hacia atrás. Para evitarlo, piensa en alargar continuamente la cintura y la columna.

FASE PREPARATORIA
Siéntate en posición recta en una silla, con el peso repartido entre los isquiones y la pelvis y la columna neutras. El cuello está estirado. Eleva los brazos delante de ti hasta la altura de los hombros, con las palmas hacia abajo.

PRIMERA FASE
Exhala y lleva la pelvis hacia atrás, al mismo tiempo que vas bajando la columna vértebra a vértebra, formando una C con la espalda.

SEGUNDA FASE
Inhala y vuelve a sentarte, llevando primero la parte superior del cuerpo hacia delante, después la espalda media y por último la zona lumbar y la pelvis. Repite de 8 a 10 veces.

SOBRE LA ESTERILLA

Este ejercicio puede resultar útil para que los principiantes practiquen el movimiento de rodar y gradúen la distancia. Asegúrate de que ruedas hacia arriba con facilidad desde todas las distancias que pruebas. Mantén activos los abdominales para evitar que se proyecten hacia fuera.

FASE PREPARATORIA
Siéntate sobre una esterilla con las caderas y las rodillas flexionadas y la planta de los pies apoyada en el suelo; la pelvis y la columna permanecen neutras. Sube los brazos a la altura de los hombros, con las palmas de las manos hacia abajo.

PRIMERA FASE
Exhala y lleva la pelvis hacia atrás y articula la columna hasta una posición de C, vértebra a vértebra.

SEGUNDA FASE
Inhala y vuelve a sentarte, primero incorporando la parte superior del cuerpo, seguido de la zona media de la espalda y luego la lumbar y la pelvis. Repite de 8 a 10 veces, aumentando la distancia gradualmente hasta llegar a la colchoneta, y vuelve.

*Una **banda elástica** da **confianza** para bajar más, lo que permite una suave **progresión** y puede ayudar a progresar más rápido.*

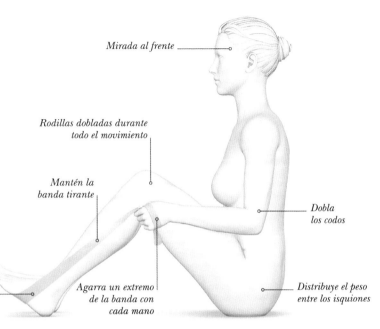

Mirada al frente

Rodillas dobladas durante todo el movimiento

Mantén la banda tirante

Dobla los codos

La goma elástica se coloca en la planta del pie

Agarra un extremo de la banda con cada mano

Distribuye el peso entre los isquiones

FASE PREPARATORIA

CON UNA BANDA ELÁSTICA

La banda elástica facilita la curvatura de la espalda y el control. Cuanto más tirante esté, mayor será su utilidad. Asegúrate de que los hombros y los brazos estén relajados para poder concentrarte en los abdominales, y mantén el esternón elevado.

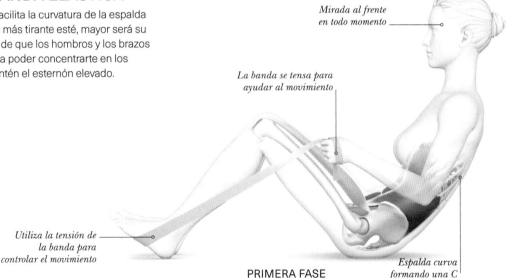

Mirada al frente en todo momento

La banda se tensa para ayudar al movimiento

Utiliza la tensión de la banda para controlar el movimiento

Espalda curva formando una C

PRIMERA FASE

FASE PREPARATORIA
Siéntate en la colchoneta. Apoya los pies, flexionados por los tobillos, con la pelvis y la columna en posición neutra y el cuello estirado. Coloca una banda elástica alrededor de ambos pies.

PRIMERA FASE
Baja los hombros, exhala y desplaza la pelvis hacia atrás, articulando la columna vértebra a vértebra para formar una C. Controla el movimiento con los abdominales.

SEGUNDA FASE
Inhala y vuelve gradualmente a sentarte, llevando la parte superior del cuerpo hacia delante. Repite de 8 a 10 veces, aumentando cada vez más la distancia de bajada y aflojando la banda para reducir el apoyo.

RODAR HACIA ATRÁS

Este ejercicio avanzado es el opuesto al de rodar hacia arriba (p. 122). Se concentra en la fuerza abdominal y el control de la columna durante un amplio rango de movimiento que lleva a una postura invertida.

INDICACIONES

Asegúrate de que has calentado y movilizado el cuerpo antes de rodar hacia atrás (p. 46). Inicia el movimiento desde el *core* y conserva la suficiente distancia en la columna alejando los pies y manteniendo la distancia entre pies y coxis. El pecho está abierto, los hombros anchos y el cuello estirado. Al principio se pueden doblar las rodillas para facilitar el movimiento, pero hay que evitar llevarlas hacia el pecho. Realiza de 3 a 6 repeticiones.

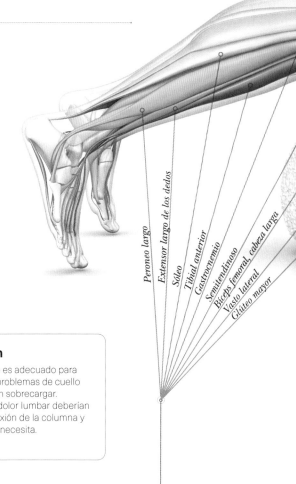

Peroneo largo
Extensor largo de los dedos
Sóleo
Tibial anterior
Gastrocnemio
Semitendinoso
Bíceps femoral, cabeza larga
Vasto lateral
Glúteo mayor

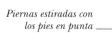

Piernas estiradas con los pies en punta

⚠ Precaución

Este ejercicio no es adecuado para quienes tienen problemas de cuello ya que lo pueden sobrecargar. Quienes sufran dolor lumbar deberían evitarlo por la flexión de la columna y la fuerza que se necesita.

Hombros y brazos apoyados en el suelo

FASE PREPARATORIA
Échate sobre la colchoneta con las piernas estiradas, los dedos de los pies en punta y la parte interior de los muslos en contacto. Inhala y estira las piernas hacia el techo para formar un ángulo de 90° con las caderas.

Piernas
Los **isquiotibiales** se alargan y se activan para ir hacia atrás. Los **cuádriceps** trabajan para mantener la extensión de la rodilla e impedir que las piernas se hundan hacia el tronco. Los **gemelos** se alargan en un movimiento en el que también participan los **dorsiflexores del tobillo.**

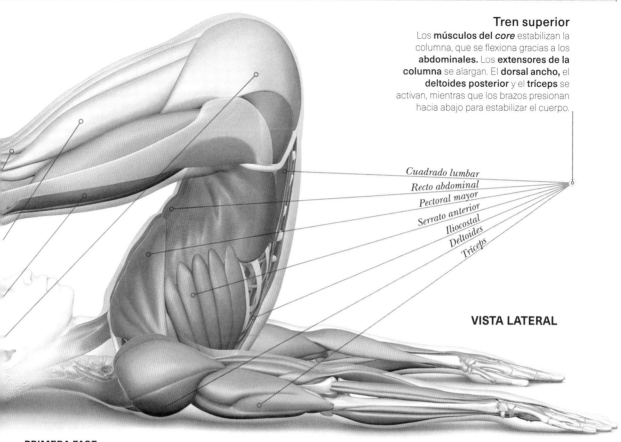

Tren superior

Los **músculos del *core*** estabilizan la columna, que se flexiona gracias a los **abdominales.** Los **extensores de la columna** se alargan. El **dorsal ancho,** el **deltoides posterior** y el **tríceps** se activan, mientras que los brazos presionan hacia abajo para estabilizar el cuerpo.

Cuadrado lumbar
Recto abdominal
Pectoral mayor
Serrato anterior
Iliocostal
Deltoides
Tríceps

VISTA LATERAL

PRIMERA FASE

Exhala mientras levantas la pelvis y la columna de forma secuencial y llevas las piernas por encima de la cabeza hasta que estén paralelas a la colchoneta. Inhala y separa las piernas a la anchura de los hombros, con los pies flexionados, al tiempo que intentas bajar los pies hacia el suelo. La columna no se mueve a medida que los pies descienden hacia la colchoneta.

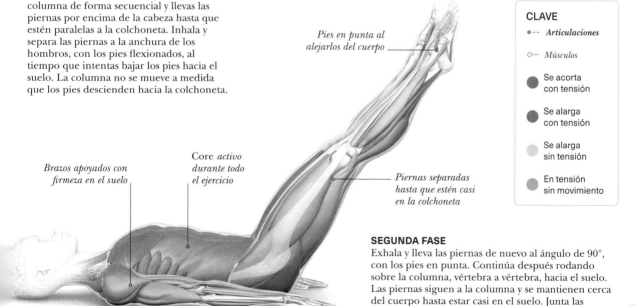

Pies en punta al alejarlos del cuerpo

Brazos apoyados con firmeza en el suelo

Core activo durante todo el ejercicio

Piernas separadas hasta que estén casi en la colchoneta

CLAVE

●--- *Articulaciones*

○— *Músculos*

● Se acorta con tensión

● Se alarga con tensión

● Se alarga sin tensión

● En tensión sin movimiento

SEGUNDA FASE

Exhala y lleva las piernas de nuevo al ángulo de 90°, con los pies en punta. Continúa después rodando sobre la columna, vértebra a vértebra, hacia el suelo. Las piernas siguen a la columna y se mantienen cerca del cuerpo hasta estar casi en el suelo. Junta las piernas y utiliza el *core* para ir hacia atrás de nuevo.

EL SACACORCHOS

Este ejercicio avanzado pone a prueba la fuerza abdominal y la estabilidad de la columna y de la pelvis, además de masajear los órganos internos. Se basa en gran medida en lo aprendido en los ejercicios anteriores. Es preferible dominar los ejercicios del balancín con piernas separadas (p. 68) y el de rodar hacia atrás (p. 126) antes de intentar el sacacorchos.

INDICACIONES

Deja que la columna vertebral se alargue durante todo el ejercicio para evitar comprimirla. A medida que las piernas se elevan por encima de la cabeza, actívalas imaginando que empujas con ellas el techo y mantén las caderas y los pies alineados. Las piernas rotan hacia los lados sin desplazar la pelvis. Para lograrlo, además de aislar la pelvis de la zona lumbar, activa el *core* y sé consciente del movimiento.

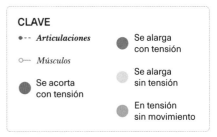

CLAVE

- •-- *Articulaciones*
- ○— *Músculos*
- ● Se acorta con tensión
- ● Se alarga con tensión
- ● Se alarga sin tensión
- ● En tensión sin movimiento

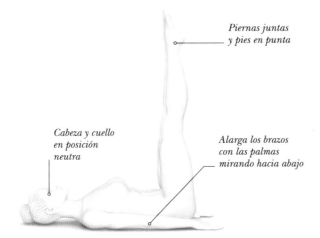

Piernas juntas y pies en punta

Cabeza y cuello en posición neutra

Alarga los brazos con las palmas mirando hacia abajo

FASE PREPARATORIA
Échate sobre la espalda con las piernas estiradas y juntas y los brazos estirados a los lados del cuerpo. Activa la faja abdominal e inhala mientras levantas las piernas a 90°, con los pies en punta.

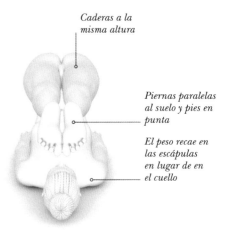

Caderas a la misma altura

Piernas paralelas al suelo y pies en punta

El peso recae en las escápulas en lugar de en el cuello

PRIMERA FASE
Exhala y levanta las caderas, llevando las piernas hacia atrás por encima de la cabeza hasta que estén paralelas al suelo; los dedos de los pies están en punta y la columna estirada.

SECUENCIA COMPLETA

PREPARACIÓN   1   2   3   4   5   6

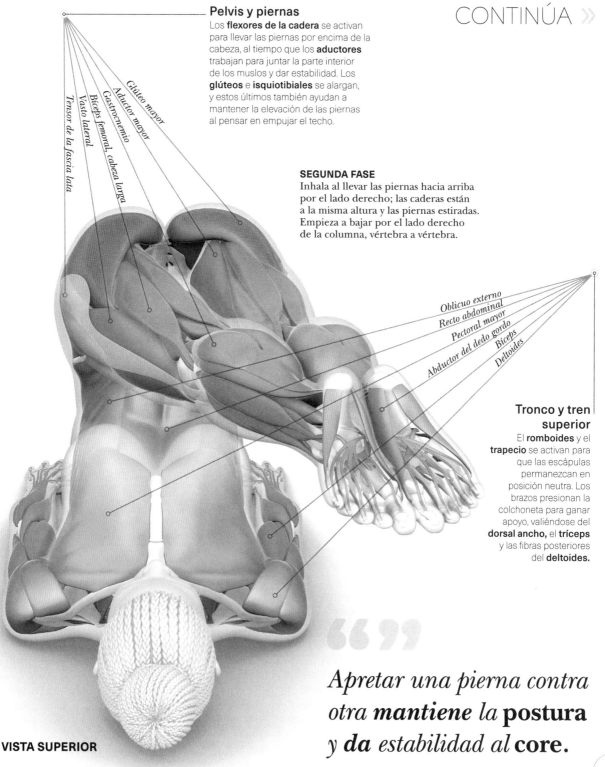

CONTINÚA »

Pelvis y piernas

Los **flexores de la cadera** se activan para llevar las piernas por encima de la cabeza, al tiempo que los **aductores** trabajan para juntar la parte interior de los muslos y dar estabilidad. Los **glúteos** e **isquiotibiales** se alargan, y estos últimos también ayudan a mantener la elevación de las piernas al pensar en empujar el techo.

SEGUNDA FASE
Inhala al llevar las piernas hacia arriba por el lado derecho; las caderas están a la misma altura y las piernas estiradas. Empieza a bajar por el lado derecho de la columna, vértebra a vértebra.

Glúteo mayor
Aductor mayor
Gastrocnemio
Bíceps femoral, cabeza larga
Vasto lateral
Tensor de la fascia lata

Oblicuo externo
Recto abdominal
Pectoral mayor
Abductor del dedo gordo
Bíceps
Deltoides

Tronco y tren superior

El **romboides** y el **trapecio** se activan para que las escápulas permanezcan en posición neutra. Los brazos presionan la colchoneta para ganar apoyo, valiéndose del **dorsal ancho,** el **tríceps** y las fibras posteriores del **deltoides.**

VISTA SUPERIOR

*Apretar una pierna contra otra **mantiene** la **postura** y **da** estabilidad al **core.***

129

» EL SACACORCHOS
(CONTINUACIÓN)

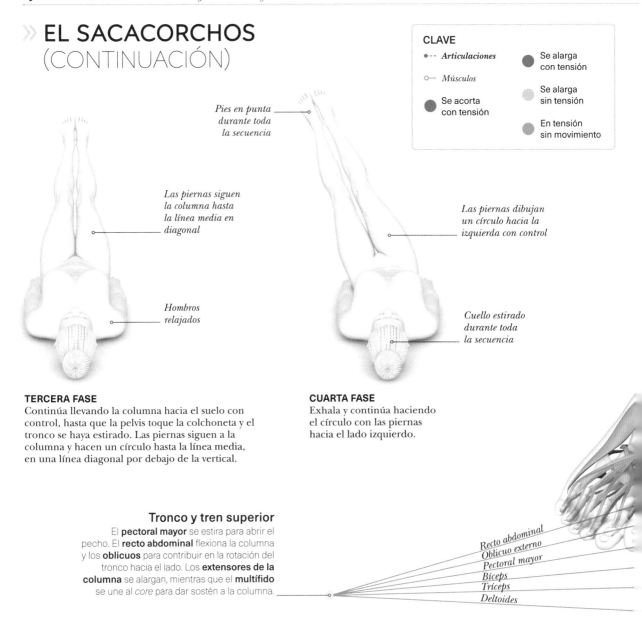

CLAVE

•-- *Articulaciones*

○— *Músculos*

● Se acorta con tensión

● Se alarga con tensión

● Se alarga sin tensión

● En tensión sin movimiento

Pies en punta durante toda la secuencia

Las piernas siguen la columna hasta la línea media en diagonal

Hombros relajados

Las piernas dibujan un círculo hacia la izquierda con control

Cuello estirado durante toda la secuencia

TERCERA FASE
Continúa llevando la columna hacia el suelo con control, hasta que la pelvis toque la colchoneta y el tronco se haya estirado. Las piernas siguen a la columna y hacen un círculo hasta la línea media, en una línea diagonal por debajo de la vertical.

CUARTA FASE
Exhala y continúa haciendo el círculo con las piernas hacia el lado izquierdo.

Tronco y tren superior
El **pectoral mayor** se estira para abrir el pecho. El **recto abdominal** flexiona la columna y los **oblicuos** para contribuir en la rotación del tronco hacia el lado. Los **extensores de la columna** se alargan, mientras que el **multífido** se une al *core* para dar sostén a la columna.

Recto abdominal
Oblicuo externo
Pectoral mayor
Bíceps
Tríceps
Deltoides

SECUENCIA COMPLETA

PREPARACIÓN   1   2   3   4   5   6

Pelvis y piernas

Los **rotadores laterales de la cadera** estabilizan las articulaciones de la cadera, mientras que el **glúteo medio** y **menor,** junto con el **tensor de la fascia lata,** mantienen la pelvis nivelada durante el ejercicio. Los **cuádriceps** se activan para estirar las rodillas; los **gemelos** contribuyen a la flexión plantar de los tobillos.

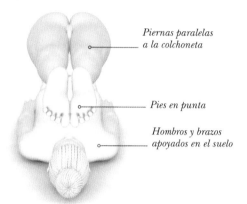

Piernas paralelas a la colchoneta

Pies en punta

Hombros y brazos apoyados en el suelo

SEXTA FASE
Lleva las piernas por encima de la cabeza paralelas a la esterilla, haciendo que la columna ruede hacia atrás hasta que descanse sobre los omóplatos. Repite la secuencia completa girando las piernas hacia el lado izquierdo. Repite 3 veces en total a cada lado. Para volver de la postura, dobla las rodillas hacia el pecho, manteniendo las piernas juntas, y bájalas con cuidado junto con la columna hasta la colchoneta.

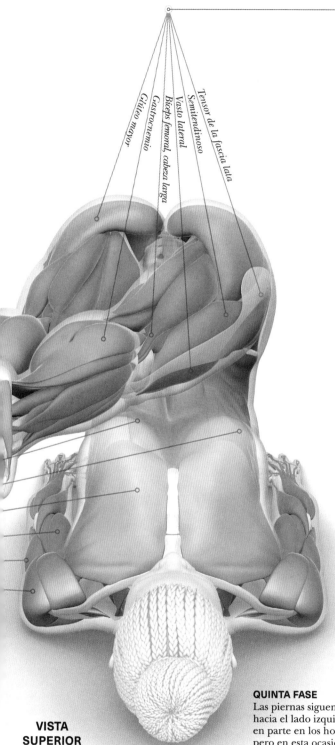

Tensor de la fascia lata
Semitendinoso
Vasto lateral
Bíceps femoral, cabeza larga
Gastrocnemio
Glúteo mayor

VISTA SUPERIOR

> *Utiliza los músculos del* core, *y no el impulso, para desplazar las piernas en círculos en el ejercicio del sacacorchos.*

QUINTA FASE
Las piernas siguen por encima de la cabeza al desplazarte hacia el lado izquierdo de la columna, descansando en parte en los hombros, como en la primera fase, pero en esta ocasión las piernas van hacia la izquierda.

FLEXIÓN DE TRONCO HACIA DELANTE

Este ejercicio consiste en un movimiento continuo que exige la movilización secuencial de la columna y mucha fuerza abdominal. También supone un estiramiento profundo de la parte posterior del cuerpo: los isquiotibiales, los extensores de la espalda y los del cuello. Antes de abordar este ejercicio, conviene dominar el de rodar hacia arriba (p. 122)

INDICACIONES

Mantén la postura de la parte superior del tronco alargando la cabeza y el cuello, elevando el pecho y abriendo los codos para evitar una flexión excesiva. Imagina una percha que mantiene tu pecho abierto y los codos hacia fuera. De esta forma, el movimiento parte del *core* en lugar de hacer fuerza con los brazos. Baja las escápulas para evitar que los hombros vayan hacia las orejas. Repite de 3 a 5 veces.

> **Precaución**
> Este ejercicio no deben hacerlo quienes tienen lesiones de cuello, dolor lumbar agudo o tensión neural como la que ocasiona la ciática.

Deltoides
Psoas mayor
Iliocostal
Recto abdominal
Pectoral mayor
Esternocleidomastoideo

Codos abiertos

Core *activo en la preparación*

Piernas a la distancia de las caderas y pies flexionados

FASE PREPARATORIA
Échate sobre la espalda, con la columna y la pelvis en posición neutra, las piernas a la distancia de las caderas y los pies flexionados. Cruza las manos detrás de la cabeza, con los codos y el pecho abiertos. Activa el *core.*

PRIMERA FASE
Inhala y alarga el cuello, llevándolo hacia delante junto con la cabeza. Continúa subiendo vértebra a vértebra para desplazar la parte superior del tronco hacia delante. Exhala y mantén la flexión llevando el tronco por encima de las piernas. Aleja los talones para estirar más las piernas.

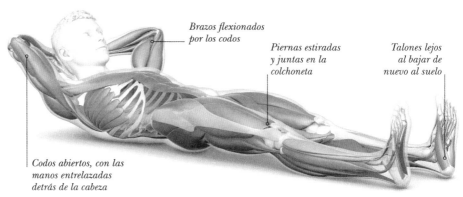

Tren superior

El **romboides** y el **trapecio medio e inferior** mantienen la posición escapular neutra. El **deltoides** y el **supraespinoso** abducen los brazos. Los **extensores del cuello** se activan al presionar ligeramente con la cabeza en las manos.

Brazos flexionados por los codos

Piernas estiradas y juntas en la colchoneta

Talones lejos al bajar de nuevo al suelo

Codos abiertos, con las manos entrelazadas detrás de la cabeza

SEGUNDA FASE

Inhala mientras desplazas la columna hacia arriba hasta sentarte. Alarga el cuello y empuja con él las palmas de las manos. Exhala mientras basculas la pelvis hacia atrás y, utilizando los músculos abdominales, controlas la bajada hasta la esterilla, primero la pelvis y luego la zona lumbar, la espalda media, la superior y, por último, la cabeza y el cuello, hasta volver a la posición de preparación.

Tren inferior

El **cuádriceps** estira las rodillas y mantiene las piernas abajo. Los **músculos abdominales** flexionan el tronco con ayuda de los **flexores de la cadera** y el **psoas mayor**. Los **dorsiflexores del tobillo** tiran de los dedos del pie y permiten alejar los talones.

Tensor de la fascia lata
Vasto lateral
Glúteo mayor
Bíceps femoral, cabeza larga
Tibial anterior
Peroneo largo
Sóleo

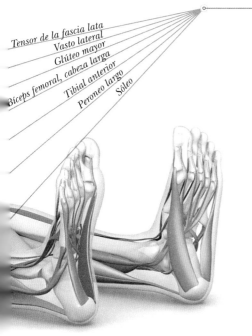

**VISTA LATERAL
EN TRES CUARTOS**

CLAVE

- •-- *Articulaciones*
- ○— *Músculos*
- ● Se acorta con tensión
- ● Se alarga con tensión
- ○ Se alarga sin tensión
- ● En tensión sin movimiento

En la flexión de **tronco** *hacia delante, las manos están* **detrás de la** *cabeza y se* **evita** *tirar del cuello.*

LA NAVAJA

Este clásico del pilates crea longitud y fuerza en el tronco y la columna al tiempo que se apoya en la fuerza de las piernas y los glúteos. Exige mucho control, con grandes palancas de pierna, flexión de la columna y también permanecer en una postura invertida.

INDICACIONES

Junta primero la parte interior de los muslos, activa el cuádriceps y los glúteos y conecta el *core* para crear la elevación. Alarga las piernas, aleja la pelvis del tronco y piensa en elongar la cintura para evitar comprimir la espina dorsal. Evita la flexión de la barbilla hacia el pecho. Si eres nuevo en este ejercicio, coloca las manos en la parte inferior de la espalda para apoyarte durante la primera fase y facilitar la transición a la segunda.

CLAVE
- - - *Articulaciones*
- ○ *Músculos*
- ● Se acorta con tensión
- ● Se alarga con tensión
- ● Se alarga sin tensión
- ● En tensión sin movimiento

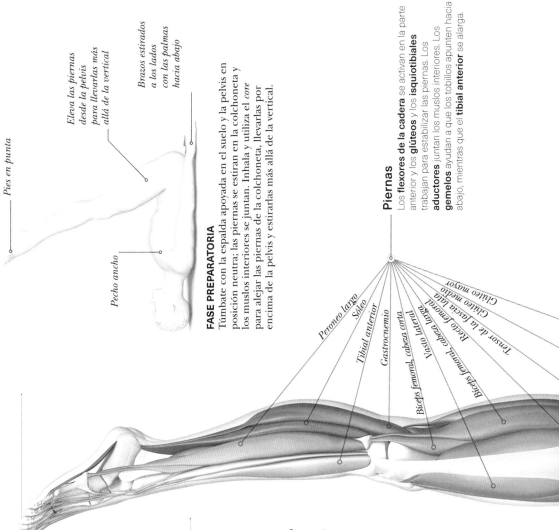

Pies en punta

Eleva las piernas desde la pelvis para llevarlas más allá de la vertical

Brazos estirados a los lados con las palmas hacia abajo

Pecho ancho

FASE PREPARATORIA
Túmbate con la espalda apoyada en el suelo y la pelvis en posición neutra; las piernas se estiran en la colchoneta y los muslos interiores se juntan. Inhala y utiliza el *core* para alejar las piernas de la colchoneta, llevarlas por encima de la pelvis y estirarlas más allá de la vertical.

Piernas
Los **flexores de la cadera** se activan en la parte anterior y los **glúteos** y los **isquiotibiales** trabajan para estabilizar las piernas. Los **aductores** juntan los muslos interiores. Los **gemelos** ayudan a que los tobillos apunten hacia abajo, mientras que el **tibial anterior** se alarga.

Peroneo largo
Sóleo
Tibial anterior
Gastrocnemio
Vasto lateral
Bíceps femoral, cabeza corta
Recto femoral
Tensor de la fascia lata
Glúteo medio
Glúteo mayor
Bíceps femoral, cabeza larga

Tronco y tren superior

Los **extensores de la columna** se alargan, mientras que el **core** estabiliza la espina dorsal. El **trapecio**, el **serrato anterior** y el **pectoral mayor** se estiran y los **flexores del cuello** también trabajan. El **dorsal ancho**, el **deltoides posterior** y el **redondo mayor** se activan al presionar con los brazos la esterilla para tener más apoyo.

Iliocostal
Oblicuo interno
Recto abdominal
Pectoral mayor
Serrato anterior
Espinoso torácico
Trapecio superior
Deltoides

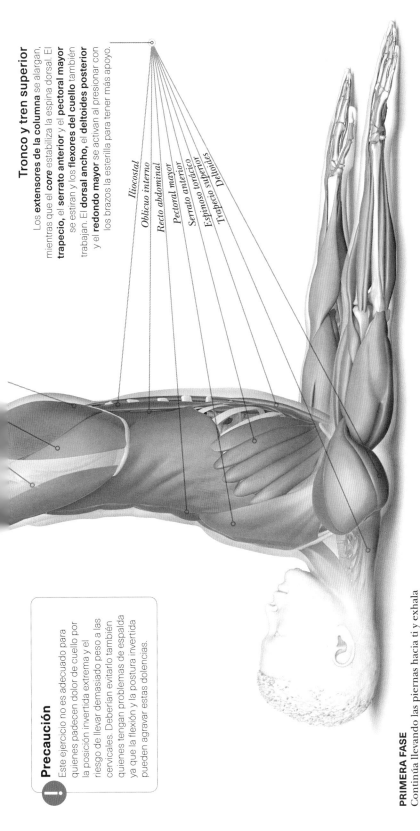

VISTA LATERAL

Piernas conectadas y con los pies en punta

Core activo para controlar la bajada

Brazos estirados a los lados

Precaución

Este ejercicio no es adecuado para quienes padecen dolor de cuello por la posición invertida extrema y el riesgo de llevar demasiado peso a las cervicales. Deberían evitarlo también quienes tengan problemas de espalda ya que la flexión y la postura invertida pueden agravar estas dolencias.

PRIMERA FASE

Continúa llevando las piernas hacia ti y exhala mientras elevas la pelvis y despegas la columna de la colchoneta hasta descansar sobre las escápulas. Las piernas están en línea con el tronco en la vertical y los pies en punta.

SEGUNDA FASE

Inhala y baja la columna con control, vértebra a vértebra, hasta descansar en la colchoneta. La pelvis y las piernas van detrás hasta apoyarse por completo en el suelo. Repite hasta 5 veces.

LA UVE

Este divertido ejercicio de nivel avanzado es considerado a menudo el cúmulo de todo lo que supone el pilates. Exige mucha fuerza abdominal, control del movimiento y uso de palancas largas de piernas y brazos.

INDICACIONES

En la posición de uve, las piernas permanecen juntas, largas y alejadas del cuerpo. No están tensas, ya que el movimiento parte del *core*. Rueda suavemente vértebra a vértebra sobre la columna en ambas direcciones. Mantén la distancia que hay entre los hombros y las orejas. Cuando estés erguido, alarga los brazos y las piernas lejos de ti, eleva el pecho y activa más el *core* para equilibrarte antes de comenzar el descenso.

**VISTA LATERAL
EN TRES CUARTOS**

Gastrocnemio
Sóleo
Tibial anterior
Peroneo largo
Bíceps femoral, cabeza corta
Semitendinoso
Recto femoral
Vasto lateral
Bíceps femoral, cabeza larga
Tensor de la fascia lata
Glúteo mayor

Piernas

Los **flexores de la cadera** elevan las piernas y luego se contraen de forma isométrica para mantenerlas arriba junto con los **cuádriceps,** que estiran las rodillas. Los **aductores** juntan la parte interior de los muslos y los **isquiotibiales** se alargan. Si no puedes estirar las piernas por completo, déjalas ligeramente dobladas.

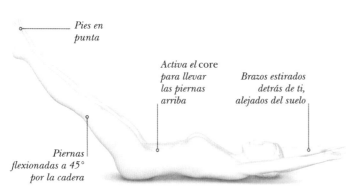

Pies en punta

Activa el *core* para llevar las piernas arriba

Brazos estirados detrás de ti, alejados del suelo

Piernas flexionadas a 45° por la cadera

FASE PREPARATORIA

Túmbate boca arriba con las piernas juntas y los pies en punta. Lleva los brazos atrás y usa el *core* para levantar las piernas del suelo en una diagonal alta.

PRIMERA FASE

Inhala y utiliza el *core* para subir la cabeza, el cuello, la parte superior del tronco y la columna, al tiempo que alargas las piernas y los brazos lejos, hasta formar una uve con el tronco y las piernas.

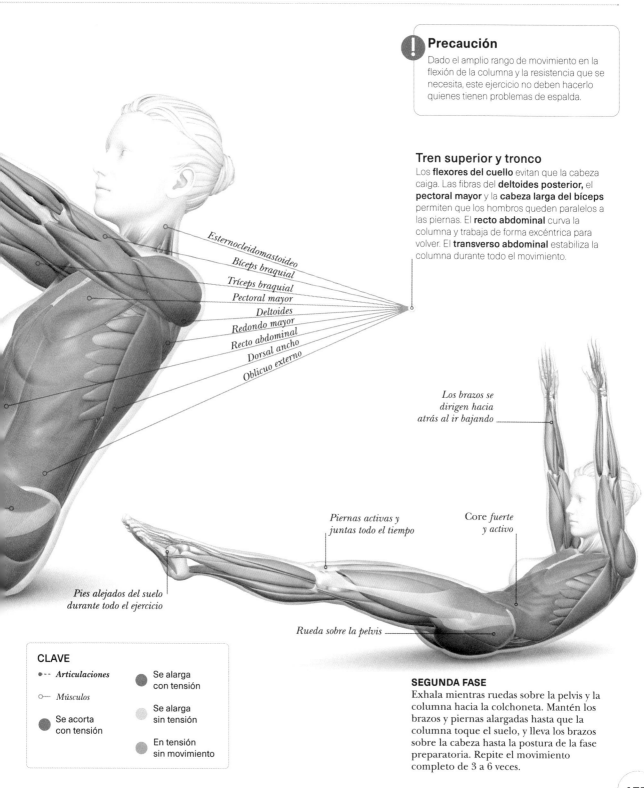

Tren superior y tronco

Los **flexores del cuello** evitan que la cabeza caiga. Las fibras del **deltoides posterior,** el **pectoral mayor** y la **cabeza larga del bíceps** permiten que los hombros queden paralelos a las piernas. El **recto abdominal** curva la columna y trabaja de forma excéntrica para volver. El **transverso abdominal** estabiliza la columna durante todo el movimiento.

Esternocleidomastoideo

Bíceps braquial

Tríceps braquial

Pectoral mayor

Deltoides

Redondo mayor

Recto abdominal

Dorsal ancho

Oblicuo externo

Los brazos se dirigen hacia atrás al ir bajando

Piernas activas y juntas todo el tiempo

Core fuerte y activo

Pies alejados del suelo durante todo el ejercicio

Rueda sobre la pelvis

CLAVE

• - - *Articulaciones*

○— *Músculos*

● Se acorta con tensión

● Se alarga con tensión

● Se alarga sin tensión

● En tensión sin movimiento

SEGUNDA FASE

Exhala mientras ruedas sobre la pelvis y la columna hacia la colchoneta. Mantén los brazos y piernas alargadas hasta que la columna toque el suelo, y lleva los brazos sobre la cabeza hasta la postura de la fase preparatoria. Repite el movimiento completo de 3 a 6 veces.

» VARIACIONES

El ejercicio de la uve es muy exigente y estas variantes son opciones mucho menos cansadas para los principiantes. Aunque permiten practicar la postura, se apoyan sobre una pierna o una mano y funcionan bien como ejercicios energizantes independientes.

LA UVE CON UNA PIERNA

Esta opción combina el ejercicio de rodar hacia arriba con una pierna estirada y permite introducir los conceptos de este movimiento. Mantén apretada la parte interior de los muslos para conseguir más apoyo mientras pasas de una postura a otra.

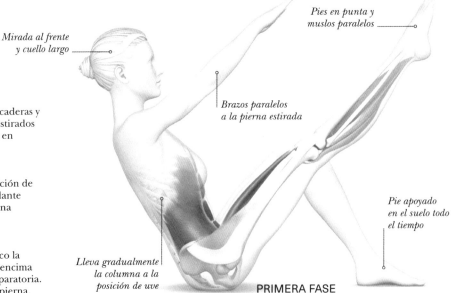

Pierna estirada y dedos del pie en punta

Pierna arriba en diagonal

Brazos estirados sobre la cabeza sin tocar el suelo

Columna estirada

FASE PREPARATORIA

Pierna doblada y estable con la planta del pie apoyada en el suelo

Mirada al frente y cuello largo

Pies en punta y muslos paralelos

Brazos paralelos a la pierna estirada

Pie apoyado en el suelo todo el tiempo

Lleva gradualmente la columna a la posición de uve

PRIMERA FASE

FASE PREPARATORIA
Túmbate sobre la espalda con las caderas y las rodillas dobladas y los brazos estirados sobre la cabeza. Estira una pierna en diagonal.

PRIMERA FASE
Inhala y lleva la columna a la posición de uve, estirando los brazos hacia delante hasta que estén paralelos a la pierna estirada.

SEGUNDA FASE
Exhala y vuelve a llevar poco a poco la columna al suelo y los brazos por encima de la cabeza hasta la posición preparatoria. Repite hasta 5 veces, y cambia de pierna.

Prueba a sentarte *sobre los* **isquiones** *en la* **postura de la uve** *antes de intentar el movimiento* dinámico *completo.*

LA UVE CON APOYO

Ayúdate con los hombros para flexionar el tronco. Haz una pausa arriba y asegúrate de activar el *core;* los brazos agarran suavemente la parte exterior de las piernas para ganar apoyo al rodar hacia abajo.

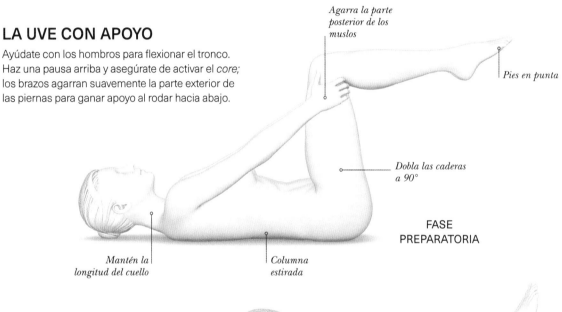

Agarra la parte posterior de los muslos

Pies en punta

Dobla las caderas a 90°

FASE PREPARATORIA

Mantén la longitud del cuello

Columna estirada

FASE PREPARATORIA
En posición decúbito supino, con las caderas y las rodillas dobladas en posición de mesa y los muslos internos en contacto, los brazos están estirados sobre la cabeza. Agarra con los brazos la parte posterior de los muslos.

PRIMERA FASE
Inhala y lleva la columna hacia arriba al tiempo que estiras las piernas en diagonal para formar una uve.

SEGUNDA FASE
Exhala y baja la columna poco a poco a la colchoneta, llevando los brazos hacia atrás por encima de la cabeza. Los brazos agarran de nuevo las piernas; repite el movimiento 5 veces.

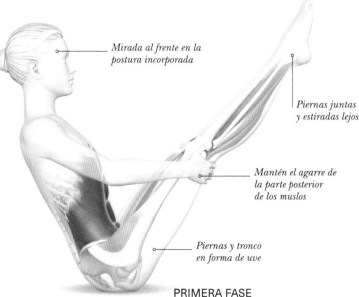

Mirada al frente en la postura incorporada

Piernas juntas y estiradas lejos

Mantén el agarre de la parte posterior de los muslos

Piernas y tronco en forma de uve

PRIMERA FASE

PLANCHA CON UNA PIERNA

Este ejercicio desafía la fuerza y la resistencia de los abdominales y de la cintura escapular, y es parecido a la posición de plancha en prono. Se trata de una buena manera de combinar la estabilidad pélvica y de los hombros y está destinado a alumnos de nivel medio a avanzado.

INDICACIONES

Esta plancha se concentra en mantener la estabilidad del tronco, del tren superior y del inferior. El *core* activo y la columna vertebral neutra permiten controlar el centro. Mantén la altura del pecho y las piernas activas. Puedes modificar el ejercicio haciendo rebotes con la pierna varias veces en la elevación, llevando la rodilla a tocar el codo o haciendo una flexión (p. 158) entre cada elevación de pierna.

⊘ Precaución

Evita este ejercicio si tienes inestabilidad en el hombro o si no aguantas cómodamente tu peso sobre las muñecas. Prueba a cargar el peso en los nudillos para aliviar las muñecas o las variaciones que reducen la carga de la parte superior del cuerpo (p. 142).

Tren inferior

Los **glúteos,** junto con los **isquiotibiales,** extienden la cadera para subir la pierna. Los **cuádriceps** se activan para mantener la rodilla estirada. Los **gemelos** se activan, los pies están en punta y los **dorsiflexores del tobillo** se alargan.

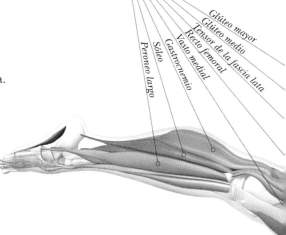

Glúteo mayor
Glúteo medio
Tensor de la fascia lata
Recto femoral
Vasto medial
Gastrocnemio
Sóleo
Peroneo largo

Columna y pelvis neutras

Brazos estirados sin bloquearlos

Apoyo en la bola del pie

FASE PREPARATORIA
Ponte en posición de plancha, con los hombros justo encima de las muñecas y los brazos estirados. Las piernas y los pies están a la distancia de las caderas, con las piernas completamente estiradas y apoyo en las bolas de los pies. La columna y la pelvis permanecen neutras y el cuello está largo, con la mirada baja. Activa el *core*.

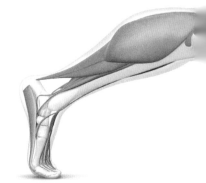

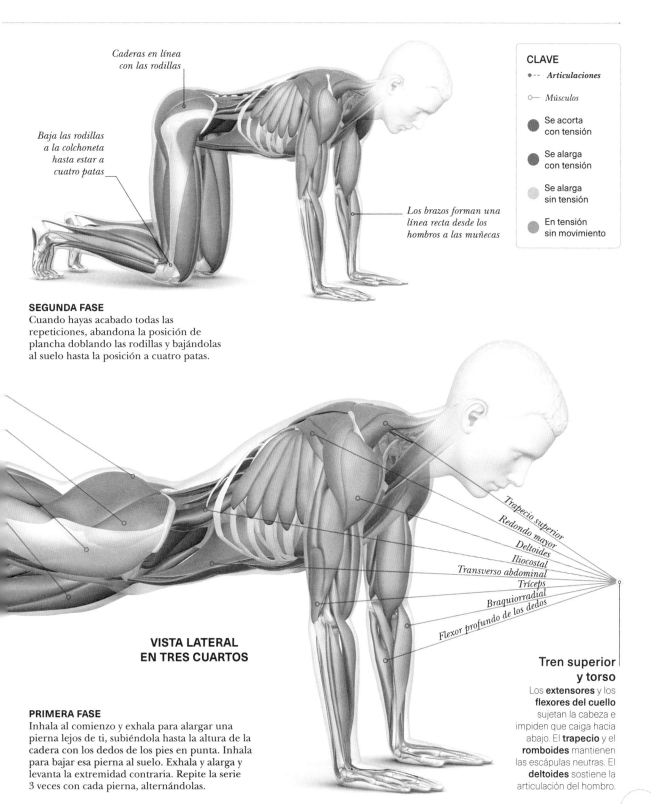

Caderas en línea
con las rodillas

Baja las rodillas
a la colchoneta
hasta estar a
cuatro patas

Los brazos forman una
línea recta desde los
hombros a las muñecas

SEGUNDA FASE
Cuando hayas acabado todas las
repeticiones, abandona la posición de
plancha doblando las rodillas y bajándolas
al suelo hasta la posición a cuatro patas.

Trapecio superior
Redondo mayor
Deltoides
Iliocostal
Transverso abdominal
Tríceps
Braquiorradial
Flexor profundo de los dedos

**VISTA LATERAL
EN TRES CUARTOS**

**Tren superior
y torso**
Los **extensores** y los
flexores del cuello
sujetan la cabeza e
impiden que caiga hacia
abajo. El **trapecio** y el
romboides mantienen
las escápulas neutras. El
deltoides sostiene la
articulación del hombro.

PRIMERA FASE
Inhala al comienzo y exhala para alargar una
pierna lejos de ti, subiéndola hasta la altura de la
cadera con los dedos de los pies en punta. Inhala
para bajar esa pierna al suelo. Exhala y alarga y
levanta la extremidad contraria. Repite la serie
3 veces con cada pierna, alternándolas.

» VARIACIONES

Estas modificaciones pueden emplearse en una rutina de planchas con una pierna, ya que cada ejercicio se centra en un aspecto. Intenta realizar uno de cada en un circuito que repitas de 3 a 5 veces. También puedes hacer cada ejercicio 5 veces para mejorar la resistencia del *core* y la parte superior del tronco en esta postura.

CLAVE

● Principal músculo trabajado   ● Otros músculos implicados

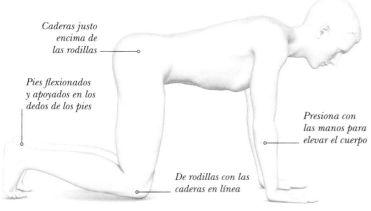

Caderas justo encima de las rodillas

Pies flexionados y apoyados en los dedos de los pies

Presiona con las manos para elevar el cuerpo

De rodillas con las caderas en línea

FASE PREPARATORIA

PLANCHA EN CUADRUPEDIA

En este ejercicio sencillo solo has de mover el tronco hacia arriba y hacia abajo. Sin embargo, exige un buen control abdominal y estabilidad de la parte superior del cuerpo. Inténtalo con una pelota blanda entre las rodillas para aumentar la activación del *core*.

FASE PREPARATORIA
En posición de cuadrupedia, con los hombros sobre las muñecas y las caderas encima de las rodillas, las piernas se separan algo menos que la anchura de las caderas. Mantén la columna y la pelvis en posición neutra y activa el *core*.

PRIMERA FASE
Exhala y presiona el suelo con los pies y las manos; despega las rodillas del suelo para formar una especie de plancha. Los dedos de los pies y las manos permanecen todo el tiempo en la misma posición.

SEGUNDA FASE
Inhala y mantén esta posición, luego exhala para volver a la esterilla. Repite la serie 5 veces.

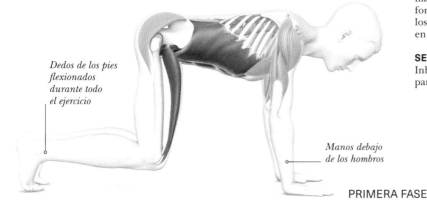

Dedos de los pies flexionados durante todo el ejercicio

Manos debajo de los hombros

PRIMERA FASE

> *Las planchas en cuadrupedia son **excelentes** para aprender **control abdominal** contra la gravedad, y pueden realizarse de forma segura en las rutinas de antes y después del parto.*

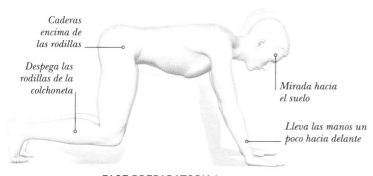

Caderas
encima de
las rodillas

Despega las
rodillas de la
colchoneta

Mirada hacia
el suelo

Lleva las manos un
poco hacia delante

**FASE PREPARATORIA/
PRIMERA FASE**

DE CUADRUPEDIA A PLANCHA ALTA

Pasa con suavidad de cuadrupedia a plancha alta
y vuelve de nuevo a la posición de partida.
La columna debe estar neutra en todo momento.
El pecho sigue elevado durante todo el ejercicio.
Las caderas han de estar en línea con la columna
o más elevadas para facilitar el movimiento.

FASE PREPARATORIA
En cuadrupedia con los hombros sobre las muñecas,
las caderas sobre las rodillas y las piernas separadas
a la distancia de las caderas. La columna y la pelvis
están en posición neutra y el *core* activo. Inhala para
prepararte.

PRIMERA FASE
Camina con las manos hasta llevarlas por delante de
los hombros. Exhala y eleva las rodillas del suelo.

SEGUNDA FASE
Continúa el movimiento y lleva el cuerpo hacia
delante, alineando los codos con las muñecas y
alargando las piernas hasta que estés en la plancha
alta, con apoyo en las manos y en los dedos de los
pies. Completa toda la secuencia cinco veces.

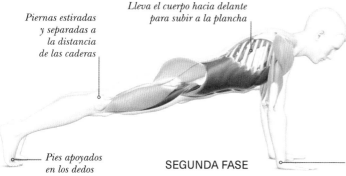

Piernas estiradas
y separadas a
la distancia
de las caderas

Lleva el cuerpo hacia delante
para subir a la plancha

Pies apoyados
en los dedos

SEGUNDA FASE

Apoya el peso en las manos
y los dedos de los pies

ABDUCCIONES DE PIERNA

Esta variante proporciona resistencia al *core* al mantener la postura
y realizar una abducción de piernas. Es una forma excelente de trabajar
los músculos de la cadera lateral y puede combinarse con la plancha
con una pierna dentro de una rutina de fortalecimiento de la cadera.

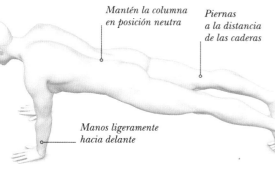

Mantén la columna
en posición neutra

Piernas
a la distancia
de las caderas

Manos ligeramente
hacia delante

FASE PREPARATORIA
Empieza en plancha alta con
las manos ligeramente hacia
delante y los pies flexionados apoyados en los dedos.

Pies flexionados con
apoyo en los dedos

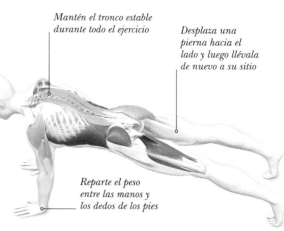

Mantén el tronco estable
durante todo el ejercicio

Desplaza una
pierna hacia el
lado y luego llévala
de nuevo a su sitio

Reparte el peso
entre las manos y
los dedos de los pies

PRIMERA FASE
Con el tronco estable, exhala y desplaza
una pierna hacia un lado, inhala y llévala
de nuevo a su sitio. Repite con el otro lado
y realiza 5 repeticiones con cada lado.

ELEVACIÓN DE PIERNA BOCA ARRIBA

Este ejercicio es el contrario a la plancha con una pierna.
Aquí, la posición supina hace que el trabajo se concentre
mucho más en la parte superior del cuerpo, al tratar de
estabilizar el tronco para mover las caderas. Se trata de un
ejercicio avanzado para quienes quieran conseguir un nivel
alto de fuerza en el tren superior y control del *core*.

INDICACIONES

Concéntrate en el *core* durante todo el movimiento; de esta
forma se estabiliza la columna y el tronco permanece estático.
Sírvete de las caderas para elevar el cuerpo y luego flexiona
la articulación de la cadera para subir la pierna de forma
independiente a la pelvis y la columna. Ten cuidado de no
bloquear los codos y mantén el pecho abierto y elevado.
El cuello está estirado y la mirada va al frente todo el tiempo.

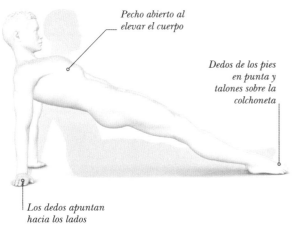

Pecho abierto al
elevar el cuerpo

Dedos de los pies
en punta y
talones sobre la
colchoneta

Los dedos apuntan
hacia los lados

FASE PREPARATORIA
Siéntate y estira las piernas
hacia delante; las piernas están
juntas y los dedos de los pies en
punta. Estira los brazos por
detrás, con las palmas apoyadas
en la esterilla y los dedos
apuntando hacia los lados.
Empuja con las manos el suelo
para elevar la pelvis hasta que
el cuerpo forme una diagonal
desde el tronco a los pies.

Braquiorradial
Bíceps braquial
Deltoides
Pectoral mayor
Serrato anterior
Dorsal ancho
Recto abdominal
Oblicuo externo

Tronco y tren superior
El **pectoral mayor** y el **serrato anterior**
se estiran. El **deltoides posterior** y el
redondo menor rotan los hombros de
forma externa, mientras que el
romboides y el **trapecio medio** e
inferior estabilizan las escápulas. Los
extensores de las muñecas trabajan
para sostener el peso del cuerpo,
mientras que los **flexores** se alargan.

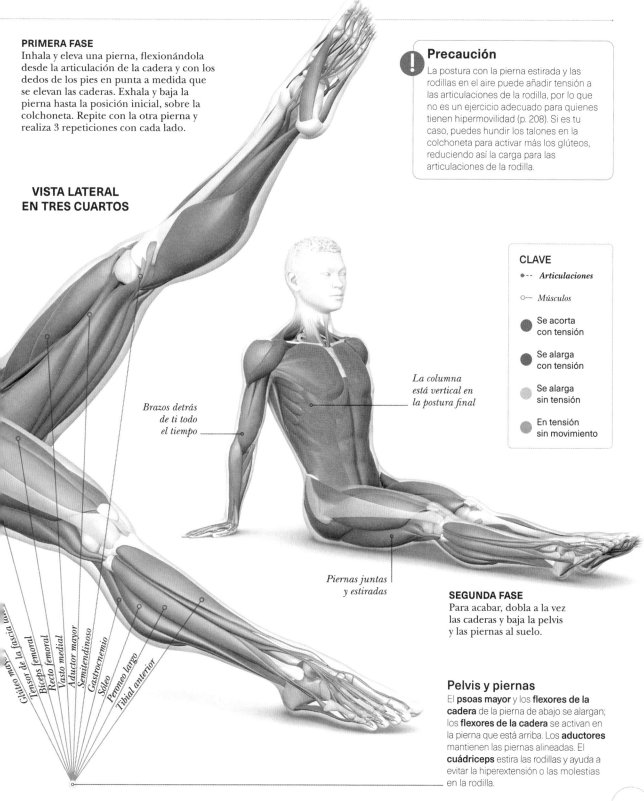

PRIMERA FASE

Inhala y eleva una pierna, flexionándola desde la articulación de la cadera y con los dedos de los pies en punta a medida que se elevan las caderas. Exhala y baja la pierna hasta la posición inicial, sobre la colchoneta. Repite con la otra pierna y realiza 3 repeticiones con cada lado.

VISTA LATERAL EN TRES CUARTOS

Precaución

La postura con la pierna estirada y las rodillas en el aire puede añadir tensión a las articulaciones de la rodilla, por lo que no es un ejercicio adecuado para quienes tienen hipermovilidad (p. 208). Si es tu caso, puedes hundir los talones en la colchoneta para activar más los glúteos, reduciendo así la carga para las articulaciones de la rodilla.

CLAVE

• -- *Articulaciones*

○-- *Músculos*

● Se acorta con tensión

● Se alarga con tensión

● Se alarga sin tensión

● En tensión sin movimiento

La columna está vertical en la postura final

Brazos detrás de ti todo el tiempo

Glúteo mayor
Tensor de la fascia lata
Bíceps femoral
Recto femoral
Vasto medial
Aductor mayor
Semitendinoso
Gastrocnemio
Sóleo
Peroneo largo
Tibial anterior

Piernas juntas y estiradas

SEGUNDA FASE

Para acabar, dobla a la vez las caderas y baja la pelvis y las piernas al suelo.

Pelvis y piernas

El **psoas mayor** y los **flexores de la cadera** de la pierna de abajo se alargan; los **flexores de la cadera** se activan en la pierna que está arriba. Los **aductores** mantienen las piernas alineadas. El **cuádriceps** estira las rodillas y ayuda a evitar la hiperextensión o las molestias en la rodilla.

» VARIACIONES

Estas variaciones se centran en conseguir la estabilidad de la parte superior del cuerpo mientras que los pies siguen apoyados en el suelo. En la primera opción se doblan las rodillas, mientras que la variante final introduce el movimiento de una pierna a modo de preparación para el ejercicio clásico.

CLAVE
● Principal músculo trabajado
● Otros músculos implicados

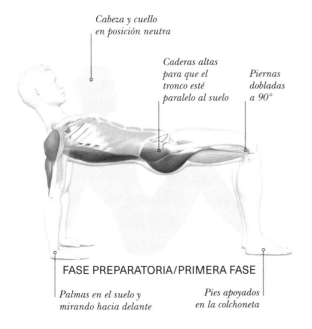

Cabeza y cuello en posición neutra

Caderas altas para que el tronco esté paralelo al suelo

Piernas dobladas a 90°

FASE PREPARATORIA/PRIMERA FASE

Palmas en el suelo y mirando hacia delante

Pies apoyados en la colchoneta

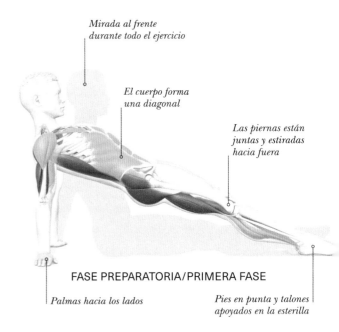

Mirada al frente durante todo el ejercicio

El cuerpo forma una diagonal

Las piernas están juntas y estiradas hacia fuera

FASE PREPARATORIA/PRIMERA FASE

Palmas hacia los lados

Pies en punta y talones apoyados en la esterilla

MESA INVERTIDA

Abre el pecho y lleva los hombros atrás con suavidad para activar las escápulas. Mantén la mirada al frente e inicia el movimiento desde la parte superior del tronco en lugar de pensar en empujar con la cadera.

FASE PREPARATORIA
Siéntate con las caderas y las rodillas dobladas y los pies apoyados en el suelo. Estira los brazos detrás de ti; las palmas de las manos están apoyadas en el suelo y miran hacia delante.

PRIMERA FASE
Exhala y presiona con las manos y pies para elevar las caderas hasta que el tronco esté paralelo al suelo. Inhala y mantén la postura.

SEGUNDA FASE
Exhala para llevar las caderas al suelo de nuevo. Realiza hasta 6 repeticiones.

SUBIDA EN DIAGONAL

Al subir, céntrate en mantener el *core* activo y la caja torácica hacia abajo para impedir que se proyecten las costillas. Cuidado con bloquear los codos y rodillas y usa los glúteos para darte sostén.

FASE PREPARATORIA
Siéntate vertical con las piernas estiradas y juntas delante y los pies en punta. Estira los brazos por detrás, con las palmas apoyadas y los dedos hacia fuera.

PRIMERA FASE
Exhala y empuja con las manos el suelo para subir la pelvis hasta que el cuerpo forme una diagonal desde el tronco a los pies. Inhala y mantén la postura y exhala y baja de nuevo. Realiza hasta 6 repeticiones.

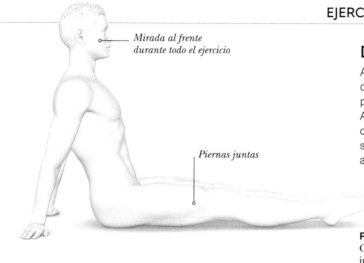

Mirada al frente
durante todo el ejercicio

Piernas juntas

DESLIZAMIENTO DE PIERNA

Asegúrate de encontrar el equilibrio antes de deslizar la pierna hacia ti, para que la pelvis permanezca estable y no bascule hacia un lado. Aprieta los glúteos para darte más apoyo e imagina que deslizas los dedos de los pies por una línea del suelo. Las caderas, las rodillas y los tobillos están alineados todo el tiempo.

FASE PREPARATORIA
Con el tronco vertical, estira las piernas juntas delante de ti; los dedos de los pies están en punta. Estira los brazos por detrás, con las palmas apoyadas en el suelo y los dedos hacia los lados.

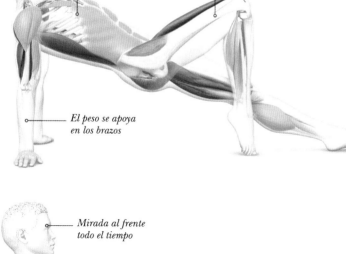

Pecho abierto cuando
esté arriba

Lleva una pierna hacia
ti, con el pie en punta

El peso se apoya
en los brazos

Dedos en punta
en el pie que no
se mueve

PRIMERA FASE
Exhala y empuja con las manos para elevar la pelvis, hasta que el cuerpo forme una diagonal desde el tronco a los pies. Inhala y desliza la pierna hacia ti, flexionando la cadera y la rodilla. Los pies están en punta y las caderas bien altas.

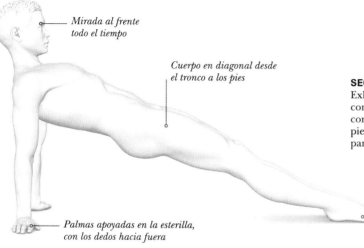

Mirada al frente
todo el tiempo

Cuerpo en diagonal desde
el tronco a los pies

SEGUNDA FASE
Exhala y vuelve a estirar la pierna. Repite con la contraria y realiza tres repeticiones con cada lado. Dobla las caderas y baja las piernas a la colchoneta al mismo tiempo, para volver a la posición inicial.

Palmas apoyadas en la esterilla,
con los dedos hacia fuera

Unir los dos pies
y mantener dedos
en punta

EL BUMERÁN

Este ejercicio avanzado trabaja la fuerza abdominal a través de la movilización y el control de la columna a un ritmo variable. También incorpora la estabilidad de la cadera y el movimiento con las palancas largas de pierna. Asegúrate de que puedes rodar hacia atrás (p. 126) y hacer la uve (p. 136) antes de intentar el bumerán, ya que son fases clave de este ejercicio.

INDICACIONES

Alarga completamente la columna y estira las piernas alejándolas de la pelvis. Mantén el control durante todo el movimiento para preservar la forma. Realiza la primera fase con un ritmo dinámico y haz una breve pausa en la posición de la uve para reequilibrarte antes de fluir a la quinta fase. Elonga la columna y las piernas y haz una breve pausa para alargar más. Al principio, practica para subir a la tercera fase antes de realizar el ejercicio completo.

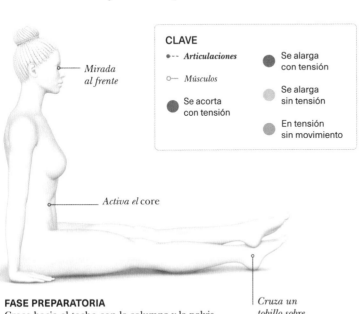

Mirada al frente

CLAVE

●-- *Articulaciones*

○- *Músculos*

● Se acorta con tensión

● Se alarga con tensión

● Se alarga sin tensión

● En tensión sin movimiento

Activa *el* core

Peroneo largo

Extensor largo de los dedos

Sóleo

Gastrocnemio

Bíceps femoral, cabeza corta

Bíceps femoral, cabeza larga

Glúteo mayor

Glúteo medio

VISTA LATERAL

FASE PREPARATORIA
Crece hacia el techo con la columna y la pelvis neutras y las piernas estiradas y juntas frente a ti. Cruza los tobillos y coloca los pies en punta. Las manos están apoyadas en el suelo a los lados de la cadera y las palmas miran hacia abajo.

Cruza un tobillo sobre el otro

Tren inferior
El **glúteo mayor** y los **isquiotibiales** se estiran, mientras que los isquiotibiales también se activan al imaginar que empujas con las piernas hacia el techo para mantener la altura de la pierna. Los **cuádriceps** ayudan a mantener las rodillas estiradas y el **glúteo medio** y el **glúteo menor** estabilizan la pelvis a ambos lados.

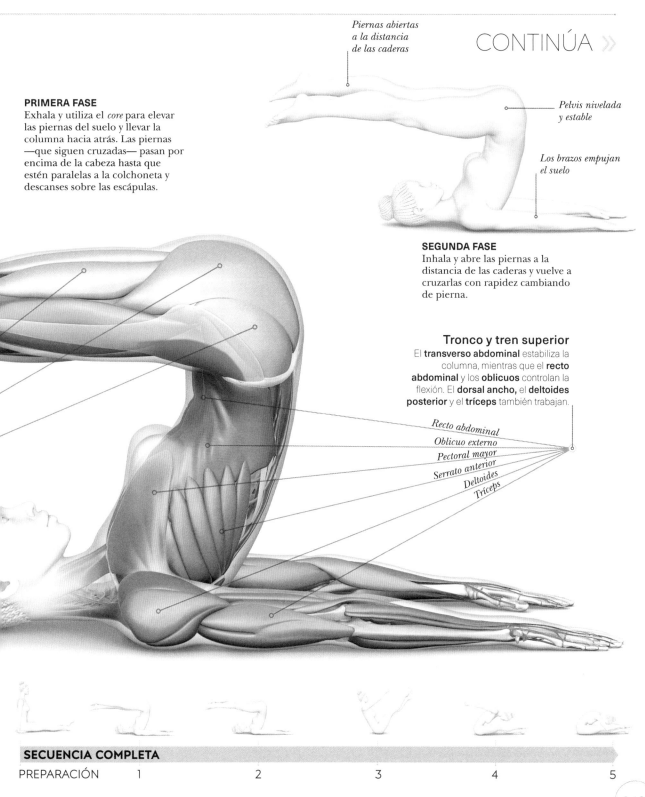

CONTINÚA »

Piernas abiertas
a la distancia
de las caderas

Pelvis nivelada
y estable

Los brazos empujan
el suelo

PRIMERA FASE

Exhala y utiliza el *core* para elevar
las piernas del suelo y llevar la
columna hacia atrás. Las piernas
—que siguen cruzadas— pasan por
encima de la cabeza hasta que
estén paralelas a la colchoneta y
descanses sobre las escápulas.

SEGUNDA FASE

Inhala y abre las piernas a la
distancia de las caderas y vuelve a
cruzarlas con rapidez cambiando
de pierna.

Tronco y tren superior

El **transverso abdominal** estabiliza la
columna, mientras que el **recto
abdominal** y los **oblicuos** controlan la
flexión. El **dorsal ancho,** el **deltoides
posterior** y el **tríceps** también trabajan.

Recto abdominal
Oblicuo externo
Pectoral mayor
Serrato anterior
Deltoides
Tríceps

SECUENCIA COMPLETA

PREPARACIÓN   1   2   3   4   5

» EL BUMERÁN
(CONTINUACIÓN)

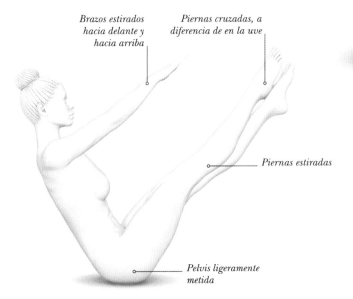

Extensor de los dedos
Tríceps
Deltoides
Serrato anterior
Pectoral mayor
Oblicuo externo
Transverso del abdomen

Tronco y tren superior

Los **flexores de la columna** llevan el tronco hacia delante y la elevación de los brazos proporciona una mayor flexión. Los extensores de la columna se estiran. El **romboides** y el **trapecio inferior** retraen las escápulas, mientras que el trapecio inferior las hunde al alejarte.

Brazos estirados
hacia delante y
hacia arriba

Piernas cruzadas, a
diferencia de en la uve

Piernas estiradas

Pelvis ligeramente
metida

TERCERA FASE

Exhala al desplazar la columna hacia arriba y bajar las piernas para formar una diagonal alta y estirar los brazos en la posición de la uve (p. 136).

CUARTA FASE

Baja las piernas a la posición de partida; inhala para subir los brazos por detrás y entrecruzar las manos. Exhala al alargar y estirar la columna hacia delante, llevando el pecho hacia las rodillas y los brazos hacia atrás y hacia arriba.

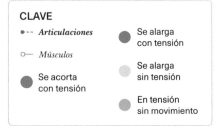

CLAVE

- - - *Articulaciones*

○— *Músculos*

● Se acorta
con tensión

● Se alarga
con tensión

○ Se alarga
sin tensión

● En tensión
sin movimiento

Pecho y cabeza hacia las rodillas

Pliégate por las caderas para ir hacia delante

Tira para acercarte a los tobillos y estirar más

VISTA LATERAL

QUINTA FASE

Inhala, separa las manos y haz un círculo con los brazos para agarrar los tobillos y estirarte hacia delante. Para acabar, exhala y sube la columna a la fase preparatoria. Repite la secuencia hasta 6 veces.

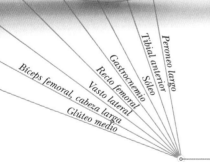

Peroneo largo
Tibial anterior
Sóleo
Gastrocnemio
Recto femoral
Vasto lateral
Bíceps femoral, cabeza larga
Glúteo medio

Tren inferior

Los **glúteos** y los **isquiotibiales** se estiran, mientras que los **gemelos** llevan los tobillos hacia abajo. Los **cuádriceps** estiran las rodillas y estabilizan las piernas al bajar. Los **aductores** se activan para conectar la parte interna de los muslos y ayudan a que las piernas se crucen en la línea media.

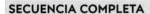

SECUENCIA COMPLETA

PREPARACIÓN   1   2   3   4   5

EL BALANCÍN

Este ejercicio avanzado favorece la movilidad de la columna en extensión y fortalece la espalda, los glúteos y los isquiotibiales. Supone un paso más desde el salto del cisne (p. 70). Se necesita una buena activación del *core* y consciencia para controlar el movimiento de balanceo. Es importante evitar valerse del impulso.

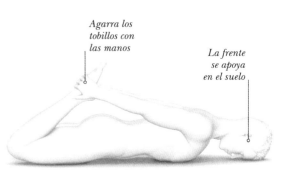

Agarra los tobillos con las manos

La frente se apoya en el suelo

FASE PREPARATORIA
Túmbate con la frente apoyada en el suelo y las piernas separadas a la distancia de las caderas. Dobla las rodillas y lleva los talones hacia la pelvis y los brazos hacia atrás para agarrar los tobillos.

INDICACIONES

La esencia del balancín es mantener la forma de las piernas y la columna durante todo el ejercicio. Al ir hacia delante, céntrate en levantar las piernas hacia arriba, y al ir hacia atrás, empuja con los pies hacia las manos. Los brazos permanecen estirados y la columna debería estar alargada en todo momento para evitar hundirte. El *core* está ligeramente activado en el alargamiento.

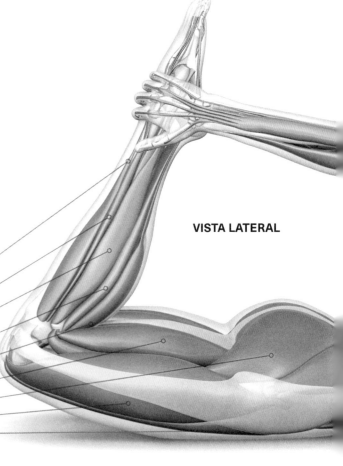

Piernas
Los **flexores de la cadera** y los **cuádriceps** se alargan, mientras que los **isquiotibiales** se contraen para doblar las rodillas. Los cuádriceps también se activan en tensión al presionar con la parte superior de los pies las manos para mantener el espacio en la postura.

VISTA LATERAL

Tibial anterior
Extensor largo de los dedos
Peroneo largo
Sóleo
Gastrocnemio
Bíceps femoral, cabeza larga
Glúteo mayor
Vasto lateral
Recto femoral

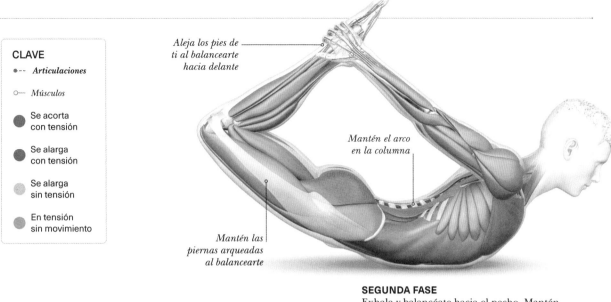

CLAVE
- •-- *Articulaciones*
- ○- *Músculos*
- ● Se acorta con tensión
- ● Se alarga con tensión
- ○ Se alarga sin tensión
- ● En tensión sin movimiento

Aleja los pies de ti al balancearte hacia delante

Mantén el arco en la columna

Mantén las piernas arqueadas al balancearte

SEGUNDA FASE
Exhala y balancéate hacia el pecho. Mantén la forma arqueada de la columna y las piernas; inhala y empuja con los pies las manos para balancearte hacia atrás. Continúa atrás y adelante durante 6 repeticiones.

PRIMERA FASE
Inhala y empuja la pelvis hacia el suelo y los pies hacia las manos. Activa los glúteos y los isquiotibiales para elevar la parte superior del tronco y la cabeza hasta que la caja torácica se despegue de la colchoneta.

*El balancín propicia una buena **postura y una** espalda **fuerte** y flexible.*

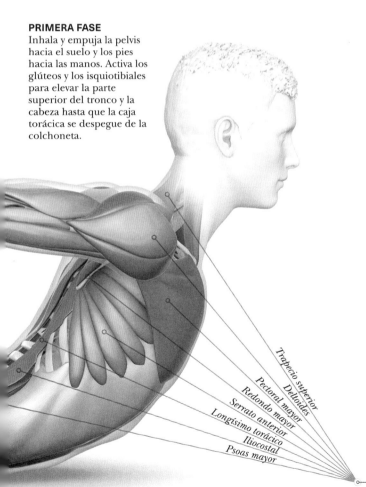

Trapecio superior
Deltoides
Pectoral mayor
Redondo mayor
Serrato anterior
Longísimo torácico
Iliocostal
Psoas mayor

! Precaución
Evita este ejercicio si tienes problemas de espalda o rodilla, ya que la extensión alta de la espalda o la flexión de las rodillas puede comprimir las articulaciones y hacer que duelan.

Tronco
Los **extensores de la columna** se activan; los **abdominales** y el **psoas mayor** se alargan. El **serrato anterior** y el **pectoral mayor** se estiran para abrir el pecho. El **dorsal ancho** y el **deltoides** estiran el hombro, y el **trapecio medio** e **inferior** retraen la escápula.

EXTENSIÓN DORSAL

Este ejercicio simula la natación a braza, pero en pilates se aísla la parte superior del tronco y se evita que se estire la parte inferior de la columna vertebral. Mantén la mirada baja y el *core* activo en todo momento para reducir el arco de la columna.

Precaución

Puede que la extensión dorsal no sea conveniente si tienes problemas lumbares, de hombro o cuello, ya que estas tres zonas participan en el ejercicio. Si ese es el caso, se puede intentar la opción más lenta del ejercicio de natación (p. 90).

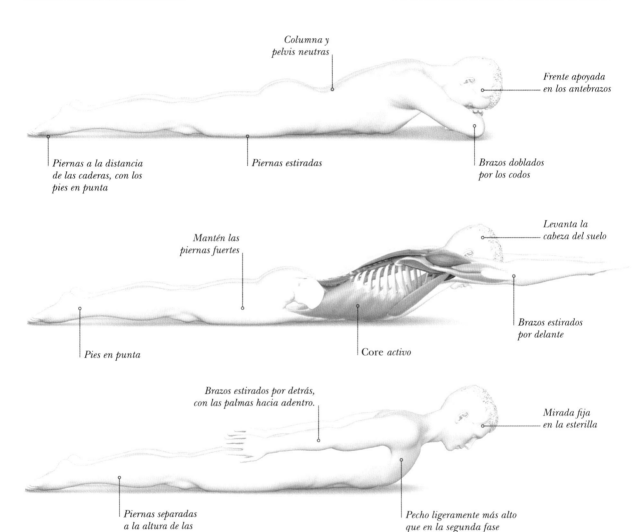

Columna y pelvis neutras

Frente apoyada en los antebrazos

Piernas a la distancia de las caderas, con los pies en punta

Piernas estiradas

Brazos doblados por los codos

Mantén las piernas fuertes

Levanta la cabeza del suelo

Pies en punta

Core activo

Brazos estirados por delante

Brazos estirados por detrás, con las palmas hacia adentro.

Mirada fija en la esterilla

Piernas separadas a la altura de las caderas

Pecho ligeramente más alto que en la segunda fase

FASE PREPARATORIA

Acuéstate boca abajo con la columna y la pelvis en posición neutra y las piernas estiradas a la distancia de las caderas. Dobla los brazos por los codos y apoya la frente ligeramente sobre los antebrazos frente a ti.

PRIMERA FASE

Exhala y levanta la cabeza y la parte superior del tronco del suelo. Inhala y estira los brazos delante de ti, con las palmas hacia abajo.

SEGUNDA FASE

Exhala y haz un círculo con los brazos hacia los lados y hacia las caderas, al tiempo que elevas ligeramente el pecho. Inhala para volver a la colchoneta y repite la secuencia de 8 a 10 veces.

FLEXIONES

Se trata de un ejercicio de resistencia que pone a prueba la fuerza abdominal coordinada, la rotación de la parte superior del tronco y los movimientos recíprocos de piernas. Exige un elevado nivel de control y precisión.

CLAVE
- Principal músculo trabajado
- Otros músculos implicados

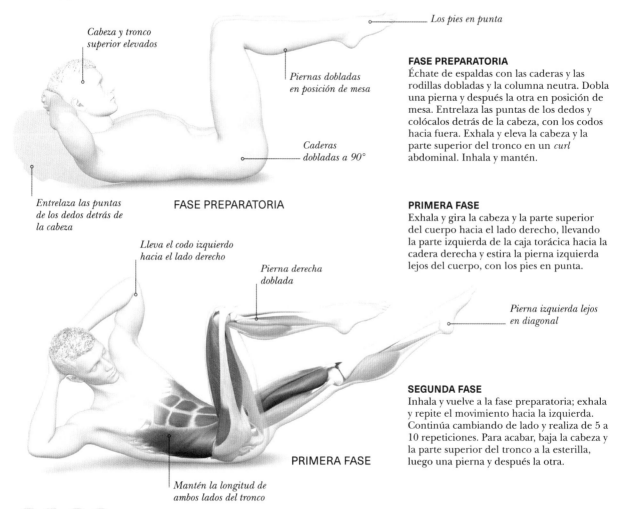

Cabeza y tronco superior elevados

Los pies en punta

Piernas dobladas en posición de mesa

Caderas dobladas a 90°

Entrelaza las puntas de los dedos detrás de la cabeza

FASE PREPARATORIA

Lleva el codo izquierdo hacia el lado derecho

Pierna derecha doblada

Pierna izquierda lejos en diagonal

Mantén la longitud de ambos lados del tronco

PRIMERA FASE

FASE PREPARATORIA

Échate de espaldas con las caderas y las rodillas dobladas y la columna neutra. Dobla una pierna y después la otra en posición de mesa. Entrelaza las puntas de los dedos y colócalos detrás de la cabeza, con los codos hacia fuera. Exhala y eleva la cabeza y la parte superior del tronco en un *curl* abdominal. Inhala y mantén.

PRIMERA FASE

Exhala y gira la cabeza y la parte superior del cuerpo hacia el lado derecho, llevando la parte izquierda de la caja torácica hacia la cadera derecha y estira la pierna izquierda lejos del cuerpo, con los pies en punta.

SEGUNDA FASE

Inhala y vuelve a la fase preparatoria; exhala y repite el movimiento hacia la izquierda. Continúa cambiando de lado y realiza de 5 a 10 repeticiones. Para acabar, baja la cabeza y la parte superior del tronco a la esterilla, luego una pierna y después la otra.

*Cuando hagas las flexiones entrecruzadas, **rota** con **control** desde los oblicuos, en lugar de **impulsarte** o darte prisa para cambiar la **dirección**.*

CONTROL DEL EQUILIBRIO

Este ejercicio avanzado reúne todo lo aprendido hasta ahora en el repertorio de pilates y requiere un control excelente de la pelvis y el *core*. Antes de intentarlo, hay que dominar la navaja (p. 134), y las tijeras (p. 78) y el balancín con piernas separadas (p. 68).

INDICACIONES

Estira las piernas y aleja la pelvis del tronco; así alargas la columna y evitas comprimirla. Continúa llevando las piernas lejos para crear altura y evitar que el tronco se hunda. El peso debe estar en las escápulas en lugar de en la cabeza y el cuello. Puede conseguirse no yendo demasiado atrás y manteniendo el *core* activo. Repite hasta 6 veces.

CLAVE

●--- *Articulaciones*

○— *Músculos*

● Se acorta con tensión

● Se alarga con tensión

● Se alarga sin tensión

● En tensión sin movimiento

Tronco y tren superior

El **serrato anterior** se acorta al llevar los brazos hacia delante, mientras que el **romboides** se estira a medida que los brazos se aducen para alcanzar la parte inferior de la pierna. El **glúteo medio** y el **tensor de la fascia lata** estabilizan las caderas lateralmente.

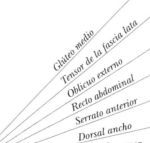

Glúteo medio
Tensor de la fascia lata
Oblicuo externo
Recto abdominal
Serrato anterior
Dorsal ancho
Redondo mayor
Infraespinoso

Estira las piernas en línea con la pelvis y pon los pies en punta

Brazos a ambos lados, con las palmas hacia abajo

FASE PREPARATORIA

Túmbate boca arriba con la columna y la pelvis neutras, junta las piernas y estira las piernas hacia el techo, con los dedos de los pies en punta. Activa el *core*.

Piernas

Los **cuádriceps** se implican para estirar las rodillas. Los **flexores de la cadera** la estabilizan y llevan una pierna por encima de la cabeza. En la pierna vertical, los **flexores de la cadera, los glúteos** y los **isquiotibiales** están activos.

Sóleo
Tibial anterior
Gastrocnemio
Vasto lateral
Bíceps femoral, cabeza larga
Semitendinoso
Glúteo mayor
Grácil
Sartorio
Vasto medial

Pierna derecha estirada hacia el techo

SEGUNDA FASE

Exhala al cambiar de pierna; mientras bajas la izquierda y agarras el tobillo izquierdo, estira la derecha al techo. Controla el equilibrio desde las caderas y los hombros. Para acabar, junta las piernas y ve bajando poco a poco la columna con control hasta que las piernas estén en la esterilla.

Usa el core para mantener la elevación de la columna

Agarra el tobillo con las dos manos

Cabeza y cuello neutros durante todo el movimiento

VISTA LATERAL

PRIMERA FASE

Exhala y usa el *core* para elevar las caderas en vertical; pasa luego las piernas sobre la cabeza hasta que estén casi paralelas a la colchoneta. Inhala y haz un círculo con los brazos para agarrar el pie derecho al tiempo que estiras la pierna izquierda hacia el techo.

*Al cambiar y alargar las piernas, hay que **controlar el equilibrio** desde las escápulas.*

157

FLEXIONES

La flexión de pilates da fuerza y estabilidad a la parte superior del cuerpo. Con el movimiento de rodar hacia abajo hasta la posición de partida en el suelo se aprende a movilizar, estabilizar y controlar la columna vertebral. Por eso es un ejercicio para todo el cuerpo.

INDICACIONES

Activa el *core* durante todo el ejercicio para mantener una línea recta desde los talones a la cabeza. La única parte que se mueve son los codos; el resto del cuerpo les sigue. Tanto el movimiento de bajada como el de subida deben hacerse con control, con una postura firme que impida que los abdominales caigan al descender o que la columna se hunda.

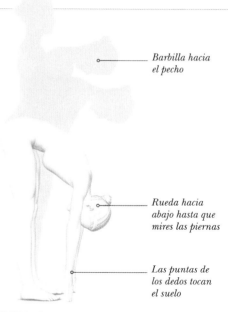

Barbilla hacia el pecho

Rueda hacia abajo hasta que mires las piernas

Las puntas de los dedos tocan el suelo

FASE PREPARATORIA
De pie, separa las piernas a la distancia de las caderas, con la columna y la pelvis en posición neutra y los brazos a los lados del cuerpo. Lleva la barbilla hacia el pecho y ve bajando vértebra a vértebra hacia la colchoneta, hasta que las manos toquen el suelo.

Tren inferior
El trabajo del ***core*** mantiene la tensión del tronco y estabiliza la columna. El **glúteo mayo**r sostiene las caderas en la extensión. El **glúteo medio** y el **menor,** los **isquiotibiales** y los **aductores** también dan apoyo a las caderas. Los **músculos de los gemelos** estabilizan la parte inferior de la pierna.

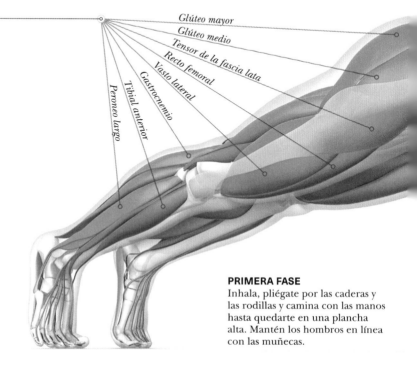

Glúteo mayor
Glúteo medio
Tensor de la fascia lata
Recto femoral
Vasto lateral
Gastrocnemio
Tibial anterior
Peroneo largo

Precaución
El movimiento hacia abajo no deben hacerlo quienes sufran problemas de espalda, tensión nerviosa o dificultad para articular la columna. Comprueba que puedes hacer una flexión sin curvarte hacia abajo antes de realizar el ejercicio al completo. Puedes reducir la carga para la parte superior del cuerpo con las variaciones de las pp. 160-161 y/o prescindir de la bajada hasta que tengas más fuerza.

PRIMERA FASE
Inhala, pliégate por las caderas y las rodillas y camina con las manos hasta quedarte en una plancha alta. Mantén los hombros en línea con las muñecas.

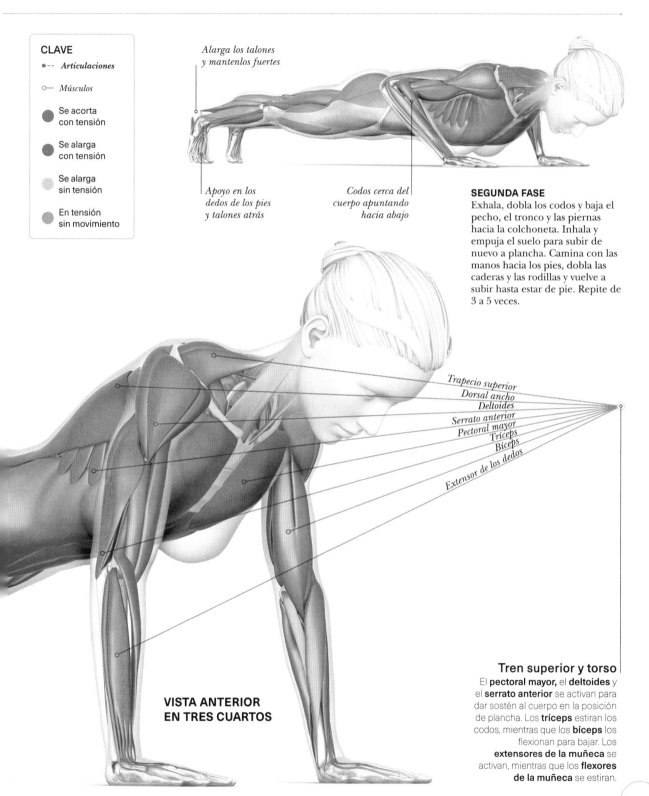

Alarga los talones y mantenlos fuertes

Apoyo en los dedos de los pies y talones atrás

Codos cerca del cuerpo apuntando hacia abajo

SEGUNDA FASE

Exhala, dobla los codos y baja el pecho, el tronco y las piernas hacia la colchoneta. Inhala y empuja el suelo para subir de nuevo a plancha. Camina con las manos hacia los pies, dobla las caderas y las rodillas y vuelve a subir hasta estar de pie. Repite de 3 a 5 veces.

Trapecio superior
Dorsal ancho
Deltoides
Serrato anterior
Pectoral mayor
Tríceps
Bíceps
Extensor de los dedos

VISTA ANTERIOR EN TRES CUARTOS

Tren superior y torso

El **pectoral mayor**, el **deltoides** y el **serrato anterior** se activan para dar sostén al cuerpo en la posición de plancha. Los **tríceps** estiran los codos, mientras que los **bíceps** los flexionan para bajar. Los **extensores de la muñeca** se activan, mientras que los **flexores de la muñeca** se estiran.

» VARIACIONES

En estas dos variaciones de la flexión se empieza bajando
vértebra a vértebra desde la posición de pie. Esta fase te
la puedes saltar hasta que puedas realizar cómodamente
la flexión. Activa más el *core* al caminar con las manos por
la esterilla hasta estar en plancha, doblando las rodillas
según sea necesario.

FLEXIONES EN CAJA

Las flexiones en forma de caja reparten el peso
entre los brazos y las piernas y permiten llevar
suavemente el peso a la parte superior del cuerpo
sin demasiado esfuerzo. Flexiona los codos y
mantén las caderas en el aire.

*Pecho elevado para que las
escápulas estén neutras*

*Columna estirada
y core activo*

*Rodillas
dobladas a 90°*

*Manos en
línea con
los hombros*

*Pies relajados a la
anchura de las caderas*

FASE PREPARATORIA
Baja vértebra a vértebra según muestran los
dibujos de abajo. Dobla las rodillas hasta una
posición a cuatro patas, con los hombros sobre
las muñecas y la espalda recta. Dirige la mirada
hacia el suelo.

CLAVE

● Principal músculo
trabajado

● Otros músculos
implicados

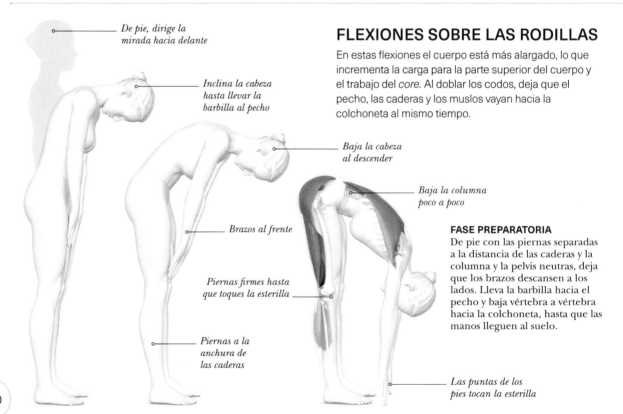

*De pie, dirige la
mirada hacia delante*

*Inclina la cabeza
hasta llevar la
barbilla al pecho*

Brazos al frente

*Piernas firmes hasta
que toques la esterilla*

*Piernas a la
anchura de
las caderas*

*Baja la cabeza
al descender*

*Baja la columna
poco a poco*

*Las puntas de los
pies tocan la esterilla*

FLEXIONES SOBRE LAS RODILLAS

En estas flexiones el cuerpo está más alargado, lo que
incrementa la carga para la parte superior del cuerpo y
el trabajo del *core*. Al doblar los codos, deja que el
pecho, las caderas y los muslos vayan hacia la
colchoneta al mismo tiempo.

FASE PREPARATORIA
De pie con las piernas separadas
a la distancia de las caderas y la
columna y la pelvis neutras, deja
que los brazos descansen a los
lados. Lleva la barbilla hacia el
pecho y baja vértebra a vértebra
hacia la colchoneta, hasta que las
manos lleguen al suelo.

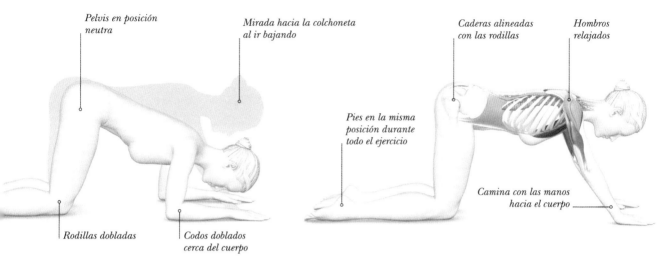

Pelvis en posición neutra

Mirada hacia la colchoneta al ir bajando

Caderas alineadas con las rodillas

Hombros relajados

Pies en la misma posición durante todo el ejercicio

Camina con las manos hacia el cuerpo

Rodillas dobladas

Codos doblados cerca del cuerpo

PRIMERA FASE

Camina con las manos hasta que queden algo por delante de ti. Exhala, dobla los codos y baja el pecho hacia la colchoneta. Mantén los codos cerca del cuerpo durante todo el movimiento.

SEGUNDA FASE

Inhala para volver y continúa caminando con las manos hacia los pies, volviendo a la posición de partida poco a poco. Repite de 3 a 6 veces.

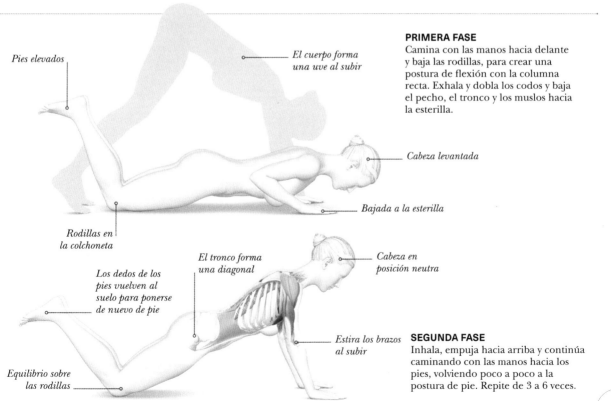

Pies elevados

El cuerpo forma una uve al subir

PRIMERA FASE

Camina con las manos hacia delante y baja las rodillas, para crear una postura de flexión con la columna recta. Exhala y dobla los codos y baja el pecho, el tronco y los muslos hacia la esterilla.

Cabeza levantada

Bajada a la esterilla

Rodillas en la colchoneta

El tronco forma una diagonal

Cabeza en posición neutra

Los dedos de los pies vuelven al suelo para ponerse de nuevo de pie

Estira los brazos al subir

SEGUNDA FASE

Inhala, empuja hacia arriba y continúa caminando con las manos hacia los pies, volviendo poco a poco a la postura de pie. Repite de 3 a 6 veces.

Equilibrio sobre las rodillas

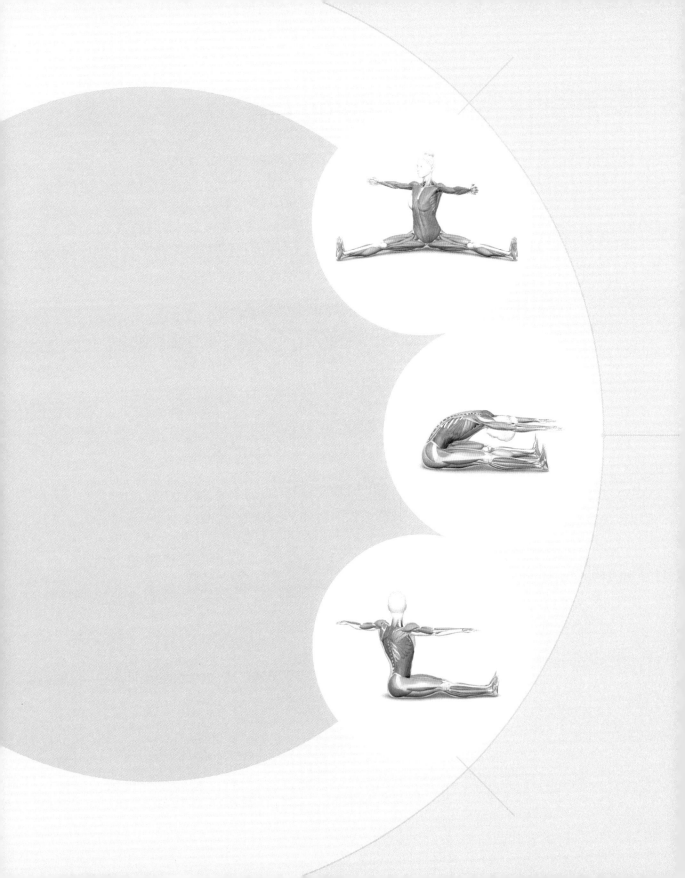

EJERCICIOS DE MOVILIDAD

Los ejercicios de este capitulo aportan un complejo equilibrio
entre un fortalecimiento suave y una mayor amplitud de movimientos.
Alivian la rigidez articular y alargan los músculos, además de tener un
efecto calmante natural sobre el cuerpo y la mente. Los ejercicios de
movilidad son el complemento ideal para los de fuerza ya que mejoran
la movilidad y equilibran la práctica.

ESTIRAMIENTO DE LA COLUMNA

Este ejercicio para principiantes moviliza la columna al flexionarla. Mediante la activación del *core* se aprende a controlar la flexión, además de mejorar la postura y la flexibilidad de la columna y los isquiotibiales.

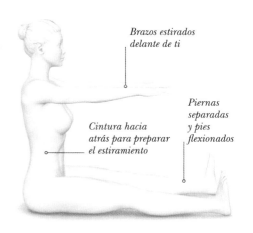

Brazos estirados
delante de ti

Cintura hacia
atrás para preparar
el estiramiento

Piernas
separadas
y pies
flexionados

INDICACIONES

Asegúrate de que el peso se reparte entre los dos isquiones y mantén el contacto con la esterilla durante todo el movimiento. Baja hacia delante por el centro para evitar desviarte hacia un lado. Concéntrate en la exhalación al estirar ya que es importante vaciar la cavidad abdominal y asegurarse de que no hay resistencia al bajar. Repite el ejercicio de 3 a 6 veces. Si tienes problemas para llegar a las piernas, practica primero la variación.

FASE PREPARATORIA

Siéntate, con la pelvis y la columna neutras y las piernas separadas a una anchura algo superior a la de las caderas; los tobillos están flexionados hacia ti. Levanta los brazos frente a ti a la altura de los hombros; las escápulas descienden relajadas. Inhala para alargar la columna y el cuello.

Tronco y tren inferior

Para flexionar la columna se activan el **recto abdominal**, los **oblicuos externos** e **internos** y el **psoas mayor** y **menor.** El **transverso abdominal** mantiene la elevación del tronco. Los **extensores de la columna** se estiran. Los **flexores de la cadera** trabajan durante todo el movimiento y los **glúteos** e **isquiotibiales** están alargados.

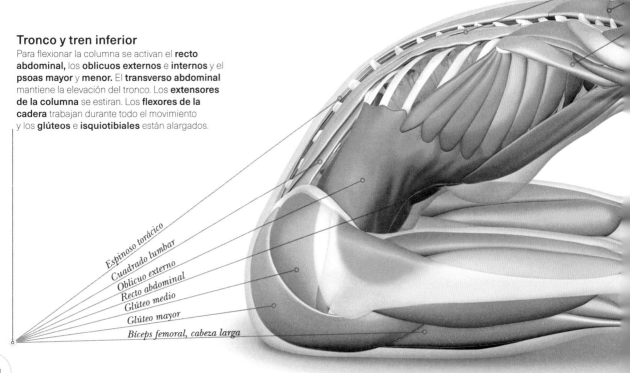

Espinoso torácico
Cuadrado lumbar
Oblicuo externo
Recto abdominal
Glúteo medio
Glúteo mayor
Bíceps femoral, cabeza larga

Precaución

Evita desplomar el tronco hacia delante. En su lugar, concéntrate en articular y controlar la columna por partes, al tiempo que activas el *core* para elevar el tronco. Así, la columna trabajará de forma correcta y protegerás la espalda.

Tren superior

Los **extensores de la columna** y el **dorsal ancho** se alargan. El **trapecio medio** e **inferior** estabilizan la escápula, mientras que el **deltoides** ayuda a flexionar los hombros. El **tríceps** estira los codos.

Longísimo torácico
Trapecio superior
Redondo mayor
Deltoides

Tríceps
Braquiorradial
Extensor de los dedos

VISTA LATERAL

VARIACIÓN DEL ESTIRAMIENTO DE LA COLUMNA

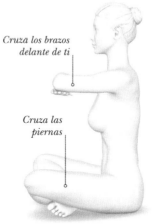

Cruza los brazos delante de ti

Cruza las piernas

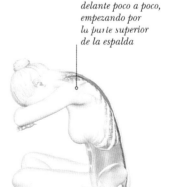

Cúrvate hacia delante poco a poco, empezando por la parte superior de la espalda

FASE PREPARATORIA
Siéntate con la espalda recta y las piernas y los brazos cruzados por delante a la altura de los hombros, paralelos a las piernas. Inhala y alarga el cuello y la columna.

PRIMERA FASE
Exhala y curva primero la parte superior de la espalda, luego la zona dorsal y, por último, la lumbar. Inhala y mantén. Exhala y sube la columna gradualmente hasta volver a la posición de partida.

CLAVE

●-- *Articulaciones*

○— *Músculos*

● Se acorta con tensión

● Se alarga con tensión

○ Se alarga sin tensión

● En tensión sin movimiento

PRIMERA FASE
Exhala y baja la columna hacia delante, primero la cabeza y el cuello, luego la parte superior de la espalda, la zona dorsal y, por último, la lumbar. Estira los brazos frente a ti con las palmas mirando hacia abajo. Mantén la pelvis neutra y el *core* activo. Inhala y mantén el estiramiento. Exhala y sube vértebra a vértebra hasta la posición de partida. Vuelve a llevar los brazos a la posición de partida, paralelos a las piernas.

LA SIERRA

La sierra moviliza la columna vertebral en rotación y flexión.
El elemento de rotación fortalece los músculos oblicuos, mientras
que el de flexión favorece el alargamiento de los isquiotibiales. Con
este ejercicio, el tronco aprende a girar y plegarse de forma correcta.

INDICACIONES

La pelvis debe permanecer neutra y pegada a la colchoneta en
todo momento; al rotar hacia un lado, se debe poner especial
atención a la cadera contraria. Rota desde la faja abdominal y
flexiónate hacia delante poco a poco, primero con la zona
lumbar y por último con la parte superior de la espalda. Deja
que el brazo siga de forma natural el movimiento de la
columna, en lugar de elevar la escápula.

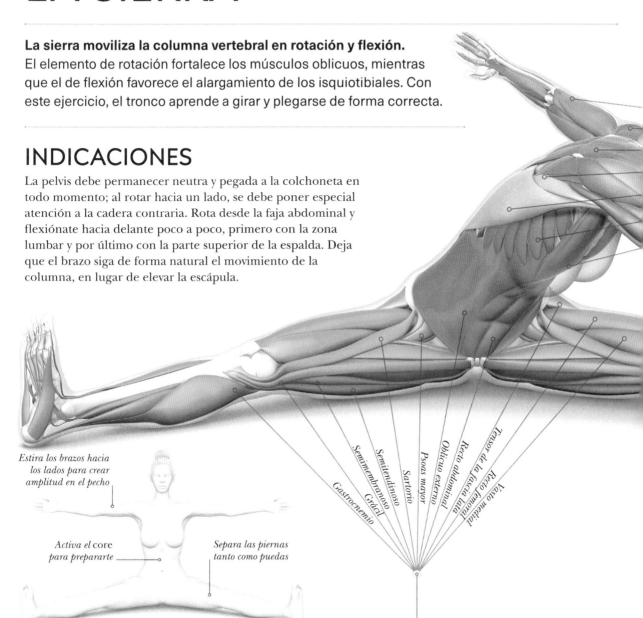

Estira los brazos hacia
los lados para crear
amplitud en el pecho

Activa el core
para prepararte

Separa las piernas
tanto como puedas

Gastrocnemio
Grácil
Semimembranoso
Semitendinoso
Sartorio
Psoas mayor
Oblicuo externo
Recto abdominal
Tensor de la fascia lata
Recto femoral
Vasto medial

FASE PREPARATORIA
Siéntate con la espalda recta y separa las piernas todo
lo que puedas; flexiona los pies hacia ti. Mantén la
columna y la pelvis en posición neutra, eleva los brazos
y llévalos hacia fuera a la altura de los hombros, con
las palmas mirando hacia los lados. Las escápulas
permanecen en posición neutra y el *core*, activo.

Tren inferior
Los **flexores de la cadera,** incluido el **psoas
ilíaco,** se activan junto con los **cuádriceps.**
Los **isquiotibiales,** los **aductores** y los
gemelos se alargan. El **glúteo medio** y el
menor estabilizan las articulaciones de la
cadera junto con el **piriforme.**

PRIMERA FASE

Inhala y rota la columna hacia la izquierda; deja que la cabeza, el cuello y los brazos acompañen el movimiento. Exhala y pliega la columna hacia la pierna izquierda, llevando en diagonal la mano derecha hacia el pie izquierdo; el brazo izquierdo va hacia atrás. Estira la columna más realizando 3 rebotes.

Tren superior

El **erector de la columna** y el **dorsal ancho** se estiran hacia delante. El **pectoral mayor** y las fibras anteriores del **deltoides** se doblan y aducen los **hombros** al ir hacia delante; el **tríceps** estira el codo.

CLAVE

- ● -- *Articulaciones*
- ○— *Músculos*
- ● Se acorta con tensión
- ● Se alarga con tensión
- ● Se alarga sin tensión
- ● En tensión sin movimiento

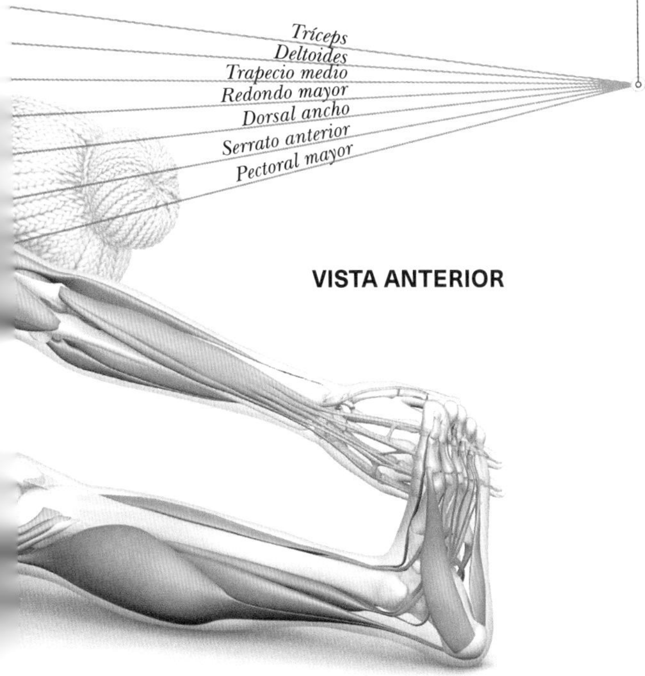

Tríceps
Deltoides
Trapecio medio
Redondo mayor
Dorsal ancho
Serrato anterior
Pectoral mayor

VISTA ANTERIOR

Precaución

Si sientes en los isquiotibiales una rigidez que te impide estirar completamente las piernas, dobla un poco las rodillas. Así te aseguras de que la pelvis esté neutra y aprovechas al máximo los beneficios de la movilidad de la columna.

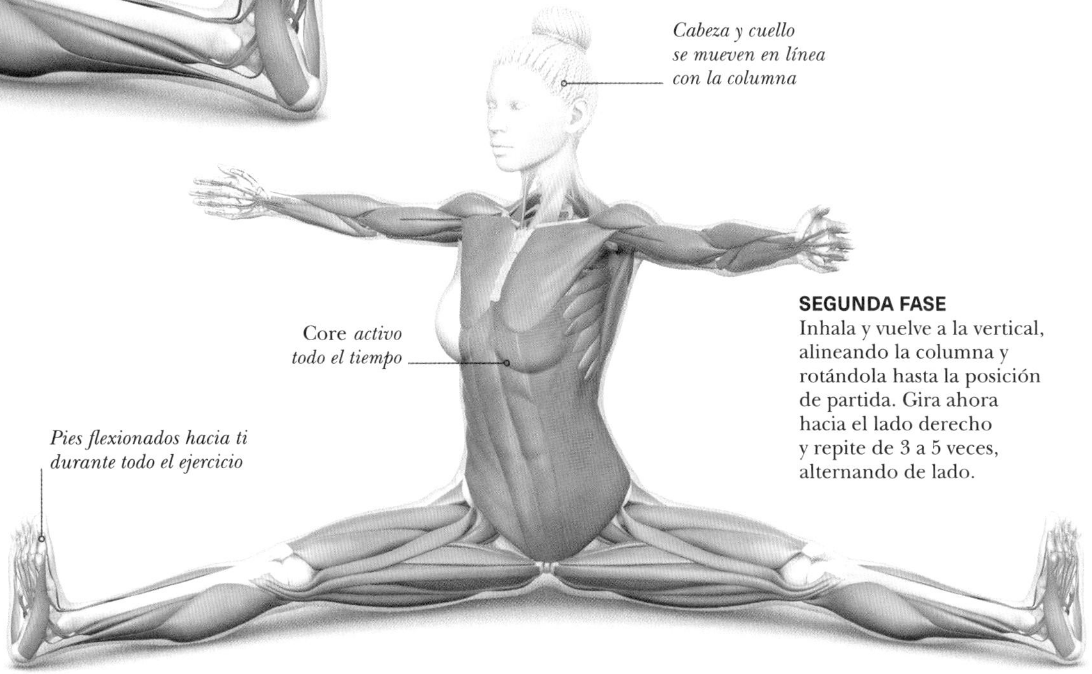

Cabeza y cuello se mueven en línea con la columna

Core activo todo el tiempo

SEGUNDA FASE

Inhala y vuelve a la vertical, alineando la columna y rotándola hasta la posición de partida. Gira ahora hacia el lado derecho y repite de 3 a 5 veces, alternando de lado.

Pies flexionados hacia ti durante todo el ejercicio

ROTACIÓN DE LA COLUMNA

Este ejercicio para principiantes moviliza la columna vertebral mediante la rotación. Favorece el equilibrio y una buena postura al sentarse, a la vez que alarga los isquiotibiales. Es ideal para trabajadores sedentarios o que sufren dolores de espalda leves.

INDICACIONES

Inicia el movimiento desde el *core* y mantén estable la pelvis. Asegúrate de que distribuyes el peso en ambos lados de la pelvis y mantén el contacto con la colchoneta todo el tiempo. Alarga la columna en vertical y mantén la longitud en ambos lados de la cintura, para evitar hundirte hacia un lado. La cabeza debe moverse en línea con la columna. Mantén las escápulas en posición neutra para evitar rotar de más la parte superior del tronco y los brazos. Si tienes problemas para girar con el brazo estirado, practica primero la variante con los brazos plegados.

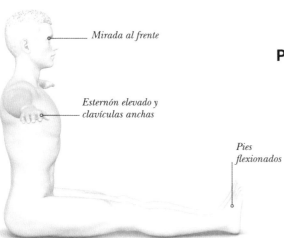

— Mirada al frente

Esternón elevado y
— clavículas anchas

Pies
flexionados

**VISTA
POSTEROLATERAL**

FASE PREPARATORIA
Siéntate, con la pelvis y la columna en posición neutra. Alarga las piernas frente a ti y junta la parte interna de los muslos; los pies están flexionados y los talones hacia abajo. Eleva los brazos a los lados a la altura de los hombros, con las manos mirando hacia el suelo.

PRIMERA FASE
Inhala y prepárate alargando la columna. Exhala y rota el tronco y los brazos hacia un lado; la cabeza sigue en línea con la columna. Lleva la mirada por encima del hombro. Haz dos rebotes con el tronco al final para aumentar el rango de movimiento. Inhala y vuelve a la posición preparatoria. Repite con el otro lado y realiza el ejercicio al completo de 6 a 8 veces.

Tren superior y torso

El **oblicuo externo** del lado derecho se activa, mientras que el **oblicuo interno** se estira. El **supraespinoso**, el **deltoides** y el **trapecio** abducen el hombro, mientras que el **tríceps** trabaja para estirar los codos.

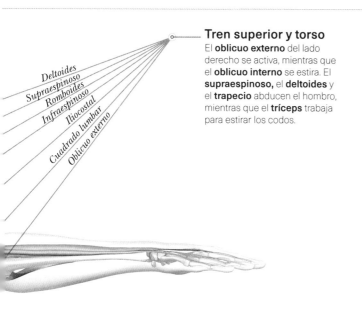

Deltoides
Supraespinoso
Romboides
Infraespinoso
Iliocostal
Cuadrado lumbar
Oblicuo externo

Tren inferior

Los **extensores de la columna** y el **cuadrado lumbar** trabajan en ambos lados. Los **músculos glúteos** se alargan. Los **cuádriceps** estiran las rodillas y trabajan para estabilizar las piernas, mientras que los **isquiotibiales** se elongan. Los **gemelos** y los **dorsiflexores del tobillo** flexionan el tobillo.

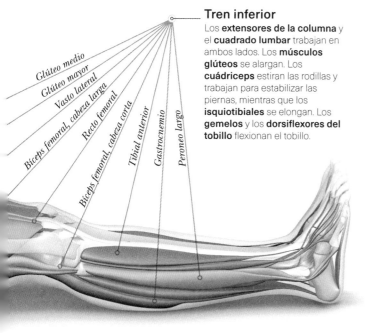

Glúteo medio
Glúteo mayor
Vasto lateral
Bíceps femoral, cabeza larga
Recto femoral
Bíceps femoral, cabeza corta
Tibial anterior
Gastrocnemio
Peroneo largo

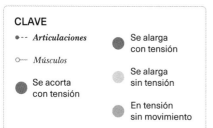

CLAVE

- •-- *Articulaciones*
- ○— *Músculos*
- ● Se acorta con tensión
- ● Se alarga con tensión
- ● Se alarga sin tensión
- ● En tensión sin movimiento

VARIACIÓN DE LA ROTACIÓN DE LA COLUMNA

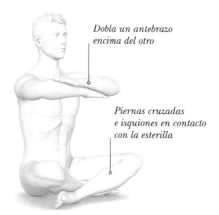

Dobla un antebrazo encima del otro

Piernas cruzadas e isquiones en contacto con la esterilla

FASE PREPARATORIA

Siéntate con la pelvis y la columna neutras. Cruza las piernas. Dobla un antebrazo encima del otro y llévalos a la altura de los hombros.

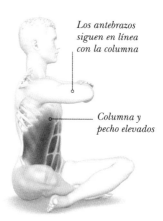

Los antebrazos siguen en línea con la columna

Columna y pecho elevados

PRIMERA FASE

Inhala para prepararte y alarga la columna. Exhala y rota el tronco hacia un lado, deja que los antebrazos y la cabeza sigan en línea con la columna. Repite con el otro lado y completa la secuencia de 3 a 5 veces.

LA COBRA

Este popular ejercicio moviliza la columna de forma secuencial. Es un movimiento en extensión que fortalece los músculos de la parte posterior del cuerpo y alarga los de la zona anterior. La cobra es ideal para contrarrestar la tensión de las flexiones y puede ayudar cuando hay dolor lumbar.

INDICACIONES

Relaja los hombros y utiliza los brazos para facilitar suavemente el movimiento, en lugar de empujar hacia arriba. Alarga la cabeza hacia el techo, seguida del pecho, la caja torácica, los abdominales inferiores y los huesos anteriores de la cadera. De esta forma creas longitud en la columna. Mueve los brazos lejos del cuerpo al principio hasta que la extensión completa sea cómoda. Relaja las nalgas, las piernas y los dedos de los pies todo el tiempo. Intenta la variación con giro si quieres añadir dificultad.

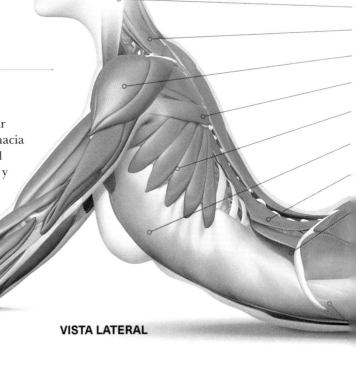

VISTA LATERAL

Palmas de las manos y antebrazos en el suelo

Meter el coxis permite que la pelvis esté neutra

Piernas y pies rotan hacia fuera

FASE PREPARATORIA
Túmbate boca abajo con las piernas separadas a una anchura algo superior a la de las caderas. La frente descansa en la colchoneta, el cuello se alarga y la barbilla se mete ligeramente. Los brazos se flexionan hacia fuera, con los codos a 90°. Inhala y aleja la cabeza del coxis. Este último se mete ligeramente.

CLAVE
•--- *Articulaciones*

○— *Músculos*

● Se acorta con tensión

● Se alarga con tensión

○ Se alarga sin tensión

● En tensión sin movimiento

Tren superior

Los **extensores del cuello** mantienen la cabeza erguida y los **extensores de la columna** se activan para estirar la columna. Los **músculos abdominales** se alargan y el **romboides** trabaja para juntar las escápulas.

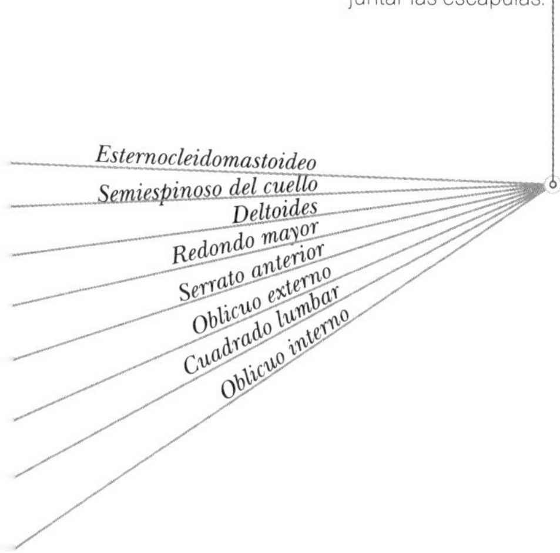

Esternocleidomastoideo
Semiespinoso del cuello
Deltoides
Redondo mayor
Serrato anterior
Oblicuo externo
Cuadrado lumbar
Oblicuo interno

VARIACIÓN: LA COBRA CON GIRO

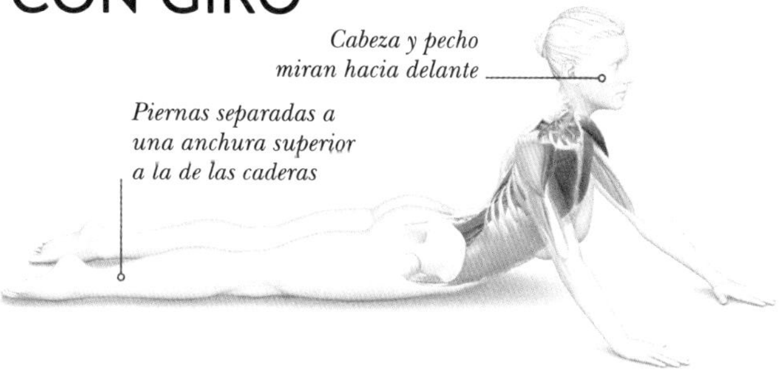

Cabeza y pecho miran hacia delante

Piernas separadas a una anchura superior a la de las caderas

PRIMERA FASE

Una vez en la posición de la cobra, camina suavemente con las manos hacia la derecha, con los codos estirados. Mantén la longitud del tronco y evita hundirte hacia un lado. Mantén el pecho elevado y las clavículas anchas. Inhala y mantén la posición, exhala y camina con las manos hacia la izquierda para repetir. Repite de 3 a 5 veces.

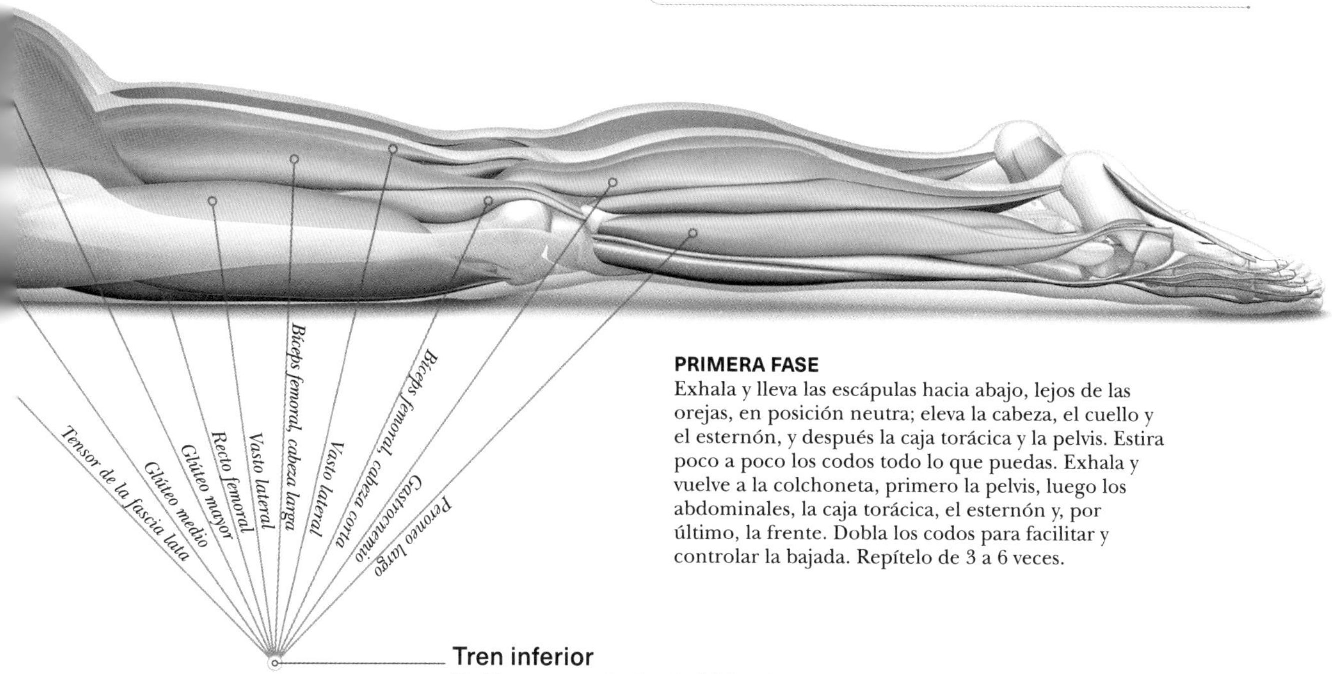

Tensor de la fascia lata
Glúteo medio
Glúteo mayor
Recto femoral
Vasto lateral
Biceps femoral, cabeza larga
Vasto lateral
Biceps femoral, cabeza corta
Gastrocnemio
Peroneo largo

PRIMERA FASE

Exhala y lleva las escápulas hacia abajo, lejos de las orejas, en posición neutra; eleva la cabeza, el cuello y el esternón, y después la caja torácica y la pelvis. Estira poco a poco los codos todo lo que puedas. Exhala y vuelve a la colchoneta, primero la pelvis, luego los abdominales, la caja torácica, el esternón y, por último, la frente. Dobla los codos para facilitar y controlar la bajada. Repítelo de 3 a 6 veces.

Tren inferior

El **glúteo mayor** y los **isquiotibiales** dan soporte a las caderas en la extensión, mientras que los **flexores de la cadera** se alargan. El **glúteo medio** y el **menor** ayudan a estabilizar las caderas en una ligera rotación externa. Los **cuádriceps** se activan para contribuir al estiramiento de la rodilla.

APERTURAS DE BRAZOS

Se trata de un ejercicio relajante que propicia la movilidad de la espina dorsal a través de la rotación controlada. Abre el pecho y puede ayudar a recuperar el equilibrio postural al movilizar la parte posterior del cuerpo y estirar la anterior.

Precaución

Si hay dolor o inestabilidad en los hombros, puedes practicar las aperturas modificadas, que reducen la longitud de la palanca larga y el movimiento circular del brazo de arriba.

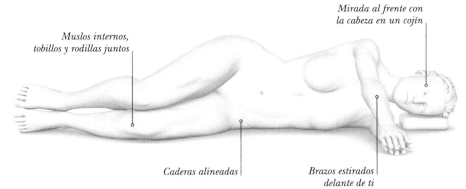

Muslos internos, tobillos y rodillas juntos

Mirada al frente con la cabeza en un cojín

Caderas alineadas

Brazos estirados delante de ti

FASE PREPARATORIA

Túmbate de lado, alinea las caderas entre sí y haz lo mismo con los hombros. Dobla las caderas a unos 45° y las rodillas a aproximadamente 90°. La cabeza descansa en un cojín para mantener cabeza y cuello en posición neutra. Estira los brazos delante de ti, uno encima de otro con las palmas de las manos en contacto.

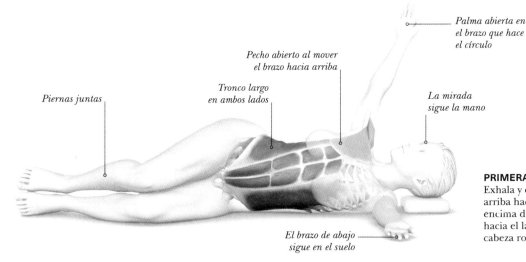

Piernas juntas

Pecho abierto al mover el brazo hacia arriba

Tronco largo en ambos lados

Palma abierta en el brazo que hace el círculo

La mirada sigue la mano

El brazo de abajo sigue en el suelo

PRIMERA FASE

Exhala y estira el brazo de arriba hacia el techo por encima de la cabeza y luego hacia el lado. La columna y la cabeza rotan con el brazo.

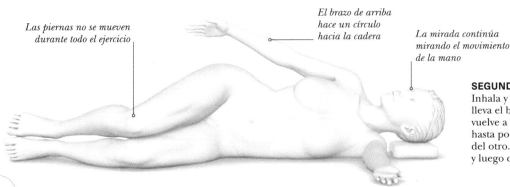

Las piernas no se mueven durante todo el ejercicio

El brazo de arriba hace un círculo hacia la cadera

La mirada continúa mirando el movimiento de la mano

SEGUNDA FASE

Inhala y continúa el círculo; lleva el brazo a la cadera y vuelve a la posición de partida hasta poner el brazo encima del otro. Repite de 3 a 6 veces y luego cambia de lado.

» VARIACIONES

Hay múltiples variaciones de las aperturas de brazos, como diferentes longitudes de palanca o posturas que se benefician de la rotación torácica.

CLAVE
● Principal músculo trabajado ● Otros músculos implicados

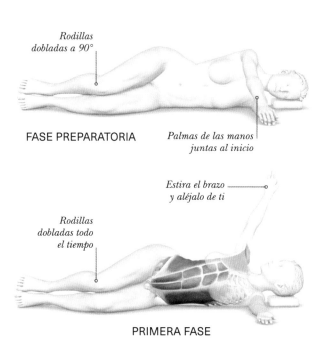

FASE PREPARATORIA

Rodillas dobladas a 90°

Palmas de las manos juntas al inicio

Rodillas dobladas todo el tiempo

Estira el brazo y aléjalo de ti

PRIMERA FASE

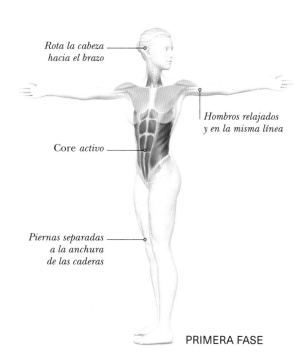

Rota la cabeza hacia el brazo

Hombros relajados y en la misma línea

Core *activo*

Piernas separadas a la anchura de las caderas

PRIMERA FASE

APERTURAS DE BRAZOS MODIFICADAS

Esta variación reduce la longitud de la palanca larga del brazo y el movimiento circular amplio del hombro. Es una buena opción para los principiantes y permite aprender a controlar el tronco a través de la rotación del tórax sin proyectar la caja torácica.

FASE PREPARATORIA
Túmbate en la posición preparatoria sobre el lado izquierdo y la cabeza apoyada en un bloque. Flexiona las piernas y las caderas; las caderas están alineadas entre sí, al igual que los hombros. Estira los brazos hacia delante.

PRIMERA FASE
Exhala y dobla el codo derecho; desliza la mano de arriba a lo largo del brazo izquierdo hasta el pecho y luego hacia el lado derecho, dejando que la columna y la cabeza roten contigo hacia la derecha.

SEGUNDA FASE
Inhala y rota la cabeza y la columna a la posición de partida, dejando que el brazo vuelva al inicio. Repite de 3 a 6 veces y cambia de lado.

APERTURAS DE BRAZOS DE PIE

Esta variante es más práctica y puede hacerse al principio o final de una rutina, o durante el descanso de la comida. Como el tronco no está fijo, como cuando están en la colchoneta, la pelvis rota contigo.

FASE PREPARATORIA
Separa los pies a la anchura de las caderas y deja la columna y la pelvis en posición neutra. Eleva los brazos a la altura de los hombros. Estos están relajados y las palmas miran hacia dentro.

PRIMERA FASE
Exhala y abre un brazo hacia un lado y llévalo lo más lejos que puedas; la columna y la cabeza giran al mismo tiempo. Alarga el brazo de delante y mantenlo firme.

SEGUNDA FASE
Inhala y vuelve a la posición de partida.
Repite con el otro lado y altérnalos de 3 a 6 veces.

ENHEBRAR LA AGUJA

Se trata de un ejercicio sencillo y relajante en el que la columna se moviliza y rota y el pecho y los hombros se abren. También aporta estabilidad al hombro durante el movimiento.

! Precaución

Mueve las caderas ligeramente hacia atrás al pasar el brazo por debajo y hacia arriba para evitar sobrecargar la articulación estática del hombro o forzar el cuello. El cuerpo debe moverse suave y libremente.

El giro en este ejercicio puede favorecer la digestión al *masajearse suavemente* los órganos *digestivos.*

Hombros alineados con las muñecas

Caderas en línea con las rodillas

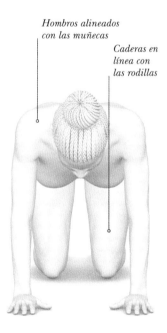

Mueve suavemente la pelvis hacia atrás al pasar el brazo por debajo

Dobla el brazo de apoyo para que el tronco vaya hacia la esterilla

Pasa el brazo derecho por debajo del izquierdo

Alarga el brazo y estira el codo

La mirada sigue el brazo que se mueve

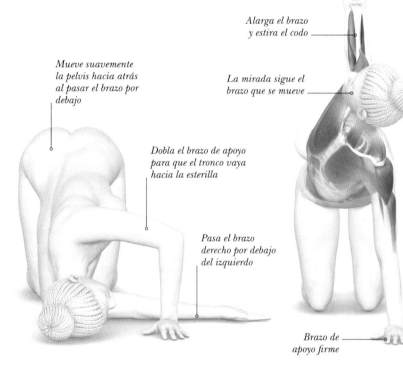

Brazo de apoyo firme

FASE PREPARATORIA

Empieza a cuatro patas con los hombros alineados con las muñecas y las caderas con las rodillas. Lleva la columna y la pelvis a la posición neutra.

PRIMERA FASE

Exhala y levanta la mano derecha, con la palma hacia fuera y pásala por debajo del brazo izquierdo, llevando el hombro y la oreja derechas hacia la colchoneta. La cabeza y el tronco rotan hacia la izquierda.

SEGUNDA FASE

Inhala y lleva el brazo derecho a la posición de inicio y continúa abriéndolo hacia la derecha y hacia el techo. Repite de 3 a 6 veces y cambia de lado.

» VARIACIONES

El ejercicio enhebrar la aguja puede modificarse para conseguir más estiramiento en la rotación torácica. Se puede hacer cambiando la postura del tren superior o del inferior.

CLAVE
● Principal músculo trabajado
● Otros músculos implicados

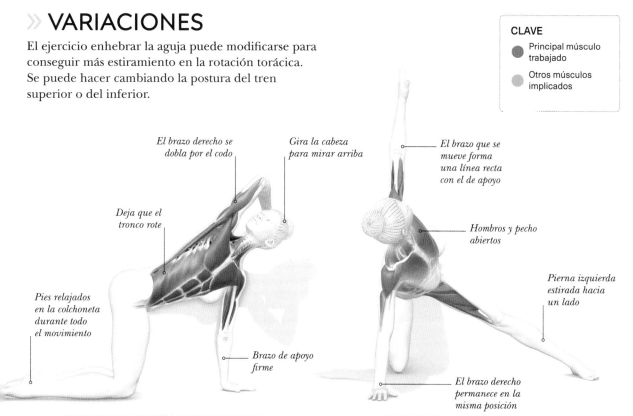

El brazo derecho se dobla por el codo

Gira la cabeza para mirar arriba

Deja que el tronco rote

Pies relajados en la colchoneta durante todo el movimiento

Brazo de apoyo firme

El brazo que se mueve forma una línea recta con el de apoyo

Hombros y pecho abiertos

Pierna izquierda estirada hacia un lado

El brazo derecho permanece en la misma posición

FASE PREPARATORIA/PRIMERA FASE

FASE PREPARATORIA/PRIMERA FASE

MANO DETRÁS DE LA CABEZA

Al colocar la mano detrás de la cabeza se reduce la longitud de palanca del brazo, lo que puede ser útil para quienes tengan los hombros rígidos o delicados. Permite también concentrarse en la rotación del tronco en lugar de en crear el movimiento desde el brazo. Mantén las caderas estables durante toda esta variación.

FASE PREPARATORIA
Parte de la posición de cuatro patas, con los hombros en línea con las muñecas y las caderas alineadas con las rodillas. Levanta la mano derecha y llévala hacia la oreja.

PRIMERA FASE
Inhala y rota desde la cintura y la cadera, abriendo el pecho y los hombros hacia el lado derecho. Mira hacia la derecha y luego al techo.

SEGUNDA FASE
Exhala para volver a la posición de partida a cuatro patas; lleva el brazo derecho hacia abajo y vuelve con la mirada hacia el suelo. Repite el movimiento de 3 a 6 veces, y luego cambia de lado.

ENHEBRAR LA AGUJA CON ESTIRAMIENTO ADUCTOR

Esta variante permite el mismo estiramiento torácico y de la parte superior del cuerpo y alarga también los músculos del muslo interno de la pierna. Es un estiramiento fuerte y profundo para todo el cuerpo. Cuidado si duele el aductor o la pelvis.

FASE PREPARATORIA
A cuatro patas, estira la pierna izquierda hacia un lado. Exhala y realiza el movimiento de enhebrar con el brazo izquierdo por debajo del derecho. El pecho y el hombro izquierdo van hacia el suelo.

PRIMERA FASE
Inhala y abre el brazo izquierdo hacia fuera y hacia el techo; el tronco rota y el pecho y la cabeza le siguen.

SEGUNDA FASE
Lleva el brazo izquierdo hacia atrás y pásalo de nuevo bajo el brazo derecho. Repite la secuencia de 3 a 6 veces. Vuelve a cuatro patas y repite con el otro lado.

LA SIRENA

Este estiramiento lateral alarga y abre la zona de los costados al tiempo que moviliza la columna dorsal. De esta forma, se crea espacio en la caja torácica, lo que favorece la respiración lateral. Es un excelente ejercicio para pasar de una postura a otra diferente.

CLAVE
● Principal músculo trabajado
● Otros músculos implicados

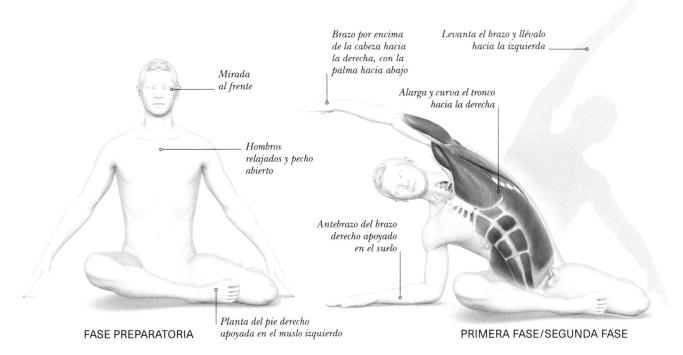

Mirada al frente

Hombros relajados y pecho abierto

Planta del pie derecho apoyada en el muslo izquierdo

FASE PREPARATORIA

Brazo por encima de la cabeza hacia la derecha, con la palma hacia abajo

Levanta el brazo y llévalo hacia la izquierda

Alarga y curva el tronco hacia la derecha

Antebrazo del brazo derecho apoyado en el suelo

PRIMERA FASE/SEGUNDA FASE

FASE PREPARATORIA
Siéntate estirado, con la cabeza, el cuello, la columna y la pelvis en posición neutra. Lleva las piernas, con las rodillas dobladas, hacia el lado izquierdo. La planta del pie derecho se apoya en el muslo izquierdo. Estira los brazos a los lados; las puntas de los pies tocan ligeramente la esterilla.

PRIMERA FASE
Inhala y levanta el brazo izquierdo lateralmente por encima de la cabeza. Exhala y lleva el brazo arriba y hacia el lado derecho; alarga y curva la columna hacia ese lado. El brazo derecho se desliza por la esterilla hasta que apoyes el antebrazo con la palma hacia abajo.

SEGUNDA FASE
Inhala y vuelve a sentarte, con la espalda recta. Exhala y levanta el brazo derecho y llévalo hacia el lado izquierdo; la columna sigue el movimiento. Repite de 3 a 5 veces con cada lado y luego lleva las piernas hacia el lado derecho y repite la secuencia.

*Utiliza este **ejercicio** **para calentar** o *para* estirar *al **final*** de una rutina de **pilates**.*

≫ VARIACIONES

La sirena es un ejercicio que puede hacer todo el mundo. Puede también modificarse para lograr un mayor estiramiento en distintas direcciones, lo que aumenta al máximo los beneficios. Combinar estas variaciones puede ser divertido.

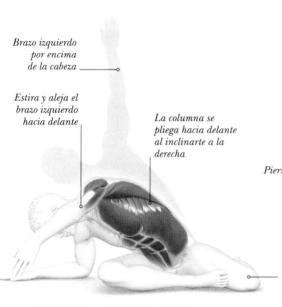

Brazo izquierdo por encima de la cabeza

Estira y aleja el brazo izquierdo hacia delante

La columna se pliega hacia delante al inclinarte a la derecha

Alarga las puntas de los dedos de la mano derecha

Mirada arriba hacia la mano derecha

Cabeza y cuello en posición neutra

Core activo

Piernas ligeramente dobladas, sin bloquearlas

Pierna izquierda doblada detrás de ti

PRIMERA FASE/SEGUNDA FASE

FASE PREPARATORIA/PRIMERA FASE

SIRENA CON GIRO

Esta variación favorece la movilización de la columna en todas direcciones, con una flexión lateral en la fase preparatoria, una flexión en la primera fase y una extensión en la segunda. Es un excelente ejercicio multifunción para recuperar la movilidad y reducir la rigidez de la columna.

FASE PREPARATORIA
Desde la postura preparatoria de la sirena, inhala y estira el brazo izquierdo hacia el lateral, por encima de la cabeza. Exhala y lleva el brazo hacia arriba y hacia el lado derecho, alargando y curvando la columna hacia ese lado. El brazo derecho se desliza por la colchoneta hasta quedar apoyado en el antebrazo, con la palma hacia abajo.

PRIMERA FASE
Inhala y ve hacia delante con el brazo izquierdo, flexionando la columna hacia delante.

SEGUNDA FASE
Exhala y rota el brazo izquierdo y el pecho hacia el techo. Inhala para volver a la vertical y relaja el brazo izquierdo hasta colocarlo en la posición de partida, en un lado del cuerpo. Repite de 3 a 5 veces y cambia de lado.

SIRENA DE PIE

La sirena de pie permite una mayor movilidad de la espina dorsal, ya que la pelvis no está fija en la colchoneta y la flexión de la rodilla puede facilitar el movimiento. Cuando uno de los brazos se lleva hacia arriba, el otro brazo va hacia abajo, lo que permite un mayor estiramiento lateral.

FASE PREPARATORIA
De pie, con los brazos estirados a los lados del cuerpo y las palmas mirando hacia dentro.

PRIMERA FASE
Inhala para prepararte; exhala y lleva a la vez el brazo izquierdo hacia abajo y el derecho hacia arriba, con la palma mirando hacia fuera y las rodillas ligeramente dobladas. Gira la cabeza para mirar la mano.

SEGUNDA FASE
Inhala y vuelve a la posición de partida. Repite con el lado contrario, llevando el brazo izquierdo hacia arriba y el derecho hacia abajo. Haz el ejercicio de 3 a 5 veces, alternando de lado.

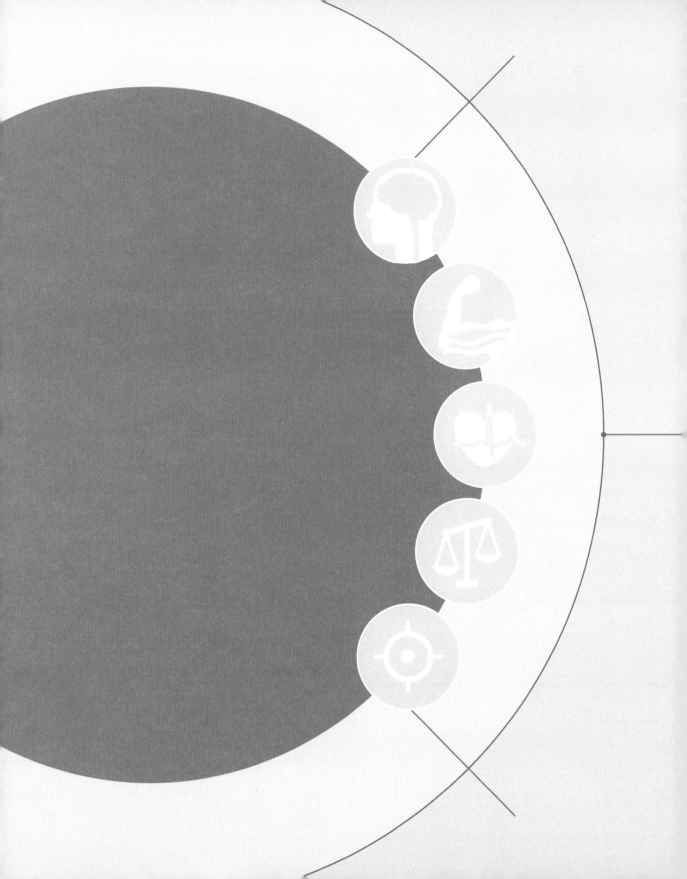

ENTRENAMIENTO DE PILATES

Todo el mundo puede experimentar los beneficios del pilates.

Sea cual sea la forma física, la experiencia, la capacidad, las dolencias médicas o las lesiones, los ejercicios pueden adaptarse y seguir siendo seguros y eficaces sin dejar a un lado los principios básicos del pilates. En este capítulo se sugieren rutinas de todo tipo, ya se tenga un nivel de principiante, intermedio o avanzado. También para quienes sufran dolor de espalda o artritis, tengan un trabajo de oficina, estén embarazadas o simplemente quieran mejorar en un deporte, como la natación o correr. En esta sección queda claro que el pilates es inclusivo, pero lo más importante es que demuestra que el método puede ayudar en todo tipo de circunstancias.

FORMA FÍSICA

Los ejercicios de pilates pueden adaptarse a cualquier nivel, como has comprobado en las variaciones que aparecen a lo largo del libro. Aquí encontrarás los puntos clave que hay que tener en cuenta cuando empiezas o progresas en el pilates, así como algunos consejos para avanzar en la práctica. Escucha a tu cuerpo y para o baja de nivel si ves que es necesario.

TIPOS DE PROGRAMAS

Las rutinas de pilates que aparecen en esta sección se dividen en principiante, intermedio y avanzado. Cada programa cuenta con varios ejercicios y progresiones.

PRINCIPIANTE

Empieza con este programa si no has hecho nunca pilates, no lo has practicado mucho tiempo o te estás recuperando de una lesión o enfermedad. Este plan se centra en los principios básicos, permite aprender las fases de preparación, corregir la activación de los músculos del *core* y conocer los patrones básicos del movimiento. Todos ellos son fundamentales para crear una buena base con la que moverse y sostenerse a medida que aumenta la dificultad.

Si los músculos del *core* no pueden activarse de forma efectiva en este nivel o no se pueden asumir los bajos niveles de carga, será difícil que se avance e incluso puede producirse alguna lesión. Si se observa cualquier debilidad, se puede modificar el ejercicio y tenerlo en cuenta para otros. Un pequeño equipamiento puede ser de ayuda, como una pelota blanda entre las rodillas para aumentar la activación y estabilizar el ejercicio. Un ritmo más lento permite también aprender los principios del pilates y te ayudará a consolidar la práctica a medida que se pase de nivel.

INTERMEDIO

Esta rutina introduce más ejercicios que refuerzan la base del alumno. Se pueden hacer más repeticiones y circuitos, e introducir más variaciones para aumentar la fuerza y la resistencia. Un pequeño equipamiento permitirá hacer más difícil el ejercicio a medida que se gane comodidad, sin necesidad de pasar a ejercicios avanzados.

Los principios del pilates pueden introducirse en otras actividades, como el entrenamiento de fuerza o los ejercicios aeróbicos. Esto permite mejorar la destreza y fortalecer la conexión cuerpo-mente en el día a día. El pilates puede emplearse como forma de calentamiento antes de estas

TABLA DE PROGRESIÓN
Cada uno de estos programas puede realizarse las veces que quieras, ya sea por gusto o para mejorar la técnica de pilates. Cuando se consiguen los objetivos que se detallan en esta tabla, se puede progresar al siguiente nivel. Si este te parece muy difícil, prueba con un par de ejercicios nuevos y vuelve al nivel anterior durante el resto de la sesión.

PRINCIPIANTE
- Se puede controlar **la activación** del *core* y la posición neutra
- **Se puede integrar** movimiento y respiración
- **Se puede hacer** cada ejercicio con facilidad

INTERMEDIO
- **Se centra menos** en la técnica
- **No se producen** compensaciones corporales
- **Se puede añadir** un equipamiento pequeño y más variaciones

AVANZADO
- **La técnica sigue** siendo la base de los ejercicios
- **Plena integración** de movimiento y respiración
- **Excelente** transición entre ejercicios

actividades o al final, para integrarlo en tu planificación.

Se puede aumentar el ritmo de la rutina para hacer varios ejercicios de forma secuencial antes de un descanso. Los recesos han de estar en el programa para asegurarnos de que la técnica sigue siendo buena.

AVANZADO

Estas sesiones comienzan con algunos movimientos básicos a modo de calentamiento, pero las progresiones son más rápidas y se incluyen más ejercicios. Para retar más al cuerpo y ganar resistencia, se pueden añadir más variaciones a cada ejercicio, como rebotes o aguantar la postura. Los cambios de posición

son frecuentes, el cuerpo se mueve más y se aumenta al ritmo cardíaco al tiempo que se mantiene la excelencia en la técnica. Estos aspectos exigen también más consciencia técnica para volver a la posición inicial y progresar en un ejercicio avanzado. Aquí se necesita menos descripción del ejercicio, ya que la técnica y el conocimiento ya están asentados de sesiones anteriores. Los descansos pueden ser mínimos para poder seguir el ritmo y la intensidad de la sesión es alta. O también puede haber periodos de descanso activo, en los que se pueden realizar ejercicios de un nivel más básico en lugar de parar por completo.

La práctica **habitual** *del* **pilates** *beneficia tanto a la* ***salud física*** *como al* bienestar *mental.*

Tabla comparativa

El programa de pilates puede estructurarse según el nivel de la sesión. A continuación se dan unas guías para conseguir un plan equilibrado. Se pueden adaptar según se necesite.

VARIABLES	PRINCIPIANTE	INTERMEDIO	AVANZADO
NÚMERO DE EJERCICIOS	3-6	9-10	10
SERIES Y REPETICIONES	1-2 circuitos de 5-10 repeticiones	2-3 circuitos de 9-10 repeticiones	3-4 circuitos de 8-12 repeticiones
DESCANSO ENTRE EJERCICIOS	Alto si es necesario	Moderado	Mínimo
CARGA	Baja	Media	Elevada
CAMBIOS DE POSTURA	Mínimo; 2-3	Moderado; 3-4	Muchas y frecuentes
RITMO DE LA CLASE	Lento	Moderado	Variado según aumente el ritmo en algunos momentos

RUTINAS PARA PRINCIPIANTES

En estas páginas se describen tres programas para principiantes. Al empezar, repasa la lista de verificación y, después, la sesión de movimientos básicos. Repítelo varias veces para familiarizarte con ellos. Luego, pasa a las demás sesiones del Programa 1 y realiza de 1 a 2 sesiones por semana.

Lista de verificación

✔ Trata de encontrar la posición neutra de la columna y la pelvis al tumbarte, echarte de lado, boca abajo y a cuatro patas.

✔ Mantén las piernas alineadas, la caja torácica dirigida hacia abajo, los hombros y los brazos relajados y el cuello estirado, con la cabeza en posición neutra.

✔ Activa suavemente el *core* (aproximadamente un 30 %) metiendo los abdominales inferiores, sin forzarlos ni hacia dentro ni hacia fuera.

✔ Mantén esta contracción abdominal al inhalar y exhalar de 3 a 5 respiraciones.

✔ Traslada estos principios a la sesión de movimientos básicos.

Movimientos básicos

Repeticiones:
8 de cada ejercicio

Circuitos: 1

1. Basculación pélvica p. 47

2. Círculos con brazos hacia atrás p. 47

3. Círculos con la cadera (piernas en la colchoneta) p. 107

4. Estiramiento de una pierna (nivel principiante) p. 62

5. Puente de hombros (básico) p. 86

6. *Curls* abdominales p. 48

PROGRAMA 1

Movilidad de columna y *core*

Repeticiones:
8-10 de cada ejercicio

Circuitos: 1-2

1. Basculación pélvica p. 47

2. Puente de hombros (básico) p. 86

3. Las tijeras p. 80

4. El cien p. 54

5. *Curls* abdominales p. 48

6. La cobra p. 170

Hombros y caderas

Repeticiones:
8-10 de cada ejercicio

Circuitos: 1-2

1. Puente de hombros (básico) p. 86

2. Círculos con una pierna p. 98

3. La almeja p. 116

4. Elevación y descenso de la pierna p. 117

5. Plancha lateral (media plancha lateral) p.112

6. Natación (opción más lenta) p. 90

Cuerpo entero 1

Repeticiones:
8-10 de cada ejercicio

Circuitos: 1-2

1. Estiramiento de una pierna (con banda elástica) p. 63

2. Las tijeras (elevaciones de una pierna a mesa) p. 80

3. *Curls* oblicuos p. 49

4. Patada lateral (con rodillas flexionadas) p. 102

5. El salto del cisne (solo tronco) p. 72

6. Plancha con una pierna (en cuadrupedia) p. 142

Cuerpo entero 2

Repeticiones:
8-10 de cada ejercicio

Circuitos: 1-2

1. El cien (con una pierna) p. 54

2. Las tijeras (elevaciones de pierna a mesa) p. 80

3. Círculos con las caderas (oscilación de piernas) p. 107

4. Rodar hacia arriba (con banda elástica) p. 125

5. El salto del cisne (solo tronco) p. 72

6. Natación (opción más lenta) p. 90

PROGRAMA 2

Movilidad de columna y *core*

Repeticiones:
8-10 de cada ejercicio
Circuitos: 2-3

1. Círculos de cadera (oscilación de piernas) p. 107

2. Puente de hombros (abducciones de cadera) p. 86

3. El cien (con una pierna) p. 54

4. Las tijeras (elevaciones de pierna a mesa) p. 80

5. Aperturas de brazos p. 172

6. *Curls* abdominales p. 48

Hombros y caderas

Repeticiones:
8-10 de cada ejercicio
Circuitos: 2-3

1. Círculos con brazos hacia atrás p. 47

2. Estiramiento de una pierna (con banda elástica) p. 63

3. Círculos con una pierna (con banda elástica) p. 99

4. La almeja p. 116

5. Flexiones (en caja) p. 160

6. Plancha lateral (media plancha lateral) p. 112

Cuerpo entero

Repeticiones:
8-10 de cada ejercicio
Circuitos: 2-3

1. Rodar hacia arriba (con banda elástica) p. 125

2. *Curls* oblicuos p. 49

3. Puente de hombros (abducciones de cadera) p. 86

4. Patada lateral (con piernas flexionadas) p. 102

5. Natación (a cuatro patas) p. 91

6. Plancha con una pierna (en cuadrupedia) p. 142

PROGRAMA 3

Movilidad de columna y *core*

Repeticiones:
8-10 de cada ejercicio
Circuitos: 2-3

1. Puente de hombros (básico) p. 86

2. El cien (con una pierna) p. 54

3. Círculos con la cadera (oscilación de piernas) p. 107

4. *Curls* abdominales p. 48

5. Estiramiento de la columna (variación) p. 165

6. Las tijeras (elevaciones de pierna a mesa) p. 80

Hombros y caderas

Repeticiones:
8-10 de cada ejercicio
Circuitos: 2-3

1. La sirena p. 176

2. Círculos con una pierna (con una pierna estirada) p. 98

3. La almeja p. 116

4. Elevación y descenso de la pierna p. 117

5. Plancha lateral (media plancha lateral) p. 112

6. Flexiones (en caja) p. 160

Cuerpo entero

Repeticiones:
8-10 de cada ejercicio
Circuitos: 2-3

1. Enhebrar la aguja p. 174

2. *Curls* abdominales p. 48

3. *Curls* oblicuos p. 49

4. Natación (opción más lenta) p. 90

5. Natación (a cuatro patas) p. 91

6. Rotación de la columna (variación) p. 169

RUTINAS INTERMEDIAS

Estos planes animan a ir más allá de las rutinas para principiantes y los ejercicios se mezclan de forma creativa. Asegúrate de que eres capaz de realizar los programas para principiantes y completa el calentamiento previo y el enfriamiento posterior. Concéntrate en la técnica y en controlar la respiración en cada movimiento hasta que domines estas fases.

Calentamiento

Repeticiones:
6-8 de cada ejercicio
Circuitos: 1

1. La sirena p. 176
2. Círculos con brazos hacia atrás p. 47
3. Basculaciones pélvicas p. 47
4. Puente de hombros (básico) p. 86
5. Estiramiento de una pierna p. 62
6. Las tijeras p. 80

Enfriamiento

Repeticiones:
6-8 de cada ejercicio
Circuitos: 1

1. El gato y la vaca p. 46
2. Alargamiento de la columna p. 47
3. Círculos con la cadera (oscilación de piernas) p. 107
4. La sierra p. 166
5. Enhebrar la aguja p. 174
6. Aperturas de brazos de pie p. 173

Programa 1: Secuencia tradicional

Repeticiones:
8-10 de cada ejercicio
Circuitos: 2-3

1. El cien (con piernas en forma de mesa) p. 54
2. Rodar hacia arriba (sobre la esterilla) p. 124
3. Estiramiento de una pierna p. 60
4. Rodar como una pelota p. 56
5. Estiramiento de una pierna (postura de mesa) p. 63
6. Las tijeras p. 78
7. Puente de hombros (extensiones de pierna) p. 87
8. Patada lateral (con las piernas elevadas) p. 103
9. Natación p. 88
10. Elevaciones de pierna boca arriba p. 144
11. Rotación de columna p. 168
12. Extensión dorsal p. 154

Programa 2: Cuerpo entero

Repeticiones:
8-10 de cada ejercicio
Circuitos: 2-3

1. *Curls* oblicuos p. 49
2. Flexiones entrecruzadas p. 155
3. Rodar hacia arriba p. 122
4. Rodar hacia atrás p. 126
5. Elevación de pierna boca arriba (deslizamiento de pierna) p. 147
6. Círculos con la cadera p. 104
7. La sierra p. 166
8. Elevación de ambas piernas p. 118
9. Patada lateral de rodillas p. 108
10. Plancha lateral (media plancha lateral con almeja) p. 112
11. Natación p. 88
12. El salto del cisne (preparación) p. 73

Programa 3:
Tren superior

Repeticiones:
8-10 de cada ejercicio
Circuitos: 2-3

1. La cobra p. 170

2. Extensión dorsal p. 154

3. El salto del cisne (preparación)
p. 73

4. Plancha lateral (media plancha
lateral con codo a rodilla) p. 113

5. Aperturas de brazos p. 172

6. Extensión de ambas piernas
(con *curl* abdominal) p. 67

7. Elevación de pierna boca arriba
(subida en diagonal) p. 146

8. Estiramiento de la columna p. 164

9. Natación (a cuatro patas) p. 91

10. Plancha con una pierna
(en cuadrupedia) p. 142

11. Flexiones (sobre las rodillas)
p. 160

12. Alargamiento de la columna p. 47

Programa 4:
Tren inferior

Repeticiones:
8-10 de cada ejercicio
Circuitos: 2-3

1. Puente de hombros
(extensiones de pierna) p. 87

2. Círculos con la cadera (oscilación
con piernas a 90°) p. 107

3. Círculos con una pierna p. 96

4. Las tijeras p. 78

5. La bicicleta p. 82

6. Patada lateral p. 100

7. Elevación de ambas piernas p. 118

8. Natación (a cuatro patas) p. 91

9. Plancha con una pierna p. 140

10. Plancha con una pierna
(abducciones de pierna) p. 143

11. Enhebrar la aguja con
estiramiento de aductores p. 175

12. Flexiones de tronco hacia delante
p. 132

Programa 5:
Cuerpo entero

Repeticiones:
8-10 de cada ejercicio
Circuitos: 2-3

1. Estiramiento de una pierna
(postura de mesa) p. 63

2. Estiramiento de ambas piernas
(coordinación con una pierna) p. 67

3. Círculos con las caderas
(oscilaciones de piernas) p. 107

4. Flexiones entrecruzadas p. 155

5. Rodar hacia arriba p. 122

6. Puente de hombros p. 84

7. La almeja p. 116

8. Patada lateral (con las piernas
elevadas) p. 103

9. Extensión dorsal p. 154

10. Plancha con una pierna (de
cuadrupedia a plancha alta) p. 143

11. Flexiones p. 158

12. La foca p. 92

RUTINAS AVANZADAS

Estos planes avanzados sobre la esterilla hay que intentarlos únicamente cuando realices de forma cómoda las rutinas intermedias. Empieza con el programa de calentamiento y acaba con el de enfriamiento. Procura realizar cada ejercicio a la perfección antes de intentar la secuencia al completo.

Calentamiento

Repeticiones:
6-8 de cada ejercicio
Circuitos: 1

1. El gato y la vaca p. 46
2. Sirena con giro p. 177
3. Círculos con brazos hacia atrás p. 47
4. Puente de hombros (básico) p. 86
5. Estiramiento de una pierna (opción con una sola pierna) p. 62
6. Las tijeras (elevaciones de pierna alternas) p. 80

Enfriamiento

Repeticiones:
6-8 de cada ejercicio
Circuitos: 1

1. La cobra p. 170
2. Alargamiento de la columna p. 47
3. Enhebrar la aguja con estiramiento de aductores p. 175
4. Círculos con las caderas (oscilaciones de piernas) p. 107
5. Flexiones (sobre las rodillas) p. 160
6. Sirena de pie p. 177

Programa 1: Secuencia tradicional

Repeticiones:
8-12 de cada ejercicio
Circuitos: 2-4

1. El cien (con piernas elevadas y *curl* abdominal) p. 55
2. Rodar hacia arriba p. 122
3. Estiramiento de una pierna p. 60
4. Círculos con una pierna p. 96
5. Extensión de ambas piernas p. 64
6. Las tijeras (elevaciones de pierna alternas) p. 81
7. Puente de hombros p. 84
8. Rotación de la columna p. 168
9. Natación p. 88
10. Plancha con una pierna p. 140
11. Plancha lateral p. 110
12. Flexiones p. 158

Programa 2: Cuerpo entero

Repeticiones:
8-12 de cada ejercicio
Circuitos: 2-4

1. Las tijeras (elevaciones de pierna alternas) p. 80
2. Extensión de ambas piernas (con *curl* abdominal) p. 67
3. Flexiones entrecruzadas p. 155
4. Estiramiento de la columna p. 164
5. Patada lateral de rodillas p. 108
6. Plancha lateral p. 110
7. Plancha lateral con giro p. 114
8. Flexiones p. 158
9. La cobra p. 170
10. Patada doble p. 76
11. Natación p. 88
12. Plancha con una pierna p. 140

Programa 3:
Tren superior

Repeticiones:
8-12 de cada ejercicio
Circuitos: 2-4

1. *Curls* abdominales p. 48

2. Flexiones entrecruzadas p. 155

3. Estiramiento de la columna p. 164

4. Elevación de pierna boca arriba p. 144

5. Aperturas de brazo p. 172

6. Natación p. 88

7. Extensión dorsal p. 154

8. Alargamiento de la columna p. 47

9. Plancha con una pierna (de cuadrupedia a plancha alta) p. 143

10. Flexiones p. 158

11. El salto del cisne p. 70

12. Plancha lateral con giro p. 114

Programa 4:
Tren inferior

Repeticiones:
8-12 de cada ejercicio
Circuitos: 2-4

1. Puente de hombros p. 84

2. Círculos con una pierna p. 96

3. Las tijeras (elevaciones con pierna estirada) p. 81

4. La bicicleta p. 82

5. La almeja p. 116

6. Elevación y descenso de la pierna p. 117

7. Patada doble p. 76

8. Patada lateral de rodillas p. 108

9. Control del equilibrio p. 156

10. La sierra p. 166

11. Patada con una pierna p. 74

12. Natación p. 88

Programa 5:
Cuerpo entero

Repeticiones:
8-12 de cada ejercicio
Circuitos: 2-4

1. Rodar hacia arriba (sobre la esterilla) p. 124

2. Extensión doble de piernas p. 64

3. La uve p. 136

4. La navaja p. 134

5. El sacacorchos p. 128

6. El bumerán p. 148

7. Flexión de tronco hacia delante p. 132

8. Patada lateral (sobre los hombros con las piernas elevadas) p. 103

9. Plancha lateral (media plancha lateral con el codo sobre la rodilla) p. 113

10. Patada con una pierna p. 74

11. Natación p. 88

12. Plancha con una pierna (abducciones de pierna) p. 143

PILATES PARA CORRER

Los ejercicios de pilates pueden reducir el número de lesiones que sufren los corredores, según han mostrado algunos estudios. También pueden utilizarse para calentar y enfriar de forma eficaz y dentro de una rutina de fortalecimiento que complete un programa de *running*.

LESIONES HABITUALES AL CORRER

Un 80 % de los corredores se lesiona cada año. Las causas son multifactoriales, pero la mayoría de ellas se pueden evitar con una intervención correcta.

POR QUÉ TE LESIONAS AL CORRER

Correr es una de las formas de ejercicio más habituales y accesibles y constituye la base de muchos otros deportes. El elevado índice de lesiones por sobrecarga se debe al alto impacto constante y repetitivo que supone. Las lesiones afectan sobre todo a las extremidades inferiores y el 60 % son resultado de un fallo del entrenamiento. Puede ser porque se aumente demasiado rápido la distancia, la velocidad o la frecuencia de carrera. La carga que supone supera entonces a la capacidad que tiene el cuerpo para soportar una mayor exigencia.

La técnica del corredor también es crucial para su rendimiento y para el riesgo de lesiones. Quienes aterrizan con el talón tienen más probabilidades de sufrir una lesión debido al aumento de la carga sobre las rodillas. Si los músculos de la cadera carecen de fuerza, esta puede aducirse o rotarse hacia dentro, seguida por la rodilla y el tobillo (ver imagen de la derecha). La fuerza que se hace al pisar se transmite de forma incorrecta a la pierna, por lo que se sobrecargan músculos y articulaciones.

CÓMO AYUDA EL PILATES

Una columna y una pelvis neutras y una buena postura corporal son la base de la práctica del pilates. También se aprende a activar el *core* para ganar estabilidad y para que las piernas se muevan con el apoyo de los músculos. Se refuerza así la coordinación recíproca de brazos y piernas necesaria para correr, y se implica a la faja abdominal de *core* y oblicuos para moverse. La resistencia del *core* también ayuda a que los corredores de larga distancia eviten la fatiga y mantengan una buena técnica. Mejora la condición física de la faja abdominal con la rutina de *core* que se sugiere (derecha).

El pilates puede corregir la biomecánica de la extremidad inferior al mejorar el control de la cadera y la rodilla, además de fortalecer los músculos laterales de la cadera. Esto evita su aducción, la rotación interna y mejora la alineación de las piernas. Los ejercicios de pilates que se centran en la fuerza de los glúteos en la extensión de cadera (ver ejercicio de la derecha) también mejoran el mecanismo que te impulsa hacia delante y generan la potencia necesaria para correr.

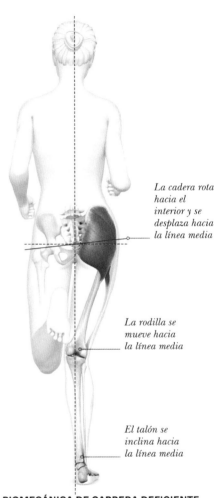

La cadera rota hacia el interior y se desplaza hacia la línea media

La rodilla se mueve hacia la línea media

El talón se inclina hacia la línea media

BIOMECÁNICA DE CARRERA DEFICIENTE
La debilidad de los músculos de la cadera de los corredores puede provocar un colapso del valgo, cuando la rodilla va hacia dentro, y la pronación del tobillo (inclinación hacia dentro).

CALENTAMIENTO

El calentamiento para correr debe consistir en movimientos activos y dinámicos que aumenten la movilidad articular de la columna vertebral, los hombros, las caderas, las rodillas y los tobillos, y reduzcan la rigidez muscular de estas regiones. También debe activar y estimular los músculos clave de los glúteos, los abductores de cadera y el *core* para que estén listos.

El calentamiento que planteamos es en colchoneta y puede realizarse antes de empezar a correr. La rotación de cadera, las tijeras y la almeja pueden hacerse también de pie, reproduciendo el mismo movimiento pero en vertical. Esto puede mejorar la activación muscular en una postura más funcional y preparar el cuerpo y las piernas para la carrera.

Rutina de calentamiento

Repeticiones:
6-8 de cada ejercicio
Circuitos: 1

1. Enhebrar la aguja p. 174
2. Natación (a cuatro patas) p. 91
3. Puente de hombros (básico) p. 86
4. Círculos con la cadera (con una pierna) p. 106
5. Rotación de columna (modificada) p. 169
6. Las tijeras (elevaciones de pierna alternas) p. 80
7. La almeja p. 116
8. Patada lateral (con rodillas flexionadas) p. 102

ENFRIAMIENTO

Durante la carrera, los músculos se contraen y relajan constantemente para soportar la carga repetitiva y para reaccionar a las fuerzas de reacción al golpear el suelo. Después de correr, los ejercicios de movilidad y estiramiento (ver más abajo) pueden aliviar cualquier rigidez muscular acumulada.

Si se realizan estos ejercicios durante 5-30 segundos se reduce la tensión del tendón y aumenta el movimiento articular. Si se acompañan de una respiración más lenta, también baja el ritmo cardíaco, lo que produce una sensación de relajación y de conclusión psicológica de la carrera. La combinación de patrones de movimiento y el control de la respiración hacen que el pilates sea ideal para relajarse después de correr.

Rutina para el *core*

Repeticiones:
8-10 de cada ejercicio
Circuitos: 2-3

1. El cien p. 52
2. Las tijeras (elevaciones alternas con pierna estirada) p. 81
3. Estiramiento de una pierna p. 60
4. Extensión de ambas piernas p. 64
5. Las tijeras p. 78
6. La bicicleta p. 82
7. Flexiones entrecruzadas p. 155
8. Plancha con una pierna p. 140

Rutina para caderas/glúteos

Repeticiones:
8-10 de cada ejercicio
Circuitos: 2-3

1. Puente de hombros p. 84
2. Círculos con una pierna p. 96
3. Círculos con la cadera (con una pierna) p. 106
4. La almeja p. 116
5. Elevación y descenso de la pierna p. 117
6. Plancha lateral (media plancha lateral con almeja) p. 112
7. Patada lateral p. 100
8. Natación (a cuatro patas) p. 91

Rutina de enfriamiento

Repeticiones:
4-6 de cada ejercicio
Circuitos: 1-2

1. Flexiones p. 158
2. La cobra p. 170
3. Alargamiento de la columna p. 47
4. Rotación de la columna (modificada) p. 169
5. La sirena p. 176
6. La sierra p. 166
7. Círculos con la cadera (oscilación de piernas) p. 107
8. Enhebrar la aguja con estiramiento de aductores p. 174

PILATES PARA NADAR

La natación tiene la característica única de practicarse contra la resistencia del agua al tiempo que se flota sin ningún punto de contacto. La persona que nada se apoya en el *core* y en la fuerza innata que transmite a través de toda la cadena cinética para potenciar la propulsión. El pilates complementa la natación con su naturaleza sin impacto y la disociación entre las extremidades y el tronco.

BIOMECÁNICA DE LA NATACIÓN

El fin de la natación es completar una distancia concreta en el menor tiempo posible. Se consigue acelerando el cuerpo de tal manera que se minimiza la resistencia del agua.

Los nadadores deben mantener una posición corporal lo más horizontal y aerodinámica posible (principalmente para el crol), y la firmeza del tronco en todas las brazadas. Un *core* fuerte permite una mayor transferencia de energía a las extremidades. Los brazos y las piernas deben disociarse del tronco con el fin de generar potencia para la propulsión y para superar la resistencia del agua.

La simetría corporal permite generar la misma potencia con cada lado y, por tanto, proporciona una brazada más eficiente que cubre una distancia mayor en menor tiempo. Los nadadores no suelen desarrollar esa simetría y cualquier desequilibrio muscular lo compensan con otros músculos, que trabajan más de lo normal para asegurarse de que la fuerza total generada es la misma.

La estabilidad escapular es esencial para alargar y rotar de forma lateral los omóplatos durante la brazada. También lo es la movilidad de la columna cervical y torácica. La extensión de la cadera genera el movimiento de la mitad inferior del cuerpo, con estabilidad pélvica y lumbar. Por último, integrar la respiración y el movimiento es esencial para la coordinación completa de la brazada.

EL PILATES PARA EL RENDIMIENTO AL NADAR

Uno de los principales beneficios del pilates es su capacidad para aislar articulaciones específicas y fortalecer los músculos estabilizadores localmente, mientras que la conexión del *core* permite estabilizar el tronco. Se ha demostrado que esto repercute de forma positiva en el crol, y en la velocidad y rendimiento general del nado tras un viraje.

El dorsal ancho es el músculo más grande de la espalda; es el responsable de las brazadas por encima de la cabeza y de que el cuerpo

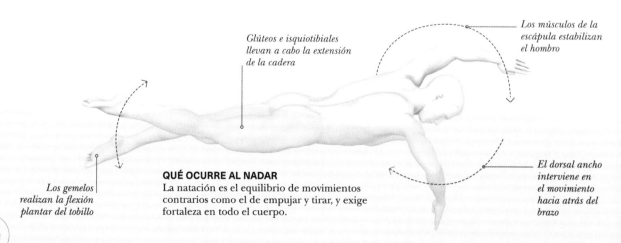

Glúteos e isquiotibiales llevan a cabo la extensión de la cadera

Los músculos de la escápula estabilizan el hombro

Los gemelos realizan la flexión plantar del tobillo

El dorsal ancho interviene en el movimiento hacia atrás del brazo

QUÉ OCURRE AL NADAR
La natación es el equilibrio de movimientos contrarios como el de empujar y tirar, y exige fortaleza en todo el cuerpo.

avance en el agua. Los ejercicios de pilates que se centran en la cadena oblicua posterior pueden sacar el máximo potencial a este músculo.

El entrenamiento y las carreras de larga distancia en natación exigen un *core* resistente que permita dar soporte continuado al tronco y transferir la fuerza por todo el cuerpo. Los ejercicios de pilates que se centran en esa faja abdominal también son altamente recomendables para la natación. Ejemplos de ello son rodar hacia atrás y rodar como una pelota, que incorporan un movimiento similar al de los virajes y fortalecen el *core* para este fin.

El pilates para natación debería integrar al cuerpo entero ya que se trata de un ejercicio completo. Si hay un punto débil, la rutina puede adaptarse a esa zona, con el objetivo de restablecer la simetría corporal. Los ejercicios que aíslan zonas importantes para la natación son:

- **Ejercicios de hombro/espalda superior:** extensión dorsal p. 154; el salto del cisne p. 70; flexiones p. 158; plancha lateral p. 110.

- **Ejercicios de cadera:** puente de hombros p. 84; elevación y descenso de la pierna p. 117; círculos con una pierna p. 96; patada con una pierna p. 74.

- **Ejercicios de *core*:** el cien p. 52; extensión de ambas piernas p. 64; flexiones entrecruzadas p. 155; *curls* oblicuos p. 49; la uve p. 136; círculos de cadera p. 104; la navaja p. 134; el sacacorchos p. 128; plancha con una pierna p. 140.

- **Ejercicios de *core* para los virajes:** rodar como una pelota p. 56; rodar hacia atrás p. 126; rodar hacia arriba p.122.

RUTINAS

Estas sesiones están diseñadas para mejorar el entrenamiento mediante un trabajo de alto nivel fuera de la piscina. Hazlos en un día de descanso o unas horas antes del entrenamiento en piscina.

Principiante

Repeticiones:
8-10 de cada ejercicios
Circuitos: 2

1. El cien (con piernas elevadas) p. 54

2. Estiramiento con una pierna (forma de mesa) p. 63

3. Círculos de cadera (oscilación de piernas) p. 107

4. Elevación de piernas boca arriba (mesa invertida) p. 146

5. Plancha lateral (media plancha lateral) p. 112

6. Natación (opción más lenta, frente apoyada) p. 90

7. Elevación de piernas boca arriba (de cuadrupedia a plancha alta) p. 143

8. Enhebrar la aguja (mano detrás de la cabeza) p. 175

De principiante a intermedio

Repeticiones:
10 de cada ejercicio
Circuitos: 2-3

1. Rodar como una pelota p. 56

2. Extensión de ambas piernas (coordinación con una pierna) p. 67

3. *Curls* oblicuos p. 49

4. Media plancha lateral (con codo a rodilla) p. 113

5. Extensión dorsal p. 154

6. Natación p. 88

7. Natación (a cuatro patas) p. 91

8. Flexiones p. 158

De intermedio a avanzado

Repeticiones:
10-12 de cada ejercicio
Circuitos: 4

1. El cien p. 52

2. Extensión de ambas piernas p. 64

3. Flexiones entrecruzadas p. 155

4. La uve p. 136

5. Elevación de ambas piernas p. 118

6. Plancha lateral con giro p. 114

7. Plancha con una pierna (realizar 10 repeticiones con cada pierna) p. 140

8. El balancín p. 152

PILATES PARA EL ENTRENAMIENTO DE FUERZA

El entrenamiento de fuerza en forma de levantamiento de pesas y el pilates son ejercicios muy distintos, pero sus métodos no son excluyentes. Ambos son formas de ejercitar la resistencia con el objetivo final de mejorar la fuerza y la resistencia musculares y fortalecer el *core*.

PILATES PARA LEVANTAR PESO

Los ejercicios de entrenamiento de fuerza como la sentadilla, el peso muerto y el *press* de banca son movimientos principalmente lineales que se centran en un músculo o grupo muscular, requieren una columna firme y siguen un único patrón de movimiento.

Los ejercicios de entrenamiento de la fuerza implican mover un peso externo, o el propio cuerpo, para ofrecer resistencia. Pueden ser complejos (varios grupos musculares y articulaciones) o aislados. Ambos métodos se realizan principalmente en un plano de movimiento. Esto desarrolla la fuerza de una acción específica, pero cualquier desviación o disfunción en el patrón puede afectar al rendimiento general.

Aunque la repetición del ejercicio puede aumentar la fuerza en un movimiento concreto, no solucionará carencias individuales. Las deficiencias a menudo son imperceptibles para el deportista experimentado, y eso puede ocasionar una lesión. El pilates favorece un enfoque corporal completo, con frecuentes cambios de posición. Refuerza continuamente la postura, la consciencia y los patrones de movimiento correctos.

Aquí veremos los tres principales ejercicios complejos e identificaremos el papel del pilates en cada uno de ellos.

LA SENTADILLA

La sentadilla parte de los glúteos mayores y de los isquiotibiales. La estabilidad pélvica se consigue con el glúteo medio, que impide la aducción de la cadera. Una sentadilla mal realizada se relaciona con la debilidad de la cadera. Los ejercicios que se realizan en el suelo sobre el costado, como la almeja (p. 116) y la elevación y descenso de la pierna (p. 117) pueden aislar el glúteo medio y recuperar la estabilidad pélvica.

PESO MUERTO

El peso muerto causa a menudo lumbalgias al realizarse con una mala técnica o levantar una carga excesiva sin tener estabilidad en el *core*. Aprender a activar y fortalecer la faja abdominal antes de levantar peso protegerá la columna lumbar. Utilizar la musculatura profunda también puede aliviar a los músculos globales, como el erector de la columna, que pueden compensar la falta de sostén del *core*. La combinación de una buena fuerza de la faja ab-

Mindfulness

Los ejercicios de pilates se indican con instrucciones técnicas muy precisas. Se denomina enfoque interno, y a través de él la mente se concentra en el movimiento que se está ejecutando. El enfoque externo es la consciencia del resultado final de la acción. Cuando los levantadores de pesas adoptaron el enfoque interno, la investigación mostró que la actividad muscular era mayor, y que el patrón de movimiento mejoraba. El enfoque interno crea una conexión mente-cuerpo y mejora la consciencia. Por ello, el pilates puede corregir deficiencias que se producen durante el levantamiento de pesas.

dominal y de los glúteos mejorará el impulso de la parte inferior del cuerpo.

PRESS DE BANCA

Un 36 % de las lesiones que se producen al levantar peso afectan a la articulación del hombro y se deben a una falta de estabilidad del hombro. Cuanto más se aleje el peso del cuerpo, más estabilidad del hombro se necesita. La activación del hombro profundo y de los estabilizadores del *core* que se consigue con el pilates puede abordar esta debilidad y proporcionar apoyo localizado a la articulación.

CÓMO INCORPORAR EL PILATES AL ENTRENAMIENTO DE FUERZA

- Como calentamiento para preparar el cuerpo para una sesión de fuerza.
- Como enfriamiento para movilizar el cuerpo tras las repetitivas contracciones musculares.
- Después de una sesión de fuerza, para asegurar que hay una estimulación corporal del cuerpo entero, incluso en días en los que se trabajan partes específicas.
- Para trabajar más una zona del cuerpo; por ejemplo, en un día dedicado a la espalda, se pueden hacer ejercicios de pilates para la estabilidad escapular.
- Como una sesión de fortalecimiento para el cuerpo entero en días separados, con el fin de mantener la consciencia corporal y un nivel bajo de activación muscular.

Calentamiento

Repeticiones:
6-8 de cada ejercicio
Circuitos: 1-2

1. El gato y la vaca p. 46

2. Enhebrar la aguja con estiramiento de aductores p. 175

3. Círculos con la cadera (oscilación de piernas) p. 107

4. La almeja p. 116

5. Puente de hombros (abducciones de cadera) p. 86

6. Flexiones p. 158

Enfriamiento

Repeticiones:
6-8 de cada ejercicio
Circuitos: 1-2

1. La sierra p. 166

2. Rotación de columna p. 168

3. Círculos con la cadera (oscilación de piernas) p. 107

4. Puente de hombros básico p. 86 (mantener hasta 30 segundos y colocar una pelota blanda bajo la pelvis para descansar sobre ella)

5. Aperturas de brazos de pie p. 173

6. La Sirena de pie p. 177

Rutina de cuerpo entero 1

Repeticiones:
8-10 de cada ejercicio
Circuitos: 3-4

1. El cien p. 52

2. Estiramiento de una pierna p. 60

3. Puente de hombros p. 84

4. La almeja p. 116

5. Elevación y descenso de la pierna p. 117

6. Plancha lateral (plancha lateral con almeja) p. 112

7. Patada doble p. 76

8. Flexiones p. 158

Rutina de cuerpo entero 2

Repeticiones:
8-10 de cada ejercicio
Circuitos: 3-4

1. El cien p. 52

2. Círculos con la cadera p. 104

3. Extensión de ambas piernas p. 64

4. Flexiones entrecruzadas p. 155

5. Patada lateral p. 100

6. La almeja p. 116

7. La sierra p. 166

8. Plancha con una pierna p. 140

Rutina de cuerpo entero 3

Repeticiones:
8-10 de cada ejercicio
Circuitos: 3-4

1. *Curls* abdominales p. 48

2. Círculos con la cadera (con una pierna) p. 106

3. Elevación y descenso de la pierna p. 117

4. Extensión dorsal p. 154

5. Plancha lateral p. 110

6. La uve p. 136

7. Puente de hombros (abducciones de cadera) p. 86

8. Subida en diagonal p. 146

PILATES PARA TRABAJADORES SEDENTARIOS

La revolución digital y el aumento del teletrabajo han dado lugar a un estilo de vida más sedentario que nunca. Las posturas estáticas prolongadas pueden producir adaptaciones en la postura que causan dolor, rigidez o problemas de discos. Estos problemas pueden afectar a nuestras actividades e incluso a nuestra salud mental.

EL **15**% DE LA RIGIDEZ LUMBAR LO CAUSA ESTAR SENTADO MUCHO TIEMPO.

QUÉ OCURRE

Nuestros cuerpos están diseñados para moverse y las posturas que adoptamos cuando estamos sentados durante largos periodos no suelen ser ideales. El pilates puede fortalecer la postura y recuperar la movilidad del cuerpo entero.

Podemos pasar sentados en las mismas posturas demasiado tiempo; el cuerpo no aguanta y los músculos que están trabajando en exceso empiezan a fatigarse antes. Esto puede llevar a encorvarse y adaptarse a posturas más «cómodas» que, a largo plazo, pueden forzar a otros músculos que no están diseñados para absorber cargas adicionales. Se producen entonces dolores musculares y trastornos y más adaptaciones posturales poco saludables: se crea un círculo vicioso.

Los ejercicios de pilates dan movilidad y abren el pecho, los hombros y las caderas, lo que alivia las tensiones musculares y fortalece la región escapular, el *core* y los glúteos. Mantener una postura sentada mucho tiempo debilita los músculos de los glúteos ya que están inactivos, cuando necesitan una activación regular para mantener su fuerza y eficacia. Los glúteos son los principales implicados en la iniciación de los movi-

mientos de la cadera en acciones básicas como caminar y correr, por lo que la debilidad también puede generar dolor en las caderas.

Una buena rutina de pilates puede mejorar la activación muscular, la fuerza y la resistencia para que tu cuerpo pueda mantener la postura correcta y se minimicen las molestias. El ejercicio también aumenta nuestros niveles de energía lo que, combinado con la conexión cuerpo-mente que crea el pilates, puede influir de forma positiva en el estado de ánimo.

Introducir una breve rutina de pilates a la semana, o incluso algunos ejercicios en el escritorio, puede tener muchos beneficios físicos y mentales y mejorar la postura al trabajar sentado.

QUÉ CAUSA
El síndrome postural (ver derecha) puede tensar el pecho, las caderas y la parte anterior del cuerpo y alargar la parte posterior, lo que crea debilidad en la parte superior de la espalda, la columna y los músculos glúteos.

BENEFICIOS DEL PILATES

El pilates rompe el círculo vicioso de problemas que origina el trabajo sedentario:

Introduce la movilidad
Rompe la postura estática
Fortalece los músculos posturales
Se recupera el alineamiento
Da energía
Mejora el estado de ánimo

CONSEJOS PARA EL ESCRITORIO

Prepárate desde el momento en que te sientas ante el escritorio.

● **Siéntate en la silla** para que la columna se apoye y se alargue contra el respaldo.

● **Coloca una toalla enrollada** o un cojín lumbar en la parte baja de la espalda para dar apoyo a la curva natural de la columna.

● **Apoya los pies en el suelo,** con el peso distribuido por igual entre los dos.

● **Asegúrate de que la pelvis está neutra** y de que repartes el peso entre los isquiones.

● **Alinea las costillas** sobre la pelvis.

● **Apoya los codos en la mesa,** con un ángulo de 90° en los codos y las muñecas en posición neutra.

● **Eleva el pecho y mantén** las clavículas anchas y los hombros relajados.

● **Haz un descanso para moverte** cada 30 minutos, sal del escritorio y recupérate.

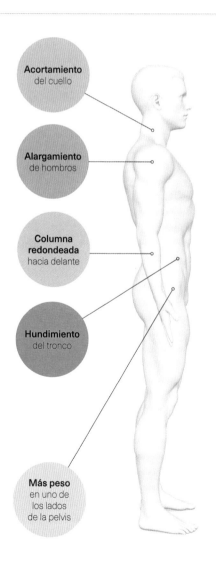

Acortamiento del cuello

Alargamiento de hombros

Columna redondeada hacia delante

Hundimiento del tronco

Más peso en uno de los lados de la pelvis

PLAN DE EJERCICIOS EN LA MESA

El pilates puede tener un impacto positivo en la postura. Puede mejorar el alineamiento de la cabeza y la pelvis, el ángulo de las caderas, el alineamiento vertical de la columna, la cifosis torácica y la lordosis lumbar. En la página 31 se explican estas dolencias posturales.

Utiliza esta sencilla rutina para descansar de la postura en la silla durante el día. La idea es realizar todo el plan dos veces al día. Repite de 6 a 8 veces cada ejercicio. Puedes hacerlo solo una vez si no tienes tiempo. Completa 2 o 3 circuitos de ejercicios si dispones de más tiempo, o si crees que eso podría beneficiarte.

Es fácil *olvidarse de moverse y de estirar* **cuando** *te* **concentras** *en el trabajo.*

Rutina de oficina

Esta sencilla sesión de seis ejercicios supone descansar del trabajo sedentario. Intenta completar al menos un circuito.

Repeticiones: 6-8 de cada ejercicio
Circuitos: completa 1-3

1. Basculación pélvica (en silla) p. 47

2. Rodar hacia arriba (en silla) p. 124

3. Las tijeras (elevaciones de piernas en silla) p. 80

4. Aperturas de brazos (de pie) p. 173

5. Puente de hombros (abducciones de cadera) p. 86

6. La sirena (primera fase) p. 176

7. La bandeja p. 46

PLAN DE EJERCICIOS SOBRE ESTERILLA

Esta rutina sobre la esterilla pretende mejorar la estabilidad y la resistencia mientras se está en la silla. Incorpora también ejercicios para la cadena posterior, es decir, los músculos que recorren el cuerpo del cuello a los tobillos.

Estos ejercicios ayudan a reducir la tensión en la flexión hacia delante y a fortalecer la parte posterior para mantener el cuerpo erguido. Cada sesión termina con un ejercicio de movilidad que permite que la columna se mueva bien y minimiza la rigidez de la postura estática. Asegúrate de calentar antes de cada sesión.

Comienza con la rutina para principiantes y completa los ejercicios en orden. Repite los tres programas para principiantes cada semana hasta que los lleves a cabo

con facilidad. Pasa después al plan intermedio y, por último, al avanzado.

Cada programa tiene un número de repeticiones y circuitos recomendados, pero si no tienes tiempo para terminarlos, haz algunos ejercicios. También puedes llevarlos a cabo con una duración —los recuadros de la derecha tienen las recomendaciones—. El descanso entre ejercicios y el tiempo de recuperación entre series es muy importante para prevenir la fatiga muscular.

Plan para principiantes

Cada ejercicio dura 30 segundos, con un descanso de 15 segundos entre cada uno de ellos, y 30-60 segundos de recuperación entre series.

Plan intermedio

Cada ejercicio dura 45 segundos, con un descanso de 15 segundos entre cada uno de ellos, y 30-60 segundos de recuperación entre series.

Plan avanzado

Cada ejercicio dura 60 segundos, con un descanso de 30-45 segundos entre cada uno de ellos, y 30-45 segundos de recuperación entre series.

Rutina 1 para principiantes

Repeticiones:
8-10 de cada ejercicio
Circuitos: 1

1. La bandeja p. 46

2. El cien (con una pierna) p. 54

3. Las tijeras (elevaciones de una pierna a mesa) p. 80

4. Estiramiento de una pierna (nivel principiante) p. 62

5. Puente de hombros (básico) p. 86

6. Natación (opción más lenta, frente apoyada) p. 90

7. Rotación de columna (variación de la rotación de columna) p. 169

8. Aperturas de brazo (de pie) p. 173

Rutina 2 para principiantes

Repeticiones:
8-10 de cada ejercicio
Circuitos: 1

1. La bandeja p. 46

2. El cien (con una pierna) p. 54

3. Las tijeras (elevaciones de una pierna a mesa) p. 80

4. Círculos con la cadera (oscilación de piernas) p. 107

5. La almeja p. 116

6. Patada doble p. 76

7. El salto del cisne (solo tronco) p. 72

8. La sirena (de pie) p. 177

Rutina 3 para principiantes

Repeticiones:
8-10 de cada ejercicio
Circuitos: 1

1. Rodar hacia arriba (en silla) p. 124

2. El cien (con una pierna) p. 54

3. Las tijeras (elevaciones de una pierna a mesa) p. 80

4. Puente de hombros (básico) p. 86

5. Natación (opción más lenta, frente apoyada) p. 90

6. Elevación de pierna boca arriba (mesa invertida) p. 146

7. El salto del cisne (solo tronco) p. 72

8. La cobra p. 170

Rutina 1 intermedia

Repeticiones:
8-10 de cada ejercicio
Circuitos: 2

1. Rodar hacia arriba
(sobre la esterilla) p. 124

2. El cien (con piernas elevadas)
p. 54

3. Las tijeras
(con piernas alternas) p. 80

4. Estiramiento de una pierna
(postura de mesa) p. 63

5. Puente de hombros
(abducciones de cadera) p. 86

6. Natación (a cuatro patas) p. 91

7. Extensión dorsal p. 154

8. Aperturas de brazos p. 172

Rutina 2 intermedia

Repeticiones:
8-10 de cada ejercicio
Circuitos: 2

1. Extensión de ambas piernas
(preparación) p. 66

2. El cien (con piernas elevadas)
p. 54

3. Las tijeras
(con piernas alternas) p. 80

4. Estiramiento de una pierna
(postura de mesa) p. 63

5. La almeja p. 116

6. Patada doble p. 76

7. Extensión dorsal p. 154

8. La sirena (de pie) p. 177

Rutina 3 intermedia

Repeticiones:
8-10 de cada ejercicio
Circuitos: 2

1. Rodar hacia arriba
(sobre la esterilla) p. 124

2. El cien (con piernas elevadas)
p. 54

3. Las tijeras
(con piernas alternas) p. 80

4. Puente de hombros
(elevaciones de rodilla) p. 87

5. Natación (a cuatro patas) p. 91

6. Elevación de pierna boca arriba
(subida en diagonal) p. 146

7. El salto del cisne
(tronco y brazos) p. 72

8. La cobra p. 170

Rutina 1 avanzada

Repeticiones:
8-10 de cada ejercicio
Circuitos: 2-3

1. Extensión de ambas piernas
(coordinación con una pierna) p. 67

2. El cien (con piernas elevadas)
p. 54

3. Las tijeras (con piernas
alternas) p. 81

4. Estiramiento de una pierna
(postura de mesa) p. 63

5. Puente de hombros
(elevaciones de rodilla) p. 87

6. Natación p. 88

7. Extensión dorsal p. 154

8. Rotación de columna p. 168

Rutina 2 avanzada

Repeticiones:
8-10 de cada ejercicio
Circuitos: 2-3

1. Extensión de ambas piernas
(coordinación con una pierna) p. 66

2. El cien (con piernas elevadas y
curl abdominal) p. 55

3. Las tijeras (elevaciones de
pierna alternas) p. 80

4. Estiramiento de una pierna p. 60

5. Patada lateral p. 100

6. Patada doble p. 76

7. Extensión dorsal p. 154

8. Enhebrar la aguja p. 174

Rutina 3 avanzada

Repeticiones:
8-10 de cada ejercicio
Circuitos: 2-3

1. Extensión de ambas piernas
p. 64

2. El cien (con piernas elevadas y
curl abdominal) p. 55

3. Las tijeras (elevaciones de
pierna alternas) p. 81

4. Puente de hombros
(extensiones de pierna) p. 87

5. Natación p. 88

6. Elevación de pierna boca arriba
(deslizamiento de pierna) p. 147

7. El salto del cisne (preparación)
p. 73

8. La cobra p. 170

PILATES PARA LA MUJER

El embarazo, el posparto y la menopausia son periodos vitales que conllevan profundos efectos físicos, hormonales y psicológicos en el organismo. Cada una de estas importantes fases exige cambios específicos. El pilates es un método excelente para cada etapa por su naturaleza libre de impacto, su enfoque en el *core* y el suelo pélvico y la facilidad para adaptar los ejercicios.

EL EMBARAZO

Desde la concepción se producen cambios en el organismo y el embarazo afecta a la mayoría de los sistemas corporales. Se recomienda hacer ejercicio con regularidad para tener un embarazo sano que ayude a la madre y al bebé.

A medida que el bebé crece, el centro de gravedad se desplaza hacia delante, lo que puede producir ajustes posturales como una mayor lordosis lumbar (p. 31). Esto conlleva un debilitamiento de los abdominales y de los glúteos. La hormona relaxina produce laxitud de los ligamentos desde las ocho semanas y puede producir inestabilidad pélvica o aumento de la movilidad articular. La ganancia de peso puede sobrecargar la pelvis y las articulaciones.

CÓMO AYUDA EL PILATES

El pilates es un ejercicio seguro durante el embarazo y hay estudios que respaldan que reduce el dolor lumbar y pélvico. Se consigue con la mejora de la estabilidad y la fuerza del *core* y ayudando a la columna a corregir malas posturas. Existe una relación directa entre el dolor lumbar y el suelo pélvico y la disfunción respiratoria. El pilates aborda cada una de estas cuestiones desde la base.

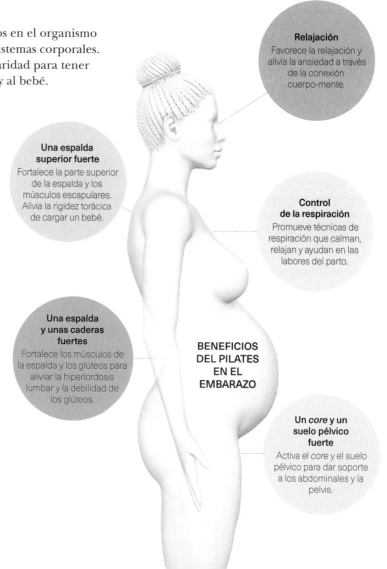

Relajación
Favorece la relajación y alivia la ansiedad a través de la conexión cuerpo-mente.

Una espalda superior fuerte
Fortalece la parte superior de la espalda y los músculos escapulares. Alivia la rigidez torácica de cargar un bebé.

Control de la respiración
Promueve técnicas de respiración que calman, relajan y ayudan en las labores del parto.

Una espalda y unas caderas fuertes
Fortalece los músculos de la espalda y los glúteos para aliviar la hiperlordosis lumbar y la debilidad de los glúteos.

BENEFICIOS DEL PILATES EN EL EMBARAZO

Un *core* y un suelo pélvico fuerte
Activa el *core* y el suelo pélvico para dar soporte a los abdominales y la pelvis.

PRECAUCIONES CON EL PILATES DURANTE EL EMBARAZO

Tensión baja	Evitar cambios de postura múltiples y rápidos, incluyendo rodar hacia abajo
Laxitud de ligamentos	Evitar estirar demasiado las articulaciones
Posición supina	Evitar a partir de las 16 semanas de embarazo, o no hacerla más de dos minutos
Carga abdominal	Evitar los ejercicios de doble mesa y aquellos con movimientos de flexión abdominal a partir de las 16 semanas.
Posición en prono	Cambiar por la postura de rodillas
Inversiones	Evitar las posturas invertidas, como la navaja (p. 134)

Consejos para el dolor de la cintura pélvica

El dolor de la cintura pélvica es cualquiera que se produzca en la región pélvica y las nalgas. Para evitar molestias:
• Usar un cojín/pelota entre las rodillas.
• Evitar abrir las piernas más allá de la anchura de las caderas.
• Evitar rotar las caderas hacia dentro o hacia fuera.
• Evitar el puente de hombros y las posturas en cuclillas.
• Probar los ejercicios isométricos como empujar algo que ofrezca resistencia sin moverlo.

Consejos para el dolor lumbar

El dolor lumbar se puede producir en cualquier trimestre, pero a menudo se da más en las últimas fases, cuando el peso del bebé aumenta y la postura cambia más.
• Asegúrate de que la espalda está siempre apoyada.
• Haz ejercicios de movilidad como las basculaciones pélvicas y el gato y la vaca.
• Ejercítate acostado de lado para quitar la carga de la espalda.
• Asegura una buena activación de los músculos centrales y del suelo pélvico.

Ejercicios para el suelo pélvico

• Comienza lo antes posible y realízalos tres veces al día durante el embarazo y después.
• Cierra los esfínteres y eleva la zona aproximadamente un 30 %.
• Haz los ejercicios de dos maneras: contracciones rápidas durante 10 repeticiones y otras 10 lentas en las que aguantes 10 segundos.

Rutina para el primer trimestre

Repeticiones:
10-12 de cada ejercicio
Circuitos: 2-3

1. Puente de hombros (abducciones de cadera) p. 86

2. Las tijeras (piernas alternas) p. 80

3. *Curls* abdominales p. 48

4. La almeja p. 116

5. Aperturas de brazos p. 172

6. Natación (opción más lenta) p. 90

7. El salto del cisne p. 72

Rutina para el segundo trimestre

Repeticiones:
10-12 de cada ejercicio
Circuitos: 2-3

1. El gato y la vaca p. 46

2. Las tijeras p. 80
(elevaciones de pierna a mesa: usa cojines para inclinar la parte superior del cuerpo)

3. Estiramiento de una pierna (con una sola pierna: usa cojines para inclinar la parte superior del cuerpo) p. 62

4. Rotación de cadera (oscilación de piernas) p. 107

5. Elevación y descenso de la pierna p. 117

6. Patada lateral (con rodillas flexionadas) p. 102

7. Enhebrar la aguja p. 174

Rutina para el tercer trimestre

Repeticiones:
8-10 repeticiones
Circuitos: 2-3
Escucha al cuerpo, reduce o ralentiza los ejercicios.

1. La bandeja p. 46

2. El cien (con una pierna, en una silla) p. 54

3. Las tijeras (elevaciones de una pierna, en silla) p. 80

4. Patada lateral (con rodillas flexionadas) p. 102

5. Natación (a cuatro patas) p. 91

6. Aperturas de brazos de pie p.173

EL POSPARTO

Aparte de los cambios emocionales que se producen en el posparto, las mujeres pueden sufrir también dolencias físicas y cambios posturales por atender al bebé. El pilates puede abordar estas necesidades de inmediato o en el futuro.

LA DIÁSTASIS

La diástasis del recto abdominal es la separación natural de los músculos del abdomen en vertical. Se produce en todas las mujeres en el tercer trimestre del embarazo debido al estiramiento de la línea alba, que es el tejido conectivo de los músculos del recto abdominal. Aproximadamente la mitad de los casos de diástasis se solucionan de forma natural unas ocho semanas después del parto, pero en algunos casos se produce una debilidad abdominal que persiste. Estos músculos dan sostén al tronco y al suelo pélvico y son fundamentales al toser, estornudar, reír e ir al baño. Tenerlos débiles puede impactar en estas funciones.

Con los ejercicios de pilates se aprende a activar de forma correcta los músculos del abdomen. Son una de las mejores formas de adaptación muscular y para solucionar los síntomas de diástasis.

Un programa para la diástasis debe iniciarse con una movilización aislada del *core* y el suelo pélvico y progresar luego a ejercicios para los oblicuos y el recto abdominal. Finalmente, se han de imitar los movimientos funcionales de las tareas cotidianas.

Entre los que hay que evitar hasta que el *core* haya mejorado son los ejercicios para oblicuos, elevar las dos piernas a la vez y los abdominales completos.

DISFUNCIÓN DEL SUELO PÉLVICO

Este problema se puede dar a medida que aumenta la presión sobre la pelvis durante el embarazo, además de como resultado del trauma vaginal del parto, un peso elevado del bebé o un parto múltiple. Hasta un 75 % de las mujeres experimentan en el posparto disfunción del suelo pélvico; los problemas afec

tan al parto natural y por cesárea. Incluye una amplia variedad de dolencias, como incontinencia urinaria y fecal, prolapso de los órganos pélvicos y relaciones sexuales dolorosas. También se puede dar dolor lumbar y diástasis y puede repercutir en la salud mental.

Aproximadamente un 25-40 % de las mujeres no son conscientes de los músculos del suelo pélvico y de cómo ejercitarlos. Trabajar estos músculos puede reducir el riesgo de incontinencia urinaria en un 50 % cuando se hace durante el embarazo y un 35 % si se realizan en el posparto.

Es importante integrar esta activación en ejercicios como sentadillas, estocadas y peso muerto para entrenar los músculos durante las actividades normales. Relaja los músculos por completo después de cada ejercicio. Realízalos tres veces al día durante de 3 a 6 meses.

NORMAL FRENTE A DIÁSTASIS

El abdomen normal tiene el recto abdominal y la línea alba intactos. En el abdomen con diástasis, los abdominales están ensanchados y hay un estiramiento de la línea alba.

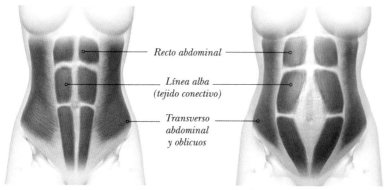

Recto abdominal

Línea alba
(tejido conectivo)

Transverso
abdominal
y oblicuos

ABDOMEN NORMAL　　　**DIÁSTASIS DEL ABDOMEN**

Precauciones con el pilates en el posparto

- Ningún ejercicio de pilates debería doler, en ningún posparto. Si aumenta el dolor, el sangrado, la incontinencia o la sensación de tener un peso en la vagina, conviene consultar a un experto.

- Evita sobrecargar con abdominales, planchas o elevaciones o descensos con ambas piernas.

- Evita poner peso en la pelvis. Esto puede darse de forma exagerada con los *curls* abdominales.

- Sé consciente de la fatiga y de los niveles de energía y no te ejercites en exceso.

Rutina para las semanas 6-12 después del parto

Repeticiones:
5-10 de cada ejercicio
Circuitos: 1-3

1. El cien (con una pierna) p. 54

2. Estiramiento de una pierna (nivel principiante) p. 62

3. Las tijeras (elevaciones de pierna a mesa) p. 80

4. Puente de hombros (básico) p. 86

5. Círculos con la cadera (oscilaciones de piernas) p. 107

6. El gato y la vaca p. 46

7. La bandeja p. 46

Rutina para las semanas 12-18 después del parto

Repeticiones:
8-10 de cada ejercicio
Circuitos: 2-3

1. El cien (con piernas elevadas) p. 54

2. Puente de hombros (elevaciones de rodilla) p. 87

3. *Curls* abdominales p. 48

4. Estiramiento de una pierna (postura de mesa) p. 63

5. La almeja p. 116

6. Plancha lateral (media plancha lateral) p. 112

7. Natación (a cuatro patas) p. 91

Rutina para las semanas 18-24 después del parto

Repeticiones:
10-12 de cada ejercicio
Circuitos: 3-4

1. Puente de hombros p. 84

2. Estiramiento de una pierna p. 60

3. Extensión de ambas piernas (coordinación con una pierna) p. 67

4. Patada lateral p. 100

5. Extensión dorsal p. 154

6. Plancha con una pierna (de cuadrupedia a plancha alta) p. 143

7. Rotación de columna p. 168

LA MENOPAUSIA

La menopausia es el final natural del ciclo menstrual y se produce 12 meses después de la última regla. Las investigaciones apuntan a que el pilates mejora de forma significativa la fuerza, la función corporal y la calidad de vida de las mujeres en la menopausia.

Los síntomas en esta etapa se producen por una disminución de los estrógenos y el cese de la función ovárica. Se produce entre los 45 y los 55 años, aunque se pueden dar casos prematuros antes de cumplir los 30 años. Puede ocasionar cambios profundos y hasta un 90 % de las mujeres buscan ayuda. Se recomienda hacer ejercicio de fuerza para aliviar problemas como la osteoporosis, la reducción de la masa y la fuerza muscular, la atrofia de los músculos del suelo pélvico, los problemas de equilibrio, la depresión y la ansiedad.

CÓMO AYUDA EL PILATES

El pilates puede aliviar los síntomas al mejorar la fuerza lumbar y muscular y la densidad ósea en apenas 8-12 semanas con 2 o 3 clases semanales. La menopausia acelera la pérdida ósea desde un año antes y hasta cinco años después de la menopausia. Ejercitarse de continuo es crucial para dar soporte al sistema esquelético a largo plazo. Los ejercicios han de centrarse en el *core* y la conexión del suelo pélvico. La utilización de una pelota blanda entre las rodillas puede reforzar esa conexión.

Rutina general para la menopausia

Repeticiones:
9-10 de cada ejercicio
Circuitos: 2-3

1. El cien (con piernas elevadas y *curl* abdominal) p. 55

2. Estiramiento de una pierna p. 60

3. Círculos con una pierna p. 96

4. La almeja p. 116

5. Plancha con una pierna p. 140

6. Flexiones pp. 158, 160, 161

7. La sirena p. 176

PILATES PARA EL DOLOR DE ESPALDA

Los dolores lumbares son la principal causa de discapacidad física en todo el mundo. Se sabe que el pilates alivia cualquier dolor. Entre otros beneficios, fortalece el *core* y da estabilidad a la columna, elementos que son cruciales para evitar el dolor de espalda. Quienes sufren de la espalda pueden confiar en que hay muchas evidencias que respaldan estos beneficios.

El dolor de espalda tiene una **alta** *recurrencia que puede* reducirse *con ejercicios localizados para dar* **estabilidad** *a la* **columna.**

DOLOR LUMBAR

Las causas del dolor de espalda pueden variar y el origen se desconoce. La clasificación se hace en función de la localización y parte de la idea de que es un dolor mecánico.

Los estudios sugieren que hasta un 80 % de los adultos sufrirán dolor lumbar. La incidencia es mayor durante la edad laboral y en colectivos con un contexto ambiental, social y económico más desfavorecido, con algún problema psicológico o en quienes han sufrido antes dolor de espalda. Esta zona es el centro de nuestro cuerpo y por ese motivo sucumbe con regularidad a un estrés mecánico.

DOLOR MECÁNICO DE LA ESPALDA

Los episodios agudos de dolor lumbar pueden resolverse en semanas. Entre quienes lo sufren, un 2-3 % desarrollarán un dolor crónico. El mayor problema es que el 60-85 % de los casos son recurrentes, en su mayoría en el año posterior al primer episodio.

Esta elevada incidencia la explica el modelo de estabilidad de Panjabi (p. 34), que sugiere que una pérdida del control de segmentos de la columna puede ser la responsable de mecanismos de dolor como resultado de la debilidad muscular o de una le-sión en los discos intervertebrales y en los nervios.

Los músculos estabilizadores de la columna, el multífido y el transverso abdominal, controlan el movimiento espinal a nivel segmentario y están relacionados con el dolor de espalda. Los cambios en el multífido, como la composición de las fibras musculares, el plano transversal y la fatiga, pueden darse en las 24 horas posteriores a un episodio agudo de dolor de espalda.

El dolor de espalda crónico muestra una activación retardada del transverso abdominal cuando los brazos o las piernas realizan un movimiento. En condiciones normales, el sistema nervioso central prepara los movimientos con antelación e inicia las contracciones musculares necesarias.

El miedo al dolor agrava las dolencias de espalda, lo que pone de manifiesto la relación psicológica con los cambios fisiológicos, y puede explicar el dolor recurrente. La alteración del control motor provoca una restricción del movimiento de la columna vertebral ya que los músculos globales se activan para compensar la falta de estabilidad local. A largo plazo, esto reduce la estimulación y la necesidad de apoyo muscular local, y el dolor de espalda se dará con frecuencia porque la columna habrá continuado su deterioro como soporte.

CÓMO AYUDA EL PILATES

Las investigaciones demuestran que una rutina de pilates de ocho semanas puede mejorar el control motor de los estabilizadores de la columna vertebral. Con el pilates se aprende a activar los músculos del *core,* entre ellos el multífido y el transverso abdominal. Esta contracción aumenta la implicación de la columna vertebral y el mecanismo a través del cual el sistema nervioso anticipa el movimiento, lo que repercute en una mejora del control motor.

Un programa de pilates para el dolor de espalda también demostró resultados positivos respecto al dolor, la discapacidad, la movilidad, la fuerza y la resistencia muscular. La resistencia de los músculos locales y globales mejora, lo que lleva a que sea necesario menos esfuerzo para activar los músculos.

La movilidad de la columna es parte esencial del pilates. Cuando la columna se endurece por la activación muscular global, el pilates puede recuperar la movilidad y la actividad general.

CONSEJOS PARA EL DÍA A DÍA

Hay pequeños cambios diarios que pueden ayudar a mantener la espalda sana y evitar lesiones.

- **Levántate** y camina cada 30-60 minutos.
- **Corrige y mantén** una postura adecuada al sentarte (p. 195).
- **Mantén cualquier carga** cerca del cuerpo.
- **Evita los giros** o estiramientos excesivos.
- **Estira** para preservar la movilidad articular.
- **Realiza una activación** básica del *core.*

RUTINAS PARA EL DOLOR DE ESPALDA

Si eres nuevo en el pilates o si sientes dolor al practicarlo, empieza con una rutina para principiantes. A medida que se alivien los síntomas y ganes fuerza, pasa a la fase principiante/intermedia e intermedia/avanzada.

Principiante

Repeticiones:
5-8 de cada ejercicio
Circuitos: 1

1. Basculaciones pélvicas p. 47
2. Círculos con brazos hacia atrás p. 47
3. Estiramiento de una pierna (principiante) p. 62
4. Las tijeras (elevaciones de pierna a mesa) p. 80
5. La almeja p. 116
6. Puente de hombros (básico) p. 86
7. El gato y la vaca p. 46
8. Alargamiento de la columna p. 47

De principiante a intermedio

Repeticiones:
8-10 de cada ejercicio
Circuitos: 1-2

1. El cien (con una pierna) p. 54
2. Estiramiento con una sola pierna p. 62
3. Las tijeras (elevaciones de pierna alternas) p. 80
4. La almeja p. 116
5. Elevación y descenso de la pierna p. 117
6. Círculos con la cadera p. 104
7. La sirena p. 176
8. Rotación de columna p. 168

De intermedio a avanzado

Repeticiones:
10 de cada ejercicio
Circuitos: 2

1. El cien (con piernas elevadas y *curl* abdominal) p. 55
2. Las tijeras (elevaciones de pierna alternas) p. 80
3. *Curls* abdominales p. 48
4. Estiramiento con una sola pierna p. 62
5. Círculos con la cadera (oscilación de piernas) p. 107
6. Puente de hombros (básico) p. 86
7. Natación (a cuatro patas) p. 91
8. La sirena p. 176

PILATES PARA LOS DOLORES DE CUELLO Y CABEZA

El dolor de cuello es frecuente y limitante y se caracteriza por la restricción en el rango de movimiento. Se relaciona con una mala postura y con una sobrecarga emocional. Los dolores de cabeza pueden ser también consecuencia de una mala posición del cuello.

DOLOR DE CUELLO

Hasta el 70 % de los adultos sufrirán molestias en el cuello durante su vida, con una recurrencia del 75 % en cinco años. Estas estadísticas exigen una mejor comprensión del dolor en esta zona.

Los dolores agudos en el cuello pueden resolverse en días o semanas, pero aproximadamente en un 10 % de los casos los síntomas pueden cronificarse y durar años. El dolor agudo a menudo es resultado de un latigazo cervical o una lesión deportiva. El dolor crónico se vincula en general con una mala postura y con los desequilibrios y tensiones musculares de las zonas de alrededor. Se da más con el incremento del uso de la tecnología y del tiempo que pasamos delante de una pantalla, que requiere estar en una postura sentada mucho tiempo, a menudo mirando hacia abajo.

POSTURAS QUE PUEDEN FAVORECER EL DOLOR CERVICAL

Las molestias de cuello a menudo se producen cuando la cabeza se mantiene adelantada. Esta postura puede llevar a sufrir el llamado síndrome cruzado superior a causa de los desequilibrios musculares de toda la zona. La debilidad de los flexores profundos del cuello lleva a que la cabeza se proyecte hacia delante, mientras que la ri-

gidez de los elevadores de la escápula aumenta la lordosis cervical (la curvatura hacia dentro).

La rigidez del trapecio superior y la debilidad del medio e inferior y del serrato anterior ocasionan una elevación, prolongación y abducción de la escápula y puede llevar a una cifosis torácica (curvatura hacia fuera de la columna). La rigidez de los pectorales aumenta en exceso la prolongación del hombro. Esto puede reducir la estabilidad de la articulación del hombro y, como resultado, músculos como el elevador de la escápula y el trapecio superior aumentan su actividad para intentar estabilizar la articulación del hombro.

Pasar mucho tiempo en posiciones funcionales, como sentarse delante de un escritorio, garantiza una estimulación mínima de la gravedad, de modo que los músculos del cuello se debilitan y atrofian con el tiempo. Esto hace que los músculos de la movilidad refuercen su trabajo para ayudar a estabilizar el cuello y sus contracciones excesivas provocan tensiones musculares y un rango me-

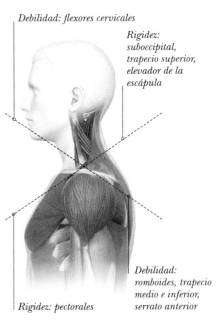

Debilidad: flexores cervicales

Rigidez: suboccipital, trapecio superior, elevador de la escápula

Debilidad: romboides, trapecio medio e inferior, serrato anterior

Rigidez: pectorales

SÍNDROME CRUZADO SUPERIOR
Hay dos líneas diagonales que representan el desequilibrio muscular. Una línea muestra la debilidad muscular y la otra la rigidez.

nor de movimiento del cuello. La proyección de la cabeza hacia delante está relacionada con una falta de control de los músculos abdominales y con cifosis torácica.

Estos cambios posturales y desequilibrios musculares se producen antes de que se manifiesten los síntomas. Solo cuando hay dolor se identifica el problema.

En esta etapa puede ser necesaria mucha rehabilitación para recuperar la función normal.

DOLOR Y RESPIRACIÓN

El dolor del cuello puede relacionarse con cambios en los mecanismos de la respiración. Durante la respiración, la columna cervical y torácica deben estar estables para permitir un movimiento eficaz de la caja torácica y la función del diafragma. Estar en posición sentada o de pie aumenta la actividad muscular. Si ese incremento es excesivo, por ejemplo por cambios cervicales, la caja torácica superior puede elevarse por la acción de los músculos del cuello y el trapecio superior. Eso puede repercutir en la función del diafragma y empeorar el exceso de actividad muscular.

CEFALEA CERVICOGÉNICA

A diferencia de las migrañas, estas cefaleas están causadas por una disfunción en la parte superior del cuello y los cambios posturales asociados que pueden producirse con el dolor de cuello. Los síntomas pueden trasladarse a la cabeza y/o la cara.

La cefalea cervicogénica se da cuando existe una disfunción en las tres vértebras cervicales superiores. Se debe a que la región cervical superior tiene una gran cantidad de receptores que detectan cambios de postura. También porque los nervios de esta zona y de las estructuras circundantes, como las articulaciones, discos intervertebrales, ligamentos y músculos, transmiten señales de dolor al sistema nervioso central. Cualquier patología cervical, fatiga muscular y falta de estabilidad puede incrementar aún más la sensibilidad de la zona.

Estas cefaleas representan un 1-4 % de todos los dolores de cabeza y son más frecuentes en personas entre 30 y 44 años. Afectan por igual a hombres y mujeres y empeoran con el movimiento del cuello y los cambios posturales.

CÓMO AYUDA EL PILATES

La práctica del pilates puede tener un impacto positivo en los dolores de cuello y cabeza como consecuencia de la corrección de los desequilibrios musculares, la restauración de la movilidad y la mejora de la postura general.

Ejercicios como las variaciones del salto del cisne (p. 72) pueden mejorar la fuerza de los flexores profundos del cuello. Las extensiones dorsales (p. 154) y la natación (p. 88) contribuyen a fortalecer los músculos escapulares y mejorar la tendencia de llevar la cabeza hacia delante.

El enfoque corporal integral del pilates incluye el trabajo del *core* y mejoras posturales; algunos estudios demostraron que practicar pilates tres veces por semana durante 12 semanas resultó beneficioso para el dolor, la fuerza, la función y la calidad de vida de quienes sufrían dolor cervical.

La respiración también puede ayudar a corregir desequilibrios musculares al emplearse la respiración diafragmática/lateral (p. 36) y descargarse así el trapecio superior y los elevadores de la escápula, que trabajan en exceso cuando duele el cuello.

RUTINAS

Estas series están creadas para dolores de cuello y/o cefaleas y sirven para todos los niveles.

Rutina 1

Repeticiones:
6-8 repeticiones de cada ejercicio
Circuitos: 1-2

1. Círculos con brazos por encima de la cabeza p. 47
2. El cien (con una pierna) p. 54
3. Las tijeras (elevaciones de una pierna a mesa) p. 80
4. Aperturas de brazos p. 172
5. El cisne (solo tronco) p. 72
6. Extensiones dorsales p. 154
7. La bandeja p. 46

Rutina 2

Repeticiones:
6-8 de cada ejercicio
Circuitos: 1-2

1. Rotación de la columna (variación) p. 169
2. El cien (con una pierna) p. 54
3. Círculos con brazos por encima de la cabeza p. 47
4. Estiramiento de una pierna (principiante) p. 62
5. La almeja p. 116
6. Natación (opción más lenta, frente apoyada) p. 90
7. Alargamiento de la columna p. 47

PILATES PARA LA ESCOLIOSIS

La escoliosis es la curvatura lateral de la columna. La palabra viene del término griego «doblado» o «torcido». El pilates es un método eficaz para tratar la escoliosis y puede mejorar la curvatura y el dolor.

LAS CURVAS DE LA COLUMNA

Una columna vertebral normal va de la cabeza a la pelvis en línea recta; las curvaturas normales son la anterior y la posterior. Por el contrario, una columna escoliótica tiene curvas laterales hacia uno o hacia ambos lados. Se diagnostica cuando la inclinación es superior a 10°. Una columna en forma de C tiene un arco que acorta la columna y desplaza el cuerpo hacia un lardo, mientras que el otro se elonga. La columna en forma de S es más común.

El ejercicio puede corregir las desviaciones moderadas si la curvatura es inferior a los 35°. Es necesario identificar el arco y la dirección para elaborar un plan de ejercicios correcto.

La región elongada del tronco (la curva convexa) requiere ejercicios de fuerza que incrementen el sostén muscular. El lado acortado (o convexo) se beneficia de los estiramientos y de ejercicios de

movilidad. Tratar una curva en forma de S es más complejo. Se pueden tratar las distintas inclinaciones de modo individual, pero es posible que funcionen mejor las combinaciones de ejercicios.

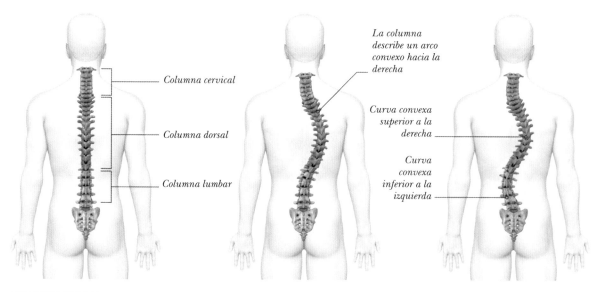

Columna cervical

Columna dorsal

Columna lumbar

La columna describe un arco convexo hacia la derecha

Curva convexa superior a la derecha

Curva convexa inferior a la izquierda

COLUMNA NORMAL
La columna recorre el cuerpo del occipital del cráneo a la pelvis, sin desviación lateral.

COLUMNA EN FORMA DE C
Tiene una curva convexa hacia la derecha y una cóncava hacia la izquierda. Debería reforzarse el lado derecho y estirarse el izquierdo.

COLUMNA EN FORMA DE S
La curva superior debe llevar a fortalecer el lado derecho y a estirar el izquierdo; con la curva inferior se tiene que fortalecer el izquierdo y estirar el derecho.

CÓMO AYUDA EL PILATES

La escoliosis afecta hasta al 12 % de la población mundial y el 80 % de los casos son idiopáticos (de causa desconocida). La enfermedad es progresiva y afecta al alineamiento de la columna y a la movilidad del tronco, lo que repercute en la imagen corporal, la salud mental y la calidad de vida. La asimetría corporal y el desequilibrio muscular también pueden causar dolor.

Los ejercicios de pilates pueden ralentizar la progresión de la escoliosis y reducir la curvatura de la columna hasta en un 32 %. Reducir la deformidad de la columna es el principal resultado del programa de pilates. Se trata de una combinación de ejercicios de *core* para estabilizar la columna vertebral con otros que alargan el lado comprimido y fortalecen el lado alargado. Esto restablece el equilibrio muscular y mejora la postura general. En conjunto, se ha comprobado que las mejoras en estos aspectos reducen el dolor.

La corrección de la postura tiene un efecto positivo en la imagen corporal y, junto con la reducción del dolor y una mayor funcionalidad, puede mejorar la calidad de vida de una persona con escoliosis.

MANTENER A RAYA LA ESCOLIOSIS

Con estos sencillos consejos puedes reducir al mínimo los síntomas e impedir que el dolor vaya a más.

- Evita hundirte hacia el lado de la curva.
- Siéntate en posición vertical y con apoyo, usando cojines cuando sea necesario para equilibrarte.
- Muévete y cambia de postura con frecuencia, más a menudo de lo que piensas que deberías.

- Realiza estiramientos de forma regular durante el día, con una sesión más larga dos veces a la semana.
- Sé positivo porque estás tratando tu dolencia y hay muchos ejercicios que aliviarán los síntomas.

El papel de la respiración en pilates

La curvatura de la columna altera el alineamiento del tronco y puede comprimir el tórax y la cavidad torácica. Esto puede restringir la capacidad pulmonar y el movimiento y afectar a la respiración. Las técnicas de respiración lateral (p. 36) alargan el tronco y expanden la caja torácica para estirar los músculos afectados. También favorecen la relajación, lo que puede ayudar en los episodios dolorosos o de ansiedad.

Tonificación para la escoliosis

 Repeticiones: 5-8 de cada ejercicio o mantener uno durante 10 segundos

1. La sirena p. 176
2. El gato y la vaca p. 46
3. Alargamiento de la columna p. 47
4. Enhebrar la aguja p. 174
5. Aperturas de brazos p. 172
6. Giros con la cadera (oscilación de piernas) p. 107

Tonificación para la escoliosis
Sesión 1: principiante

 Repeticiones: 5-10 de cada ejercicio
Circuitos: 1-2

1. Estiramiento de una pierna (nivel principiante) p. 62
2. Puente de hombros (básico) p. 86
3. Plancha lateral (media plancha lateral) p. 112
4. Elevación y descenso de la pierna p. 117
5. La cobra (solo hasta una altura cómoda) p. 170
6. Plancha con una pierna (en cuadrupedia) p. 142

Tonificación para la escoliosis
Sesión 2: intermedio

 Repeticiones: 6–10 de cada ejercicio
Circuitos: 2-3

1. Estiramiento de una pierna (principiante) p. 62
2. Círculos con una pierna (estirada) p. 98
3. Plancha lateral (con codo a rodilla) p. 113
4. Patada lateral p. 100
5. Natación (a cuatro patas) p. 91
6. Plancha con una pierna (de cuadrupedia a plancha alta) p. 143

PILATES PARA LA HIPERMOVILIDAD

La hipermovilidad es un trastorno del tejido conjuntivo en el que las articulaciones tienen un rango de movimiento más allá de los límites normales. Puede ocasionar dolor en múltiples articulaciones sin motivo y requiere ejercicios específicos de fortalecimiento y control que alivien los síntomas.

QUÉ ES LA HIPERMOVILIDAD

La hipermovilidad articular puede manifestarse en un amplio espectro. Existen determinantes y síntomas específicos de la enfermedad, o puede no presentarse ningún síntoma.

La hipermovilidad afecta hasta al 13 % de la población, aunque este dato es mucho mayor debido a su infradiagnóstico. La variada e imprecisa presentación, sin una causa particular, puede retrasar el diagnóstico.

FACTORES IMPLICADOS

El colágeno es el «pegamento» que mantiene unido todo el cuerpo. La hipermovilidad se produce como consecuencia de un colágeno defectuoso o débil. La falta de apoyo resultante reduce la propiocepción articular (la capacidad del cuerpo para percibir el movimiento) y la conciencia del cuerpo.

Esta disfunción del colágeno se hereda en los genes, es tres veces más probable en mujeres que en hombres y mayor entre las poblaciones africanas y asiáticas. Los niños y adolescentes tienen una mayor incidencia y la enfermedad se alivia con la edad a medida que se reduce la movilidad articular y se endurecen los músculos.

SÍNTOMAS DE HIPERMOVILIDAD

El trauma articular repetitivo puede reducir el umbral del dolor y producir dolor agudo y crónico. La laxitud articular puede causar luxaciones en los peores casos y crear miedo al movimiento.

La laxitud de los tendones los hace menos eficaces para transmitir y generar fuerza, por lo que la masa de un músculo esquelético y la fuerza pueden verse reducidas.

Esto también se aplica a los músculos abdominales y del suelo pélvico, y aumenta el riesgo de lesiones musculoesqueléticas y de incontinencia.

Rango de síntomas de la hipermovilidad

La amplitud y gravedad de los síntomas de hipermovilidad es multifactorial y difiere en cada persona. El pilates debe adaptarse a cada caso.

Asintomáticos
- No presentan síntomas
- Plena funcionalidad

Hipermovilidad localizada en una articulación o región
- Dolor en una sola articulación
- Laxitud

Hipermovilidad en varias articulaciones
- Dolor generalizado
- Laxitud
- Hiperalgesia
- Lesiones musculoesqueléticas

Hipermovilidad crónica en varias articulaciones
- Dolor continuado durante más de tres meses
- Ansiedad
- Depresión
- Fatiga crónica

CÓMO AYUDA EL PILATES

Los programas de ejercicio para la hipermovilidad se centran sobre todo en la estabilidad y el control muscular. Los programas genéricos de fuerza no suelen tener en cuenta la falta de fuerza y resistencia muscular de esta población.

Por ejemplo, las fibras de contracción lenta que sostienen las articulaciones localmente se atrofian (degeneran) mucho más rápido que otras y requieren un elevado número de repeticiones para producir cambios en el músculo. Estas personas no pueden realizar muchas repeticiones y necesitan un enfoque gradual con ejercicios estabilizadores locales. El pilates se adapta a ellos.

En el lenguaje del pilates, una «cadena» hace referencia a una serie de articulaciones que unen secciones del cuerpo. Los ejercicios de cadena cerrada, como las flexiones, estimulan la demanda funcional al tiempo que protegen las articulaciones. Después, se puede progresar a otros de cadena abierta, como los círculos con una sola pierna, para aumentar la fuerza. Un programa de ocho semanas mejoró de forma significativa la fuerza de las extremidades inferiores y el alineamiento de la rodilla, además de reducir el dolor y mejorar la calidad de vida de los participantes con hipermovilidad.

Las rutinas para la hiperlaxitud deben comenzar con una activación isométrica muscular básica e incluir la activación y el control muscular. También el control del tronco y la columna, y ejercicios de fuerza para todo el cuerpo.

Activación y estabilidad muscular

Repeticiones:
6-10 de cada ejercicio
Circuitos: 1

1. Estiramiento de una pierna (con banda elástica) p. 63
2. Puente de hombros (abducciones de cadera) p. 86
3. Círculos con la cadera (con una pierna y banda elástica alrededor de las rodillas) p. 106
4. Círculos con una pierna (con banda elástica) p. 99
5. Plancha en cuadrupedia (con banda en las muñecas y/o en las rodillas) p. 142
6. Natación (a cuatro patas) p. 91
7. Plancha lateral (media plancha lateral) p. 112

Control del tronco y la columna

Repeticiones:
6-10 de cada ejercicio
Circuitos: 1

1. Rotación de columna p. 168
2. Enhebrar la aguja (mano detrás de la cabeza) p. 175
3. La sirena (sobre una banda elástica y tirar hacia el lado) p. 176
4. Rodar hacia arriba (con banda elástica) p. 125
5. *Curl* abdominal p. 48
6. Estiramiento de la columna p. 164
7. Aperturas de brazos (de pie con banda elástica) p. 173

Rutina 1 de fuerza

Repeticiones:
8-10 de cada ejercicio
Circuitos: 2–3

1. El cien (con una pierna) p. 54
2. La almeja (con banda elástica alrededor de las rodillas) p. 116
3. Estiramiento de una pierna (con banda elástica) p. 63
4. Círculos con la cadera (con una pierna y banda elástica alrededor de las rodillas) p. 106
5. Puente de hombros (abducciones de cadera) p. 86
6. *Curl* abdominal p. 48
7. Plancha lateral (media plancha lateral) p. 112

Rutina 2 de fuerza

Repeticiones:
8-10 de cada ejercicio
Circuitos: 2-3

1. La bandeja (con banda elástica entre las manos) p. 46
2. El cien (con una sola pierna) p. 54
3. Estiramiento de una pierna (con banda elástica) p. 63
4. Puente de hombros (con abducciones de cadera) p. 86
5. *Curl* abdominal p. 48
6. Estiramiento de la columna p. 164
7. Natación (a cuatro patas) p. 91

PILATES PARA LA OSTEOPOROSIS

La osteoporosis es una enfermedad sistémica del esqueleto que se produce cuando disminuye la densidad mineral del hueso. Esto debilita la estructura y la fuerza de los huesos e incrementa el riesgo de fracturas. Las rutinas de resistencia pueden ralentizar la pérdida ósea y permiten ganar fuerza para dar sostén al esqueleto.

*El pilates puede reducir de forma **significativa** el dolor que causa la **osteoporosis;** es recomendable la práctica regular para maximizar los beneficios.*

QUÉ CAUSA LA OSTEOPOROSIS

A menudo, la pérdida de masa ósea no se diagnostica hasta que se produce la primera fractura u otras posteriores, lo que convierte a la osteoporosis en una enfermedad silenciosa. Un mayor número de fracturas aumenta el riesgo de mortalidad, por lo que es esencial intervenir.

Se calcula que la osteoporosis afecta a más de 200 millones de personas en todo el mundo y cada año ocasiona 8,9 millones de fracturas. Las más frecuentes son las de la cadera y la columna vertebral, y las mujeres tienen cuatro veces más probabilidades de desarrollar osteoporosis que los hombres. Esto se debe principalmente al agotamiento de los estrógenos —una hormona esencial para la salud ósea— durante la menopausia, y puede provocar una pérdida del 2-3 % de la densidad ósea en los primeros cinco años. El 40 % de las mujeres mayores de 50 años sufrirá una fractura debido a la osteoporosis. Esto, unido a los huesos más ligeros y delgados, así como a una menor masa muscular, hace a las mujeres más susceptibles a la rotura ósea.

PÉRDIDA ÓSEA Y FRACTURAS

A partir de los 30 años, el ritmo de remodelación ósea disminuye. En la actualidad se recomienda invertir en densidad ósea desde una temprana edad con entrenamiento de resistencia de alta intensidad. Cargar los músculos y huesos mediante una resistencia externa aumenta la producción de fuerza de los primeros y estresa a los huesos a través de los tendones. Esto estimula la actividad de los osteoblastos (las células óseas) y hace que se produzca la remodelación ósea, lo que fortalece el esqueleto.

El entrenamiento de resistencia de alta intensidad también es recomendable para minimizar la pérdida y mantener o mejorar la fuerza ósea. Esto puede suponer un riesgo de fractura en individuos con osteoporosis, por lo que el nivel de impacto debe adaptarse al nivel de forma física de la persona, su historial de fracturas y la gravedad de la osteoporosis.

Las investigaciones también sugieren que la osteoporosis está asociada con la debilidad de los músculos extensores de la columna lumbar y de las extremidades inferiores. Antes de avanzar a una rutina de ejercicios han de abordarse estas carencias musculares.

Guía de ejercicios para la osteoporosis

Las directrices sobre osteoporosis recomiendan tres tipos diferentes de ejercicios para tratar la osteoporosis: entrenamiento de fuerza para huesos y músculos, trabajo del equilibrio para reducir caídas y riesgo de fracturas y ejercicios posturales para fortalecer la espalda y mejorar el dolor de la columna. En las tres categorías se recomienda el pilates, lo que hacen de él una muy buena opción para quienes tienen osteoporosis o aquellos que corren el riesgo de caídas y fracturas.

EJERCICIO GENERAL

Los ejercicios han de adaptarse a cada individuo e ir progresando gradualmente. Los movimientos de flexión hacia delante deben evitarse y sustituirse por movimientos desde la cadera para proteger la columna. Quienes hayan tenido fracturas vertebrales o múltiples roturas deberían realizar movimientos con bajo impacto en lugar de moderado.

FUERZA

Para fortalecer los huesos, realiza ejercicios con pesas y de impacto la mayor parte de los días, con una media de 50 impactos al día. Prueba a correr, trotar, bailar, deportes de raqueta y la marcha nórdica. El nivel de impacto se reduce para los que tengan menos capacidad o fracturas.

Para la fuerza muscular, realiza ejercicios de resistencia 2-3 días por semana con 3 series de 8-12 repeticiones. Prueba a levantar pesas, la jardinería, el bricolaje y a subir escaleras.

EQUILIBRIO

Para mejorar el equilibrio, practica pilates, yoga, taichi o baila 2-3 días a la semana.

POSTURA

Incorpora ejercicios para mejorar la postura de pie 2-3 días por semana. Realiza ejercicios que fortalezcan la espalda, como el pilates, la natación y el yoga a diario.

CÓMO AYUDA EL PILATES

Los ejercicios de pilates fortalecen los músculos, que ejercen fuerza sobre el hueso y estimulan su crecimiento. También se centran en la postura y pueden adaptarse para levantar peso y aumentar la tensión ósea.

El pilates puede adaptarse para reducir el riesgo de fractura cuando hay osteoporosis. Conviene evitar la flexión, la flexión lateral de la columna, la aducción de la cadera y la rotación interna. El pilates es un ejercicio recomendado en las tres secciones (fuerza, equilibrio y postura) de las directrices de tratamiento de la osteoporosis. Estos programas de suelo son un punto de partida. Se recomienda incorporar la práctica de pie para obtener beneficios adicionales.

De principiante a intermedio

Repeticiones:
10-12 de cada ejercicio
Circuitos: 2-3

1. El cien (con una pierna) p. 54

2. Estiramiento de una pierna (con banda elástica) p. 63

3. Puente de hombros (abducciones de cadera) p. 86

4. La almeja (con una banda elástica en las rodillas) p. 116

5. Elevación y descenso de la pierna p. 117

6. Natación (a cuatro patas) p. 91

7. El salto del cisne (tronco y brazos) p. 72

Principiante

Repeticiones:
10 de cada ejercicio
Circuitos: 1-2

1. El cien (con una pierna) p. 54

2. Estiramiento de una pierna (principiante) p. 62

3. Puente de hombros (básico, con el empuje de la cadera, sin la articulación de la columna) p. 86

4. La almeja p. 116

5. El salto del cisne (solo tronco) p. 72

6. Natación (opción más lenta, frente apoyada) p. 90

7. Plancha con una pierna (en cuadrupedia) p. 142

De intermedio a avanzado

Repeticiones:
10-12 de cada ejercicio
Circuitos: 3

1. Estiramiento de una pierna (postura de mesa) p. 63

2. Estiramiento de ambas piernas (coordinación con una pierna) p. 67

3. Puente de hombros (básico, con el empuje de la cadera, sin la articulación de la columna) p. 86

4. Patada lateral p. 100

5. Plancha con una pierna (de cuadrupedia a plancha alta) p. 143

6. Flexiones (sin bajar hacia abajo) p. 158

7. Extensiones dorsales p. 154

PILATES PARA LA ARTRITIS

La artritis es una enfermedad de las articulaciones que causa dolor, inflamación y rigidez. Hay muchos tipos y los síntomas van de leves a graves.

SÍNTOMAS DE LA ARTRITIS

La artralgia hace referencia al dolor dentro de una articulación, pero cada caso de artritis tiene una presentación y una patología diferentes. Aquí vamos a ver la artrosis y la artritis reumatoide, dos de las afecciones más comunes.

La artrosis (p. 24) la causa el deterioro del cartílago de la articulación, lo que puede dejar al descubierto la superficie articular y provocar fricción y dolor entre los huesos. Suele afectar inicialmente a una sola articulación, siendo sus síntomas principales el dolor articular y la reducción de la amplitud de movimiento articular. Otros tejidos blandos, como músculo, tendón y ligamento, también se debilitan y pueden afectar a la propiocepción (la capacidad del cuerpo para percibir el movimiento).

La artrosis es más frecuente con el envejecimiento y afecta más a las mujeres: el 47 % de las mujeres, frente al 40 % de los hombres padecerán osteoartritis en algún momento. La obesidad, así como el bajo peso corporal (debido a una reducción de la ingesta de calcio), los traumatismos articulares y la reducción de la fuerza de los cuádriceps son factores de riesgo.

El objetivo del tratamiento de la artrosis es reducir el dolor y mejorar la función corporal. Las investigaciones han demostrado que practicar pilates durante ocho semanas puede llevar a mejorar significativa-

mente el dolor y la función física, con beneficios también para la postura, la estabilidad del *core* y la resistencia muscular.

La artritis reumatoide es una enfermedad autoinmune crónica, en la que el sistema inmunitario ataca la membrana sinovial y segrega sustancias inflamatorias que destruyen la estructura articular. A menudo afecta a varias articulaciones y puede hacerlo de forma simétrica. Los principales síntomas son dolor e inflamación y también presenta síntomas como fatiga y depresión, que son cinco veces más frecuentes que entre la población sana.

Los factores genéticos son una de las principales causa de la artritis reumatoide, junto con los factores ambientales, en los que el sistema inmunitario responde al estrés desencadenando una cascada inflamatoria.

El tratamiento farmacológico es la principal opción de la artritis reumatoide, junto con una amplitud de movimiento suave y ejercicios de fuerza. Ocho semanas de ejercicios de pilates tres veces por semana han demostrado mejorar la calidad de vida de los afectados.

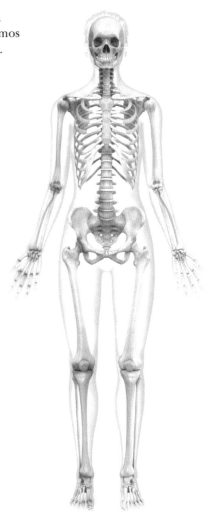

DÓNDE SE PRESENTA LA ARTRITIS
El lado izquierdo de esta figura muestra articulaciones que suelen verse afectadas por la artritis. La artrosis puede centrarse en una o varias articulaciones, mientras que la artritis reumatoide suele darse en varias.

CÓMO AYUDA EL PILATES

Tratar las afecciones artríticas con ejercicios de pilates proporciona muchos beneficios, tanto física como psicológicamente.

Se ha demostrado que es igual o superior a otras formas de ejercicio debido a la variedad de movimientos y la facilidad para modificarlos según las dolencias, así como estos otros parámetros:

- **Aumenta la fuerza muscular.** Una mayor fuerza muscular puede proteger las articulaciones y reducir la transferencia de fuerza a la articulación dolorida. Esto también puede mejorar la mecánica articular y minimizar la desviación debida al dolor y la enfermedad.

- **Suave con las articulaciones.** Las articulaciones inflamadas y doloridas pueden reducir los niveles de actividad física de los pacientes con artritis. El pilates puede descargar las articulaciones al no soportar peso y, al mismo tiempo, los beneficios del fortalecimiento muscular protegen las articulaciones.

- **Mejora la postura y la estabilidad del *core.*** Esto puede mejorar el equilibrio y el alineamiento y proteger así a las articulaciones.

- **Mejora la flexibilidad.** El pilates fomenta la movilidad de todo el cuerpo y los estiramientos forman parte de varios ejercicios.

- **Mejora el bienestar.** El pilates puede reducir la depresión y la fatiga en pacientes con artritis.

Síntomas leves

Repeticiones:
8-10 repeticiones de cada ejercicio
Circuitos: 2

1. El cien (con una pierna) p. 54

2. Estiramientos con una pierna p. 62

3. Extensión de ambas piernas p. 64

4. Puente de hombros (básico) p. 86

5. Círculos con una pierna (con piernas flexionadas) p. 98

6. Patada lateral (con piernas flexionadas) p. 102

7. Natación (opción más lenta, con frente apoyada) p. 90

8. La sirena p. 176

De moderados a leves

Repeticiones:
6-8 repeticiones de cada ejercicio
Circuitos: 1-2

1. Basculaciones pélvicas p. 47

2. El cien (con una pierna) p. 54

3. Círculos con brazos por encima de la cabeza p. 47

4. Estiramiento de una pierna (nivel principiante) p. 62

5. Aperturas de brazos p. 172

6. Círculos con la cadera (oscilaciones de pierna) p. 106

7. Alargamiento de la columna p. 47

8. Respiración lateral p. 37

De leves a moderados

Repeticiones:
8-10 repeticiones de cada ejercicio
Circuitos: 2

1. El cien (con una pierna) p. 54

2. Estiramiento de una pierna (con banda elástica) p. 63

3. Las tijeras (elevaciones de pierna a mesa) p. 80

4. Círculos con la cadera (oscilaciones de pierna) p. 107

5. La almeja p. 116

6. Puente de hombros (básico) p. 86

7. El gato y la vaca p. 46

8. Aperturas de brazos p. 172

Pilates en silla

Sin necesidad de estar en el suelo, el pilates en silla es más fácil para las articulaciones.

Repeticiones:
6-8 repeticiones de cada ejercicio
Circuitos: 1-2

1. Basculaciones pélvicas p. 47

2. La bandeja p. 46

3. Rodar hacia arriba (en silla) p. 124

4. Círculos con brazos por encima de la cabeza p. 47

5. Rotación de la columna (variación) p. 169

6. La sirena p. 176

7. Aperturas de brazos (de pie) p. 173

ÍNDICE

BIBLIOGRAFÍA

8-9: Historia y principios del pilates
J. Robbins y L. V. H. Robbins, *Pilates' Return to Life Through Contrology*, Revised Edition for the 21st Century, 2012.

10-11: Avances en investigación
N. Bogduk et al., «Anatomy y biomechanics of the psoas major», *Clinical Biomechanics*, 7 (1992).
A. Keifer et al., «Synergy of the human spine in neutral postures», *European Spine Journal*, 7 (1998).
G. T. Allison et al., «Transversus abdominis y core stability: has the pendulum swung?», *British Journal of Sports Medicine*, 42 (2008).
J. Robbins y L. V. H. Robbins, *Pilates' Return to Life Through Contrology*, Revised Edition for the 21st Century, 2012.

14-15: Sistema muscular
Haff G. G. y N. T. Triplett, *Essentials of Strength Training and Conditioning*, Fourth Edition, Human Kinetics, 2016.

16-17: Músculos locales y músculos globales
Haff G. G. y N.T. Triplett, *Essentials of Strength Training and Conditioning*, Fourth Edition, Human Kinetics, 2016.
P. W. Hodges y G. L. Moseley. «Pain and motor control of the lumbopelvic region: effect and possible mechanisms», *Journal of Electromyography and Kinesiology*, 13 (2003).
G. T. Allison et al., «Feedforward responses of transversus abdominis are directionally specific and act symmetrically: implications for core stability theories», *Journal of Orthopaedic Sports Physical Therapy*, 38 (2008).
P. W. Hodges y C. A. Richardson. «Contraction of the abdominal muscles associated with movement of the lower limb», *Physical Therapy*, 77 (1997).

18-19: Cómo funcionan las cadenas musculares
Brown S. y McGill S. M., «Transmission of muscularly generated force and stiffness between layers of the rat abdominal wall», *Spine*, 15; 34, (2009), E70-5. doi: 10.1097/BRS.0b013e31818bd6b1.
A .L. Pool-Goudzwaard et al., «Insufficient lumbopelvic stability: a clinical, anatomical and biomechanical approach to 'a-specific' low back pain», *Manual Therapy*, 3 (1998).
T. L. W. Myers, D. Maizels, P. Wilson, y G. Chambers, *Anatomy Trains: Myofascial Meridians for Manual and Movement Therapists*, Second Edition. Edinburgh: *Elsevier Health Sciences*, 2008.
A. Vleeming et al., «The posterior layer of the thoraco-mubar fascia», *Spine*, 20 (1995).

20-21: Mecánica musculares
Haff G. G. y N. T. Triplett, *Essentials of Strength Training and Conditioning*, Fourth Edition, Human Kinetics, 2016.

22-23: El sistema esquelético
K. L. Moore y A. M. R. Agur, *Essential Clinical Anatomy*, Second Edition. Lippincott Willians & Wilkins, 2002.

24-25: Fuerza ósea y articulaciones
K. L. Moore y A. M. R. Agur, *Essential Clinical Anatomy*, Second Edition. Lippincott Williams & Wilkins, 2002.
N. Saleem et al., «Effect of Pilates-based exercises on symptomatic knee osteoarthritis: A Randomized Controlled Trial», *Journal of Pakistan Medical Association*, 72 (2022).

26-27: Músculos del *core*
R. R. Sapsford et al., «Co-activation of the abdominal and pelvic floor muscles during voluntary exercises», *Neurology and Urodynamics*, 20 (2000).
K. L. Moore y A. M .R. Agur, *Essential Clinical Anatomy*, Second Edition. Lippincott Williams & Wilkins, 2002.
J. Borghuis et al., «The importance of sensory-motor control in providing core stability: implications for measurement and training». *Sports Medicine*, 38 (2008).

28-29: Anatomía de la columna neutra
Middleditch A. y Oliver J., *Functional Anatomy of the Spine*, Second Edition, pp. 1-3., Elsevier Butterworth Heinemann, 2005.
N. Bogduk et al. «Anatomy and biomechanics of the psoas major», Clinical Biomechanics, 7 (1992).
R. R. Sapsford et al., «Co-activation of the abdominal and pelvic floor muscles during voluntary exercises», *Neurology and Urodynamics*, 20 (2001).
H. Schmidt et al., «How do we stand? Variations during repeated standing phases of asymptomatic subjects and low back pain patients», *Journal of Biomechanics*, 70 (2018).
C.E. Gooyers et al., «Characterizing the combined effects of force, repetition and posture on injury pathways and micro-structural damage in isolated functional spinal units from sub-acute -failure magnitudes of cyclic compressive loading», *Clinical Biomechanics*, 30 (2015).

30-31: La postura
Kendall F. P. et al., *Muscle Testing and Function*, 4th Edition. Williams and Wilkins, Baltimore, p. 71.
F. Carini et al., «Posture and Posturology, anatomical and physiological profiles: overview and current state of art» *Acta Biomed*, 88 (2017).
A. Middleditch y J. Oliver, *Functional Anatomy of the Spine*, 2nd Edition. Elsevier Butterworth Heinemann, 2005 (p. 328).
Y. Kwon et al., «The effect of sitting posture on the loads at cervico-thoracic and lumbosacral joints», *Technology and Health Care,* 26 (2018).
A. R. Kett et al., «The effect of sitting posture and postural activity on low back muscle stiffness», *Biomechanics*, 1, pp. 214-224, (2021).

32-33: La naturaleza del dolor mecánico
S. Raja et al., «The revised International Association for the study of pain definition of pain: concept, challenges and compromises», *Pain*, 161 (2020).
R. B. Fillingim, «Sex, gender, and pain», *Current Review of Pain*, 4 (2000).
K. Talbot et al., «The sensory and affective components of pain: are they differentially modifiable dimensions or inseparable aspects of a unitary experience? A systematic review», *British Journal of Anaesthesia*, 123 (2019).
J. A. Hides et al., «Evidence of lumbar multifidus muscle wasting ipsilateral to symptoms in patients with acute/subacute low back pain», *Spine*, 19 (1994).

34-35: Pilates y alivio del dolor
J. A. Hides et al., «Evidence of lumbar multifidus muscle wasting ipsilateral to symptoms in patients with acute/subacute low back pain», *Spine*, 20 (1994).
M. M. Panjabi, «The stabilizing system of the spine Part I, Function, Dysfunction, Adaptation, and Enhancement», *Journal of Spinal Disorders*, 5 (1992).
M. M. Panjabi. «The Stabilizing System of the Spine, Part II, Neutral Zone and Instability Hypothesis», 5 (1992).
D. C. Cherkin et al., «Effect of mindfulness-based stress reduction vs cognitive behavioral therapy or usual care on back pain and functional limitations in adults with chronic low back pain», *Journal of American Medical Association*, 315 (2016).

P. O'Sullivan, «Lumbar segmental instability: A clinical perspective and specific stability exercise management», *Journal of Manual Therapy*, 1 (2000).

36-37: Técnicas de respiración
G.T. Allison et al., «Transversus abdominis and core stability: has the pendulum swung?», *British Journal of Sports Medicine*, 42 (2008).
Lung strength: S Prakash et al., «Athletes, yogis and individuals with sedentary lifestyles, do their lung functions differ?» *Indian Journal of Physiology and Pharmacology*, 51 (2007).
J. Robbins y L. V. H. Robbins, *Pilates' Return to Life Through Contrology*, Revised Edition for the 21st Century, 2012.

38-39: Salud intestinal
J. Robbins y L. V. H. Robbins, *Pilates' Return to Life Through Contrology*, Revised Edition for the 21st Century, 2012.
A. Dalton et al, «Exercise influence on the microbiome-gut-brain axis», Gut Microbes, 10 (2019).

40-41: Pilates y *mindfulness* para el estrés y la ansiedad
K. M. Fleming et al. «The effects of pilates on mental health outcomes: a meta-analysis of controlled trials», *Complementary Therapies in Medicine*, 37 (2018).
J. J. Steventon et al., «Hippocampal blood flow is increased after 20 minutes of moderate-intensity exercise», *Cerebral Cortex*, 21 (2020).
S. G. Patil et al., «Effect of yoga on short term heart rate variability measure as a stress index in subjunior cyclists: a pilot study», *Indian Journal of Physiology and Pharmacology*, 57 (2013).
S. Brand et al. «Influence of mindfulness practice on cortisol and sleep in long-term and short-term mediators», *Neuropsychobiology*, 65 (2012).
L. Andrés-Rodríguez et al., «Immune-inflammatory pathways and clinical changes in fibromyalgia patients treated with mindfulness-based stress reduction (MBSR): A randomized, controlled trial: Brain Behavior and Immunity», 80 (2019).
P. H. Ponte Márquez et al., «Benefits of mindfulness meditation in reducing blood pressure and stress in patients with arterial hypertension», *Journal of Human Hypertension*, 33 (2019).
J. Rocha et al., «Acute effect of a single session of Pilates on blood pressure and cardiac autonomic control in middle-aged adults with hypertension», *The Journal of Strength and Conditioning Research*, 34 (2019).

48-49: *Curls* abdominales / *Curls* oblicuos
R. Agur, *Essential Clinical Anatomy*, Second Edition. Lippincott Willians & Wilkins, 2002.
M. Sinaki y B.A. Mikkelsen, «Postmenopausal spinal osteoporosis: flexion versus extension exercises», *Archives of Physical Medicine and Rehabilitation*, 65 (1984).

Para los ejercicios tradicionales de las páginas 52, 56, 60, 64, 68, 70, 74, 76, 78, 82, 84, 88, 92, 100, 104, 106, 108, 110, 115, 123, 126, 128, 130, 132, 135, 136, 140, 144, 148, 152, 156, 158, 164, 166, 168, 170:
J. Robbins y L. V. H. Robbins, *Pilates' Return to Life Through Contrology*, Revised Edition for the 21st Century, 2012.

68-69: Balancín con piernas estiradas
M. F. Mottola et al., «Is supine exercise associated with adverse maternal and fetal outcomes? A systematic review», *British Journal of Sports Medicine*, 53 (2019).

84-85: Puente de hombros
M. F. Mottola et al., «Is supine exercise associated with adverse maternal and fetal outcomes? A systematic review», *British Journal of Sports Medicine*, 53 (2019).

M. Sinaki y B.A. Mikkelsen, «Postmenopausal spinal osteoporosis: flexion versus extension exercises», *Archives of Physical Medicine and Rehabilitation*, 65 (1984).

188-189: Pilates para correr
A. Laws et al., «The effect of clinical Pilates on functional movement in recreational runners», *International Journal of Sports Medicine*, 38 (2017).
A. Hreljac, «Impact and overuse injuries in running», American College of Sports Medicine. DOI: 10.1249/01.MSS.0000126803.66636.DD, 845-849 (2004).
R. W. Willy et al., «Gluteal muscle activation during running in females with and without patellofemoral pain syndrome», *Clinical Biomechanics*, 26 (2011).
Aleisha F.K., «Exploring the role of the lateral gluteal muscles in running: implications for training», *Strength and Conditioning Journal*, 42 (2020).
K.J. Homan et al., «The influence of hip strength on gluteal activity and lower extremity kinematics», *Journal of Electromyography and Kinesiology*, 23 (2013).
J. L. N. Alexander et al., «Infographic running myth: static stretching reduces injury risk in runners», *British Journal of Sports Medicine*, 54 (2020).

190-191: Pilates para nadar
J. Karpinski et al., «The effects of a 6-week core exercises on swimming performance of national level swimmers», *PLOS ONE*, 15(8): e0227394. https://doi.org/10.1371/journal.pone.0227394.
F. Wanivenhaus et al., «Epidemiology of injuries and prevention strategies in competitive swimmers», *Sports Health*, 4 (2012).
J. Evershed et al., «Musculoskeletal screening to detect asymmetry in swimming», *Physical Therapy in Sport*, 15 (2013).
D. Salo et al., «Complete Conditioning for Swimming», *Human Kinetics*, 2008; pp. 87-110; 197-225.
Karpiński J. y Gołaś A., *Pływacki atlas ćwiczeń na lądzie*, Zając A, Karpiński R, editors, Kraków: AKNET-Press; (2018).

192-193: Pilates para el entrenamiento de fuerza
J. Vance et al., «EMG as a function of the performer's focus of attention», *Journal of Motor Behavior*, 36 (2004).
M. J. Kolber et al., «The influence of hip muscle impairments on squat performance», *Strength and Conditioning Journal*, 39 (2017).
M. A. Alabbad et al., «Incidence and prevalence of weight lifting injuries: An update», *Saudi Journal of Sports Medicine*, 16 (2016).

194-195: Pilates para trabajadores sedentarios
Kett et al., «The effect of sitting posture and postural activity on low back muscle stiffness», *Biomechanics*, 1, 214-224, (2021).
F. Hanna et al., «The relationship between sedentary behaviour, back pain, and psychosocial correlates among University employees», Front Public Health, 7 (2019).

198-199: Pilates para la mujer
M. H. Davenport et al., «Exercise for the prevention and treatment of low back, pelvic girdle and lumbopelvic pain during pregnancy: a systematic review and meta-analysis», *British Journal of Sports Medicine*, 53, (2019)
J. Keeler et al. «Diastasis recti abdominis», *Journal of Womens' Health Physical Therapy*, 36 (2012).
T.M. Spitznagle et al., «Prevalence of diastasi recti abdominis in a urogynecological patient population», *International Urogynecology Journal and Pelvic Floor Dysfunction*, 18 (2007).
D. G. Lee, «Stability, continence and breathing: the roles of fascia following pregnancy delivery», *Journal of Bodywork Movement Therapy*, 12 (2008).
D. G. Lee, «New perspectives from the integrated systems model for treating women with pelvic girdle pain, urinary incontinence, pelvic organ prolapse and/or diastasis rectus abdominis», *Journal of Association of Chartered Physiotherapists in Womens Health*, 114 (2014).

T. Goom et al., «Return to running postnatal - guidelines for medical, health and fitness professionals managing this population», https://absolute.physio/wp-content/uploads/2019/09/returning-to-running-postnatal-guidelines.pdf. (2019).

K. Crotty et al., «Investigation of optimal cues to instruction for pelvic floor muscle contraction: a pilot study using 2D ultrasound imaging in pre-menopausal, nulliparous, continent women», *Neurology andl Urodynamics*, 30 (2011).

J. Borghuis et al., «The importance of sensory-motor control in providing core stability: implications for measurement and training», *Sports Medicine*, 38 (2008).

M. F. Mottola et al., «Is supine exercise associated with adverse maternal and fetal outcomes? A systematic review», *British Journal of Sports Medicine*, 53 (2019).

H. Lee et al., «Effects of 8-week Pilates Exercise program on menopausal symptoms and lumbar strength and flexibility in postmenopausal women», *Journal of Exercise Rehabiltation*, 12 (2016).

M. Bergamin et al., «Effects of a Pilates Exercise program on muscle strength, postural control and body composition: results from a pilot study in a group of post-menopausal women», *National Library of Medicine*, (2015).

N. Santoro, «Perimenopause: From research to practice», *Journal of Women's Health*, 25 (2016).

M. R. Apkarian, «Blood pressure characteristics and responses during resistance exercise», *Strength and Conditioning Journal,* 43 (2021).

N. Santoro, «Menopausal symptoms and their management», *Journal of Endocrinology and Metabolism Clinics of North America*, 44 (2015).

G. A. Greendale et al., «Bone mineral density loss in relation to the final menstrual period in a multiethnic cohort: results from the study of women's health across the nation (SWAN)», *The Journal of Bone and Mineral Research*, 27 (2012).

202-203: Pilates para el dolor de espalda

J. Hartvigsen et al., «What low back pain is and why we need to pay attention», *The Lancet*, 391 (2018).

J. A. Hides et al., «Long-term effects of specific stabilizing exercises for first-episode low back pain», *Spine*, 26 (2001).

P.W. Hodges y G.L. Moseley, «Pain and motor control of the lumbopelvic region: effect and possible mechanisms», *Journal of Electromyography and Kinesiology*, 13 (2003).

G. L. Moseley et al., «Attention demand, anxiety and acute pain cause differential effects on postural activation of the abdominal muscles in humans», *Society for Neuroscience Abstracts*, 2001.

P. M. Machado et al., «Effectiveness of the Pilates Method for individual with nonspecific low back pain: clinical and electromyographic aspects», *Motriz Rio Claro*, 23 (2017).

204-205: Pilates para dolores de cuello y cabeza

R. Fejer et al., «The prevalence of neck pain in the world population: a systematic critical review of the literature», *European Spine Journal*, 15 (2006).

L. J. Carroll et al., «Course and prognostic factors for neck pain in the general population: results of the Bone and Joint Decade 2000-2010 Task Force on Neck Pain and Its Associated Disorders», *Journal of Manipulative Physiological Therapeutics*, 39 (2009).

A. Middleditch y J. Oliver, *Functional Anatomy of the Spine*, 2nd Edition. Elsevier Butterworth Heinemann, 2005 (p. 328).

Lee et al., «Clinical effectiveness of a Pilates treatment for forward head posture», *Journal of Physical Therapy Science*, 28 (2016).

A. Binder, «Neck Pain», *BMJ Clinical Evidence*,1103 (2008).

A. Legrand et al., «Respiratory effects of the scalene and sternomastoid muscles in humans», *Journal of Applied Physiology*, 94 (2003).

Cemin N. F. et al., «Effects of the Pilates Method on neck pain: a systematic review», *Fisioterapia et Movimento,* 30 (2017).

206-207: Pilates para la escoliosis

W. J. Brooks et al., «Reversal of childhood idiopathic scoliosis in an adult, without surgery: a case report and literature review», *Scoliosis*, 15 (2009).

T. Kotwicki et al., «Methodology of evaluation of morphology of the spine and the trunk in idiopathic scoliosis and other spinal deformities - 6th SOSORT consensus paper», *Scoliosis*, 4 (2009).

Y. Gou et al., «The effect of Pilates Exercise training for scoliosis on improving spinal deformity and quality of life», *Medicine*, 13 (2020).

S. Rrecaj-Malaj et al., «Outcome of 24 weeks of combined Schroth and pilates exercises on Cobb angle, angle of trunk rotation, chest expansion, flexibility and quality of life in adolescents with scoliosis», *Medical Science Monitor Basic Research*, 26 (2020).

S. Otman et al., «The efficacy of Schroths 2-dimensional exercise therapy in the treatment of adolescent idiopathic scoliosis in Turkey», *Saudi Medical Journal*, 26 (2005).

W. R. Weiss et al., «Incidence of curvature progression in idiopathic scoliosis patients treated with scoliosis in-patient rehabilitation (SIR): an age-and sex-matched controlled study», *Pediatric Rehabilitation*, 6 (2003).

208-209: Pilates para la hipermovilidad

J. V. Simmonds et al., «Hypermobility and hypermobility syndrome», *Manual Therapy*, 12 (2007).

M.R. Simpson, «Benign joint hypermobility syndrome evaluation, diagnosis, and management», *Journal of Osteopathic Medicine*, 106 (2006).

B. Kumar et al., «Joint hypermobility syndrome: recognizing a commonly overlooked cause of chronic pain», *The American Journal of Medicine*, 130 (2017).

A. Hakim et al., «Joint hypermobility», *Best Practice and Research Clinical Rheumatology*, 17 (2003).

A. J. Hakim et al., «The genetic epidemiology of joint hypermobility: a population study of female twins», *Arthritis and Rheumatology*, 50 (2004).

L. C. Decoster et al., «Prevalence and features of joint hypermobility among adolescent athletes», *Archives of Pediatric Adolescent Medicine*, 151 (1997).

210-211: Pilates para la osteoporosis

S. Epstein, «Update of Current Therapeutic Options For The Treatment of Postmenopausal Osteoporosis», *Clinical Therapeutics*, 28 (2006).

J. E. South-Paul, «Osteoporosis: Part II. Nonpharmacologic and pharmacologic treatment», *American Family Physician*, 63 (2001).

E. J. Chaconas et al., «Exercise interventions for the individual with osteoporosis», *Strength and Conditioning Journal*, 35 (2013).

K. Brooke-Wavell et al., «Strong, steady and straight: UK consensus on physical activity and exercise for osteoporosis», *British Journal of Sports Medicine*, doi:10.1136/bjsports-2021-104634 (2022).

212-213: Pilates para la artritis

J. Braga et al., «Biological causes of depression in systemic lupus erythematosus», *Acta Reumatol Port*, 39 (2014).

R. S. Hegarty et al., «Feel the fatigue and be active anyway: physical activity on high-fatigue days protects adults with arthritis from decrements in same-day positive mood», *Arthritis Care and Research*, 67 (2015).

S. B. Yentür et al., «Comparison of the Effectiveness of Pilates Exercises, aerobic exercises, and pilates with aerobic exercises in patients with rheumatoid arthritis», *Irish Journal of Medical Science*, 190 (2021).

N. Saleem et al., «Effect of Pilates based exercises on symptomatic knee osteoarthritis: a randomized controlled trial», *Journal of Pakistan Medical Association*, 71 (2022).

SOBRE LA AUTORA

Tracy Ward es profesora del método Pilates, presentadora de cursos, fisioterapeuta y escritora.

Se licenció en Ciencias Biomédicas con matrícula de honor y posee un máster en Fisioterapia y un diploma en Medicina ortopédica. También cursó estudios de posgrado de diagnóstico y terapia médica en el Instituto McKenzie. Tracy es profesora de pilates por el Instituto Australiano de Fisioterapia y Pilates (APPI, por sus siglas en inglés) y posee un certificado de Pilates para la salud de la mujer. Está especializada también en pilates para niños y adolescentes y es profesora de yoga terapéutico.

Tracy se unió al grupo de pilates para la salud del APPI en 2016. En él pudo ampliar sus dotes para la enseñanza y compartir sus conocimientos. Graba espacios para su canal Pilates TV, que es líder del sector, y participa en la creación de cursos.

En 2020, Tracy publicó su primer libro electrónico, *The Postnatal Pilates Guide,* una guía basada en la evidencia para recuperar la forma física después de tener un bebé, con un plan de seis semanas para fortalecer el *core,* optimizar la fuerza y, en general, sentirse bien después del parto.

Anytime Studio es la plataforma de pilates a la carta de Tracy. En ella ofrece una gran variedad de clases y programas especializados de seis semanas con recursos educativos.

Tracy es una apasionada del método Pilates, el movimiento, la rehabilitación y el uso de la evidencia como base de toda práctica, tanto de pilates como en su trabajo de fisioterapeuta. Dirige el galardonado negocio Freshly Centered, en torno al pilates, en Aberdeen (Escocia) y trabaja como fisioterapeuta musculoesquelética sénior en un hospital privado. También escribe con regularidad para publicaciones de medicina deportiva y tiene un popular canal de YouTube.

Puedes visitar **www.freshlycentered.com** y seguir a Tracy en Instagram, Youtube y Facebook en @freshlycentered.

AGRADECIMIENTOS

Agradecimientos de la autora

Todo mi agradecimiento al equipo de DK al completo, pero especialmente a Alastair por creer abiertamente en mí e invitarme a emprender este viaje; a Susan y Amy por guiarme sin descanso, editar y diseñar un libro con un hermoso acabado; y a Arran por las maravillosas ilustraciones.

Gracias a Glenn, Elisa y el resto del equipo del APPI. Sumarme al APPI ha reorientado mi carrera, sois una continua fuente de inspiración, y vuestro constante estímulo y oportunidades son muy estimulantes. Siempre agradeceré formar parte de vuestro equipo.

Estaré eternamente agradecida a Jennifer Darlington, Anya Hayes y Sara Rohan, cuyas excepcionales aportaciones me ayudaron a iniciar este proyecto, y a Sarah Chambers, por ayudarme con las referencias.

Gracias a mis hijos Aiden y Anya, por dormir cuando había que hacerlo y por demostrarme que todo es posible. Os querré siempre. A mi compañero, Mark, por aceptar todas mis ideas, por defender el fuerte y por animarme continuamente a seguir adelante. A mi madre, por su continuo apoyo, y a mi difunto padre; espero haberos hecho sentir orgullosos.

Por último, a todos mis clientes y alumnos de pilates. Sin vosotros, nada de esto sería posible. Gracias por vuestro apoyo, pero lo más importante, vuestra lealtad muestra que valoráis los beneficios del método Pilates tanto como yo.

Agradecimientos de la editorial

Dorling Kindersley desea dar las gracias a Marie Lorimer por el índice y a Kathy Steer por la corrección de pruebas.

Créditos de las fotografías

La editorial agradece a las siguientes personas y entidades su amabilidad al conceder el permiso p para reproducir sus fotografías: (Leyenda: a-arriba, b-abajo; c-centro; f-lejos; l-izquierda; r-derecha; t-arriba)

14 Science Photo Library: Professors P.M. Motta, P.M. Andrews, K.R. Porter & J. Vial (clb). 23 Science Photo Library: Biophoto Associates (cla)

Resto de imágenes © **Dorling Kindersley**

Para más información, visite: **www.dkimages.com**

Diseño de proyecto Amy Child
Edición de proyecto Susan McKeever
Edición sénior Alastair Laing
Diseño sénior Barbara Zuniga
Diseño de cubierta Amy Cox
Coordinación de cubierta Jasmin Lennie
Producción sénior Tony Phipps
Control sénior de producción Luca Bazzoli
Responsable editorial Ruth O'Rourke
Diseño Marianne Markham
Dirección de compras Zara Anvari
Dirección de arte Maxine Pedliham
Dirección editorial Katie Cowan

Ilustración Arran Lewis

De la edición en español
Coordinación editorial Cristina Gómez de las Cortinas
Asistencia editorial y producción Eduard Sepúlveda

Publicado originalmente en Gran Bretaña en 2022 por
Dorling Kindersley Limited
DK, One Embassy Gardens, 8 Viaduct Gardens, Londres, SW11 7BW

Copyright del texto © Tracy Ward 2022
Dorling Kindersley Limited
Parte de Penguin Random House Company
Título original: *Science of Pilates*
Primera reimpresión 2024
Copyright @ Traducción en español 2023
Dorling Kindersley Limited
Servicios editoriales: Moonbook
Traducción: Inmaculada Sanz Hidalgo

ISBN: 978-0-7440-9381-0

Impreso y encuadernado en China

www.dkespañol.com

Este libro se ha impreso con papel certificado por el Forest
Stewardship Council™ como parte del compromiso de
DK por un futuro sostenible. Para más información, visita
www.dk.com/uk/information/sustainability